机械工程控制基础

（修订本）

陈康宁（主编）　　王　馨

李天石　简林柯　刘明远

西安交通大学出版社

内 容 提 要

本书介绍控制理论的基本原理及基本知识与其在机械工程中的应用。内容包括拉氏变换数学方法;系统的数学模型,系统的瞬态响应与误差分析,系统的频率特性,系统的稳定性,控制系统的校正与设计和控制系统的计算机仿真与辅助设计等,每章后备有思考题和习题。

适于机械类包括机电一体化工程和机械电子工程等专业大学本科生用作教材,也可供有关专业工程技术人员参考。

（陕）新登字 007 号

机械工程控制基础
（修订本）

陈康宁（主编）　王　馨

李天石　简林柯　刘明远

*

西安交通大学出版社出版发行

（西安市兴庆南路 1 号　邮政编码 710048　电话（029）82668315）

西安明瑞印务有限公司

各地新华书店经销

*

开本：787mm×1092mm　1/16　印张：14　字数：339 千字

1997 年 11 月第 1 版　2022 年 7 月第 25 次印刷

ISBN 978-7-5605-0935-8　定价：29.00 元

————————————————————————————————

发行科电话：（029）82668357，82667874

前　　言

由于现代科学和计算机技术的迅速发展,控制理论应用于机械工程的重要性日益明显,并取得了很大的发展。机械工程控制论所提供的理论和方法,愈来愈多地成为科技工作者分析和解决问题的有效手段。它是机械工程类专业的重要理论基础之一。

本书作为一门技术基础课教材,力求在阐明机械工程控制论的基本概念、基本知识和基本方法的基础上,密切结合机械工程实际,同时注重机、电结合,以便沟通与加强数理基础和专业知识之间的联系,为将控制理论应用于工程实际打下基础。

全书共8章:第1章绪论,是对本门学科作概要介绍;第2章拉普拉斯变换的数学方法,是本书必需的数学基础;第3章系统的数学模型,介绍运用力学、电学基础对系统建模的方法以及传递函数、方块图、信号流图、状态方程等重要概念;第4章至第6章分别为系统的瞬态响应与误差分析、频率特性和稳定性,它们是在已知系统数学模型的前提下分别从不同角度对系统进行分析;第7章机械工程控制系统的校正与设计,介绍各种校正方式和方法,使系统满足性能指标要求;第8章控制系统的计算机仿真与辅助设计,介绍各种算法实现、系统仿真、频率特性、根轨迹和系统的校正等。

本书是在王馨和陈康宁主编的"机械工程控制基础"一书基础上修订编写的。原书有7章,其中王馨编写第1,2,3,5章;陈康宁编写第4,6,7章。为了适应科学技术的发展,尤其是计算机科学已深入到各个工程领域,使学生对机械控制工程有一个较为全面的了解,在原书的基础上进行编写并改编成8章。其中简林柯编写了第3章的3-7和第4章的4-4节,并对这两章进行修改;李天石编写了第5章的5-3、5-4节和第8章,并对第5章进行修改;刘明远编写了第6章的6-5节;陈康宁编写了第1章,对第2,6,7章进行修改,并对全书进行统编(实际上本书是我们专业有关同志多年来教学实践和集体劳动的成果)。在本书的编写过程中引用了书后有关文献中的材料和思想,谨向这些文献的作者表示谢意。

限于编者的水平,书中的缺点和错误在所难免,恳切希望读者和专家批评指正。

编者
1997.6

主要符号一览表

s	复数变量($s=\sigma+j\omega$)	$e(t)$	时域误差函数
t	时间变量	e_{ss}	稳态误差
j	虚单位($j=\sqrt{-1}$)	t_r	上升时间
e	自然对数的底	t_p	峰值时间
$L[\ ]$	拉普拉斯变换	t_s	调整时间
$L^{-1}[\ ]$	拉普拉斯反变换	$\left.\begin{array}{l}X(s)\\R(s)\end{array}\right\}$	系统输入
k	弹簧常数	$\left.\begin{array}{l}Y(s)\\C(s)\end{array}\right\}$	系统输出
m	质量	$E(s)$	s 域误差函数
J	转动惯量	$G(s)$	传递函数
B	粘性阻尼系数	$H(s)$	反馈传递函数
ζ	阻尼比	$N(s)$	干扰信号
K	系统增益	M_p	超调量
ω_n	无阻尼自然频率	M_r	谐振峰值
ω_d	阻尼自然频率	ω_r	谐振频率
ω_T	转角频率	θ	相位角
ω_b	截止频率	γ	相位裕量
ω_c	幅值穿越频率	Kg	幅值裕量
ω_g	相位穿越频率	ρ	液体质量密度
ω	频率(rad/s)	q	电荷
T	时间常数	i,I	电流
$\delta(t)$	单位脉冲函数	e,E	电势
$1(t)$	单位阶跃函数	R	电阻
t	单位斜坡函数	C	电容
$g(t)$	单位脉冲响应函数 (或权函数)	L	电感

目　　录

第 1 章 绪 论

"机械控制工程"是一门技术科学,它是研究"控制论"在"机械工程"中应用的科学。这是一门跨"控制论"与"机械工程"技术理论领域的边缘学科。机械工程控制论是一门新兴学科,大量的问题,从概念到方法,从定义到公式,从理论的应用到经验的总结,都需要进一步的探讨。本章着重介绍机械工程控制论的基本含义及其有关的几个重要概念;列举机械工程控制论的一些应用实例;并且对本门课程的学习特点及内容作简要说明。

1-1 机械工程控制论的基本含义

1. 控制论

相对论、量子论和控制论被认为是 20 世纪上半叶的三大伟绩,称为三项科学革命,是人类认识客观世界的三大飞跃。控制论是第二次世界大战中在电子技术、火力控制技术、航空自动驾驶、生产自动化、高速电子计算机等科学技术迅速发展的基础上形成的。它抓住一切通讯和控制系统所共有的特点,站在一个更概括的理论高度揭示了它们的共同本质,即通过信息的传递、加工处理和反馈来进行控制,这就是控制论的中心思想。

控制论是一门既与技术科学又与基础科学紧密相关的边缘科学。实践证明,它不仅具有重大的理论意义,而且对生产力的发展、生产率的提高、尖端技术的研究与尖端武器的研制,以及对社会管理等方面都发生了重大的影响。因此,控制论在它建立后很短时期内便迅速渗透到许多科学技术领域,大大推动了近代科学技术的发展,并从中派生出许多新型的边缘学科。例如,生物控制论——运用控制论研究生命系统的控制与信息处理;经济控制论——研究经济计划、财贸信贷等经济活动及其控制;社会控制论——运用控制论研究社会管理与社会服务;工程控制论——控制论与工程技术的结合等。

控制论从解决生产实践问题开始,反过来又大大促进了生产技术,从而派生出"工程控制论"这一新型的技术科学。1954 年,钱学森同志发表了他的专著《工程控制论》(英文版),首先奠定了"工程控制论"的基础。这里应强调指出,工程控制论是一门技术科学,不是工程技术,它与"自动控制"、"伺服机"等既有密切的联系,而又是有区别的。前者是指导实现"自动控制"技术、"伺服机构"设计的基本理论;而后者则是运用"工程控制论"中的基本理论以解决某些工程实际问题的具体技术措施。它研究的主要是工程设计中的具体细节。另外,工程控制论并不局限于研究自动控制及伺服机技术的基本理论,虽然后者往往是实现前者的某些最重要的或必须的具体措施或手段。但是,工程控制论的内容、范围和所涉及的问题要比"自动控制"、"伺服机"等工程技术要深刻而广泛得多。我们将看到,即使某些非自动控制的,即由人来控制的工程系统,也必须服从工程控制论所指出的规律或思想方法进行控制(或操作)才能更有效地运转。当然,反过来说,一切工程控制论又必须经受工程实际的检验,才能证明它们是正确的,是有生命力的。

2. 机械工程控制论

现代工业生产趋向于实现最佳控制,亦即要求利用最少的能源与原材科消耗,使成本最低,取得最大的经济成效、最高的生产率和最好的产品质量等等。因此,能源、国防、运输、机械、化工、轻工等各个工业生产领域都对工程控制论提出了范围极其广大、内容极其深刻而复杂的理论性问题,促使工程控制论不断向更深入的方向发展。正如《工程控制论》这部专著再版前言中指出的:"无论学习工程控制论的读者或者研究工作者,都至少应该熟悉一个具体领域中的工程实际问题,这样才能对这一学科中的基本命题、方法和结论有深刻的理解"。因为在工业生产以及交通运输等各个领域中,机械系统(包括流体系统)、机械生产过程是最为广泛存在的,所以,有必要建立以研究机械工程技术问题为主要对象的"机械工程控制论"或简称"机械控制工程"这样一门技术科学。

机械工程控制论是研究以机械工程技术为对象的控制论问题。具体地讲,是研究在这一工程领域中广义系统的动力学问题,也就是研究系统及其输入、输出三者之间的动态关系。例如,在机床数控技术中,调整到一定状态的数控机床就是系统,数控指令就是输入,而数控机床有关的运动就是输出。

正如前述,所研究的系统是广义系统,这个系统可大可小、可繁可简;完全由研究的需要而定。例如,研究一个机械系统(电液振动台、机床、坦克等等),一个机械生产过程(切削加工、锻压加工、铸造、热处理过程等等)均可作为一广义系统来研究。

因此,就系统及其输入、输出三者之间的动态关系而言,机械控制工程主要研究并解决如下几个方面的问题:

(1) 当系统已定,并且输入知道时,求出系统的输出(响应),并通过输出来研究系统本身的有关问题,即系统分析。

(2) 当系统已定,且系统的输出也已给定,要确定系统的输入应使输出尽可能符合给定的最佳要求,即系统的最优控制。

(3) 当输入已知,且输出也是给定时,确定系统应使得输出尽可能符合给定的最佳要求,此即最优设计。

(4) 当输入与输出均已知时,求出系统的结构与参数,即建立系统的数学模型,此即系统识别或系统辨识。

(5) 当系统已定,输出已知时,以识别输入或输入中的有关信息,此即滤液与预测。

从本质上看,问题(1)是已知系统与输入求输出,问题(2)和(5)是已知系统与输出求输入,问题(3)和(4)是已知输入与输出求系统。

本书主要是以经典控制理论来研究问题(1),同时也以适当篇幅来研究其他问题。

1-2 机械工程系统中的信息传递、反馈以及反馈控制的概念

控制论的一个极其重要的概念就是信息传递、反馈以及利用反馈进行控制。无论是机械工程系统(包括流体系统)以及过程或生物系统或社会经济系统都存在有信息的传递与反馈,并可利用反馈进行控制以使系统按一定"目的"进行运动。

1. 信息及信息的传递

在科学史上,控制论与信息论第一次把一切能表达一定含义的信号、密码、情报和消息概括为信息概念,把它列为与能量、质量相当的重要科学概念。

"机械工程"是所有技术科学中发展最早、最古老的一门科学,然而引用"信息"这个概念还是比较晚的,如果不把 50 年代初建立"工程控制论"时期所涉及的航天、火箭等机械系统算在内的话,正式引用这个概念进行分析研究问题的时间不会早于 50 年代末或 60 年代初。而这与其它技术科学,例如电子科学、计算机科学等相比,早已是古典的概念了。机械工程科学领域早期所涉及的问题主要是纯几何的、静力学的或者是到达平衡状态的稳定运动。然而,随着工业生产以及科学技术不断的发展,机械工程科学面临着许多高精度、高速度、高压、高温的复杂问题,这就必然要涉及系统或过程的动态特性(或动力特性)、瞬态过程以及具有随机过程性质的统计动力学特性等等。这就显示出机械工程科学与控制论所研究的问题的相似性。事实上,机械系统中的应力、变形、温升、几何尺寸与形状精度、表面粗糙度以及

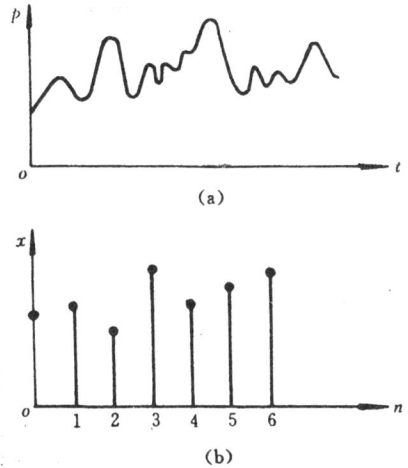

图 1-1 流体压力及工件尺寸点图
(a)流体压力;(b)尺寸点图

流量、压力等等,与电子系统用以表达其状态的电压、电流、频率一样,也是表达机械系统或过程某一状态的信号、密码、情报或消息,只不过是信息的运载介质不同罢了。我们观察图1-1(a)是某一液压系统的流体压力变化记录;图1-1(b)是机械加工一批零件按顺序排列的工件尺寸点图。它们分别与电子系统的电压信息以及电脉冲序列或时间序列没有什么不同,同样都是包含了系统或过程的某些特性的信息。

所谓信息传递,是指信息在系统及过程中以某种关系动态地传递,或称转换。如图 1-2 所示机床加工工艺系统,将工件尺寸作为信息,通过工艺过程的转换,加工前后工件尺寸分布有所变化,这样,研究机床加工精度问题,可通过运用信息处理的理论和方法来进行。

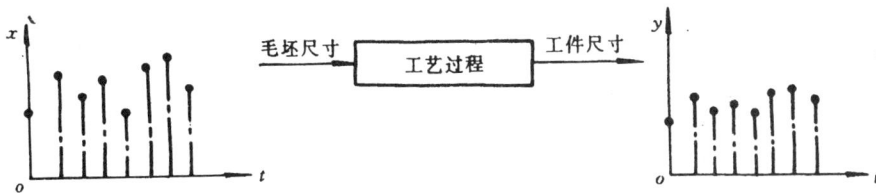

图 1-2 工艺过程中信息的传递

同样,采用控制论和信息论处理信息的概念和方法,如传递函数、频率特性以及系统识别、状态估计与预测、故障诊断等等,可研究机械工程系统及过程中信息的传递关系并揭示其本质,这也说明机械控制工程有其广阔的应用和发展前景。

2. 反馈及反馈控制

所谓信息的反馈,就是把一个系统的输出信号不断直接地或经过中间变换后全部或部分

地返回,再输入到系统中去。如果反馈回去的讯号(或作用)与原系统的输入讯号(或作用)的方向相反(或相位相差 180°)则称之为"负反馈";如果方向或相位相同,则称之为"正反馈"。

人类最简单的活动,如走路或取物都利用了反馈的原理以保持正常的动作。人抬起腿每走一步路,腿的位置和速度的信息不断通过人眼及腿部皮肤及神经感觉反馈到大脑,从而保持正常的步法;人手取物时,手的位置与速度信息不断反馈到人脑以保证准确而适当地抓住待取之物。人若失去上述这类反馈控制作用或者反馈不正常,就会手足颤动而显示病态,其它动物也是一样,并且在一切生物系统、社会及经济系统也都存在或利用上述反馈控制的作用,以维持正常的机能。

人们早就知道利用反馈控制原理设计和制造机器、仪表或其它工程系统。我国早在北宋时代(1086 年~1089 年)就发明了具有反馈控制原理的自动调节系统——水运仪象台。通常我们都把具有反馈的系统称之为闭环系统。例如,我们日常用的最古老而简单的储槽液面自动调节器(图 1-3)就是一个简单的闭环系统。浮子测出液面实际高度 h 与要求液面高 H_0 之差推动杠杆控制进水阀门放水,一直到实际液面高度 h 与要求液面高 H_0 相等时,关闭进水阀。它的信息作用、传递关系可由图 1-4 表示。在这里反馈信息为实际液面高 h,经与期望液面高 H_0 相比较形成一个闭环系统。

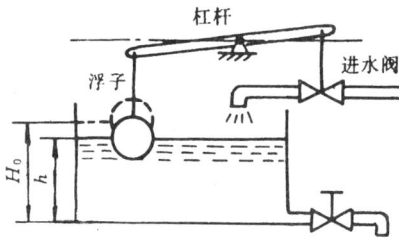

图 1-3 液面自动调节器   图 1-4 液面控制信息传递

应当特别指出,人们往往把反馈闭环系统局限于自动控制系统,或者仅从表面现象来判定某些系统为开环(即无反馈)或闭环系统,这就大大限制了控制论的应用范围。我们知道,人们往往利用反馈控制原理在机械系统或过程中加上一个"人为"的反馈,从而构成一个自动控制系统。例如上述液面自动调节系统以及其它所谓"自动控制系统"都人为地外加反馈。但是,在许多机械系统或过程中,往往存在的相互耦合作用构成非人为的"内在"的反馈,从而形成一个闭环系统。例如机械系统中作用力与反作用力的相互耦合从而形成内在反馈。又如在机械系统或过程(如切削过程)中自激振动的产生,也必是存在有内在的反馈使能量在内部循环,促使振动持续进行。这样的例子举不胜举。因而,很多机械系统或过程从表面上看是开环系统,但经过分析可以发现它们实质上都是闭环系统。但是,必须注意从动力学的而不是静力学的观点,从系统而不是孤立的观点进行分析,才能揭示系统或过程的本质。

为了说明内在反馈的情形,观察图 1-5 的具有二个自由度的机械系统。从表面看虽然是一个开环系统。但是,当我们把它的动态微分方程列出后便可知:

当质量 m_2 有一小位移 x_2,使质量 m_1 产生相应的位移 x_1,其动力方程为

$$m_1\ddot{x}_1 + (k_1 + k_2)x_1 = k_2 x_2 \tag{1-1}$$

而 x_1 又反过来影响质量 m_2 运动,其动力方程为

$$m_2 \ddot{x}_2 + k_2 x_2 = k_2 x_1 \tag{1-2}$$

信息量 x_1 与 x_2 的传递关系式(1-1)和式(1-2)可以表示如图 1-6 所示的闭环系统。

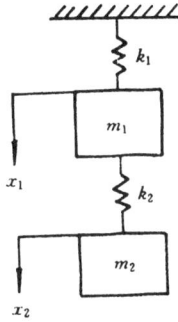

图 1-5 两自由度机械系统   图 1-6 信息传递关系

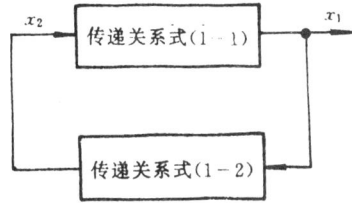

从这个简单的实例可以看到,机械工程系统及过程中广泛存在着内在的或外加的反馈,有关实例我们将在下一节及本书有关章节中介绍。

3. 系统及控制系统

一般定义一个系统,是指完成一定任务的一些部件的组合。在控制工程中所指的系统是广义的。广义系统不限于上面所指的物理系统(如一台机器);也可以是一个过程(如切削过程,生产过程);同时,一些抽象的动态现象(如在人—机系统中研究人的思维及动态行为),也可以把它们视为广义系统去进行研究。

所谓控制系统,是指系统的输出,能按照要求的参考输入或控制输入进行调节的。控制系统的分类方式很多,这里仅按系统是否存在反馈,将系统分为开环系统和闭环系统。

开环系统:系统的输出量对系统无控制作用,或者说系统中无反馈回路的,称开环系统。例如洗衣机,它按洗衣、清水、去水、干衣的顺序进行工作,无须对输出信号即衣服的清洁程度进行测量;又如简易数控机床的进给控制,输入指令,通过控制装置和驱动装置推动工作台运动到指定位置,而位置信号不再反馈。这些都是典型的开环系统。开环系统的方框图如图 1-7 所示。

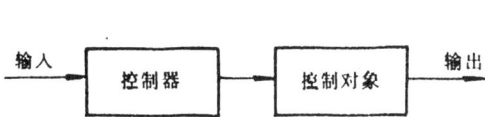

图 1-7 开环系统   图 1-8 闭环系统

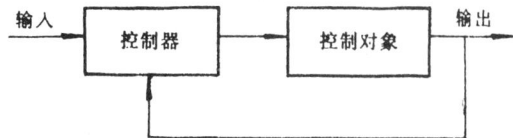

闭环系统:系统的输出量对系统有控制作用,或者说,系统中存在反馈的回路,称为闭环系统。如前面介绍的液面调节器和以工作台的位置作为系统输出,通过检测装置进行测量,并将该信号反馈,进而控制工作台运动位置的 CNC 机床的进给系统,均属于闭环系统。闭环系统的方框图如图 1-8 所示。

1-3 机械控制的应用实例

如同其它技术科学一样,机械工程科学的主要任务之一就是要掌握、了解机械工程系统或过程的内部矛盾规律,也就是系统或状态的动态特性。要研究其内部信息传递、变换规律以及受到外加作用时的反应,从而决定控制它们的手段和策略,以便使之达到人们所预计的最佳状态或最理想的状态。

这也正是"机械控制工程"或"机械工程控制论"的主要内容。大多数自动控制系统、自动调节系统以及伺服机构都是应用反馈控制原理控制某一个机械刚体(例如机床工作台、振动台、炮身或火箭体等等),或是一个机械生产过程(例如切削过程、锻压过程、冶炼过程等等)的机械控制工程实例。

例 1-1 液压压下钢板轧机

图 1-9 是一台反馈控制的液压压下钢板轧机原理图。由于钢板轧制速度及精度要求愈来愈高,现代化轧钢机已用电液伺服系统代替了旧式的机械式压下机构。图中工作辊的辊缝信息 h_g 或钢板出口厚度信息 h(或者 h_g 与 h 两者兼有)由检测元件 3 测出并反馈到电液伺服系统 2 中,发出控制信号驱动油缸 1,以调节轧制辊缝 h_g,从而使钢板出口厚度 h 保持在要求公差范围内。

为了使上述钢板轧机伺服系统能发挥其高灵敏度、高精度的优良特性,必须应用机械控制工程有关理论进行分析、综合。

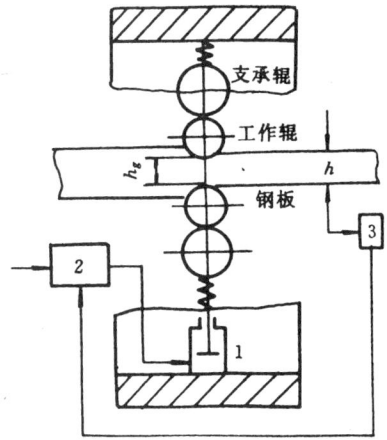

图 1-9 液压压下(钢板厚度自动控制)钢板轧机原理图

例 1-2 静压轴承

图 1-10 是一个薄膜反馈式径向静压轴承。当主轴受到负荷 W 后产生偏移 e,因而使下油腔压力 P_2 增加 ΔP,上油腔压力 P_1 减少 ΔP。这样,与之相通的薄膜反馈机构的下油腔压力增加 ΔP,上油腔压力减少 ΔP,从而使薄膜向上变形弯曲。这就使薄膜下半部高压油输入轴承的流量增加,而上半部减少,轴承主轴下部油腔产生反作用力 $R(R=2\Delta P \cdot A_e, A_e$ 为油腔面积)与负荷 W 相平衡以减少偏移量 e,或完全消除偏移

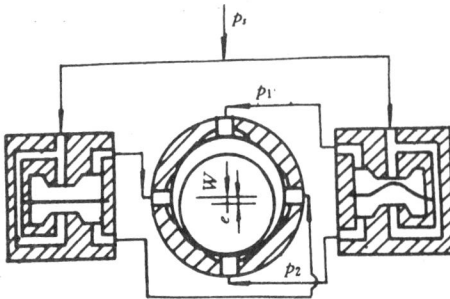

图 1-10 薄膜反馈式径向静压轴承

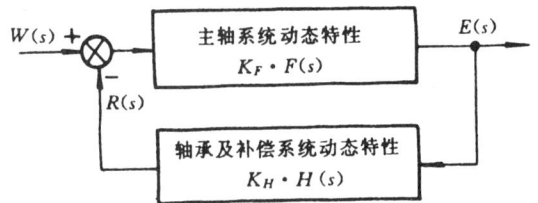

图 1-11 静压轴承信息传递

量 e(即达到无穷大刚性)。上述有关静压轴承内部信息传递关系可以由图 1-11 表示为一个闭环系统。利用控制论有关动态特性分析理论,即可对轴承的设计与分析提供更有效的途径。

例 1-3　工业机器人

图 1-12 所示工业机器人要完成将工件放入指定孔中的任务,其基本的控制方块图如图 1-13所示。其中,控制器的任务是根据指令要求,以及传感器所测得的手臂实际位置和速度反馈信号,考虑手臂的动力学,按一定的规律产生控制作用,驱动手臂各关节,以保证机器人手臂完成指定的工作并满足性能指标的要求。

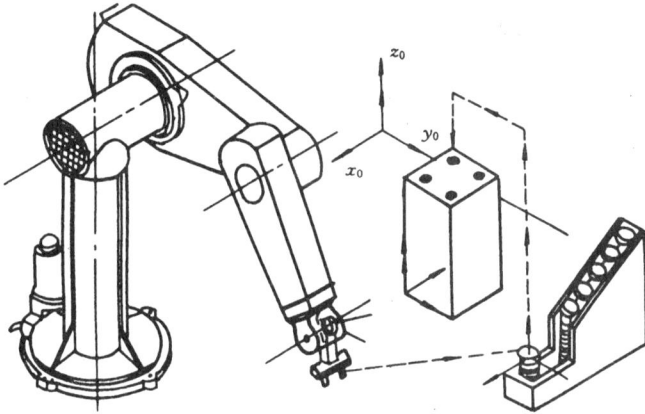

图 1-12　工业机器人完成装配工作

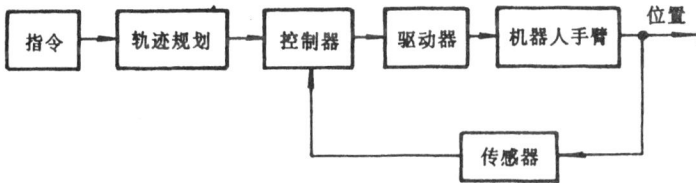

图 1-13　工业机器人控制方块图

例 1-4　车削过程分析

图 1-14 所示的车削过程,往往会产生自激振动,这种现象的产生与切削过程本身存在内部反馈作用有关。当刀具以名义进给 x 切入工件时,由切削过程特性产生切削力 P_y,在 P_y 的作用下,又使机床-工件系统发生变形退让 y,从而减少了刀具的实际进给量,刀具的实际进给量变成 $a = x - y$。上述的信息传递关系可用图 1-15 的闭环系统来表示。这样,对于切削过程的动态特性,切削自激振动的分析,完全可以应用控制理论有关稳定性理论进行分析,从而提出控制切削过程、抑制切削振动的有效途径。

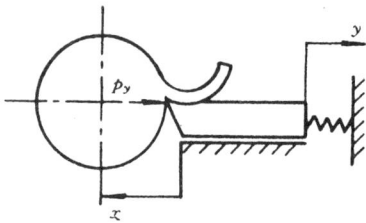

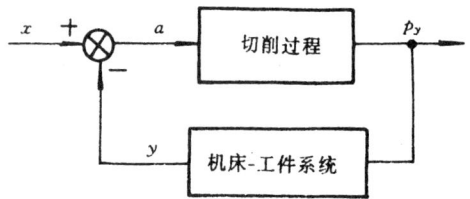

图 1-14 车削过程   图 1-15 车削过程信息传递

1-4 本课程特点及内容简介

机械工程控制基础是控制论与机械工程技术理论之间的边缘学科,侧重介绍机械工程的控制原理,同时密切结合工程实际,是一门技术基础课程。

本课程内容较抽象,概括性强,而且涉及知识范围广。学习本门课要有良好的数学、力学、电学和计算机方面的基础,还要有一定的机械工程方面的专业知识。

学习本课程不必过分追求数学论证上的严密性,但应充分注意数学结论的准确性与物理概念的明晰性。既要抽象思维,又要注意联系专业,学会用广义系统动力学的抽象来解决专业实际问题,为开拓分析与解决问题的思路打下初步基础。

要重视实验,重视习题,要独立完成作业。这有助于对基本概念的理解与基本方法的运用。

复习思考题

1. 控制论的中心思想是什么?
2. 机械工程控制论的研究对象及任务是什么?
3. 什么是信息及信息的传递?试举例说明。
4. 什么是反馈及反馈控制?试举例说明。
5. 日常生活中有许多闭环和开环控制系统,试举例说明。

第 2 章　拉普拉斯变换的数学方法

拉普拉斯变换简称拉氏变换,是分析研究线性动态系统的有力数学工具。通过拉氏变换将时域的微分方程变换为复数域的代数方程,这不仅运算方便,使系统的分析大为简化,而且在经典控制论范畴,直接在频域中研究系统的动态特性,对系统进行分析、综合和校正,具有很广泛的实际意义。本章在简要地复习有关复数和复变函数的概念以后,着重介绍拉氏变换的定义;一些典型时间函数的拉氏变换;拉氏变换的性质以及拉氏反变换的方法。最后,介绍用拉氏变换解微分方程的方法。在学习中应注重该数学方法的应用,为后续章节的学习奠定基础。

2-1　复数和复变函数

1. 复数的概念

复数 $s=\sigma+j\omega$,其中 σ,ω 均为实数,分别称为 s 的实部和虚部,记作

$$\sigma = \text{Re}(s), \omega = \text{Im}(s)$$

$j=\sqrt{-1}$ 为虚单位。两个复数相等时,必须且只须它们的实部和虚部都分别相等,一个复数为零,它的实部和虚部均必须为零。

2. 复数的表示法

（1）点表示法

对任一复数 $s=\sigma+j\omega$ 与实数 σ,ω 成一一对应关系,故在平面直角坐标系中,以 σ 为横坐标（实轴）,以 $j\omega$ 为纵坐标（虚轴）,复数 $s=\sigma+j\omega$ 可用坐标为 (σ,ω) 的点来表示,如图 2-1 所示。实轴和虚轴所在的平面称为复平面或 s 平面,这样,一个复数就对应于复平面上的一个点。

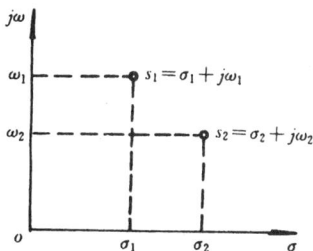

图 2-1　复数的点表示法　　　　　图 2-2　复数的矢量表示法

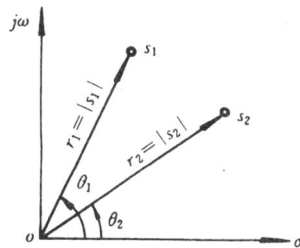

（2）向量表示法

复数 s 还可用从原点指向点 (σ,ω) 的向量来表示,见图 2-2。向量的长度称为复数 s 的模或绝对值:

$$|s| = r = \sqrt{\sigma^2 + \omega^2}$$

向量与 σ 轴的夹角 θ 称为复数 s 的幅角,即

$$\theta = \arctan \frac{\omega}{\sigma}$$

（3）三角表示法和指数表示法

由图 2-2 可看出

$$\sigma = r \cdot \cos\theta \qquad\qquad \omega = r \cdot \sin\theta$$

因此,复数的三角表示法为

$$s = r(\cos\theta + j\sin\theta)$$

利用欧拉公式:$e^{j\theta} = \cos\theta + j\sin\theta$,故复数 s 也可用指数表示为

$$s = r \cdot e^{j\theta}$$

3. 复变函数、极点与零点的概念

有复数 $s = \sigma + j\omega$,以 s 为自变量,按某一确定法则构成的函数 $G(s)$ 称为复变函数,$G(s)$ 可写成

$$G(s) = u + jv$$

u,v 分别为复变函数的实部和虚部,在线性控制系统中,通常遇到的复变函数 $G(s)$ 是 s 的单值函数,对应于 s 的一个给定值,$G(s)$ 就唯一地被确定。

例 2-1 有复变函数 $G(s) = s^2 + 1$,当 $s = \sigma + j\omega$,求其实部 u 和虚部 v。

解:
$$\begin{aligned} G(s) &= s^2 + 1 = (\sigma + j\omega)^2 + 1 \\ &= \sigma^2 + j \cdot 2\sigma\omega - \omega^2 + 1 \\ &= (\sigma^2 - \omega^2 + 1) + j \cdot 2\sigma\omega \end{aligned}$$

所以
$$u = \sigma^2 - \omega^2 + 1 \qquad v = 2\sigma\omega$$

若有复变函数

$$G(s) = \frac{K(s - z_1)(s - z_2)}{s(s - p_1)(s - p_2)}$$

当 $s = z_1, z_2$ 时,$G(s) = 0$,则称为 z_1, z_2 为 $G(s)$ 的零点,当 $s = 0, p_1, p_2$ 时,$G(s) = \infty$,则称 $0, p_1, p_2$ 为 $G(s)$ 的极点。

2-2 拉氏变换与拉氏反变换的定义

1. 拉氏变换

有时间函数 $f(t), t \geqslant 0$,则 $f(t)$ 的拉氏变换记作:$L[f(t)]$ 或 $F(s)$,并定义为

$$L[f(t)] = F(s) = \int_0^\infty f(t) \cdot e^{-st} \mathrm{d}t \qquad (2\text{-}1)$$

s 为复数,$s = \sigma + j\omega$,称 $f(t)$ 为原函数,$F(s)$ 为象函数。若式(2-1)的积分收敛于一确定的函数值,则 $f(t)$ 的拉氏变换 $F(s)$ 存在,这时 $f(t)$ 必须满足:

① 在任一有限区间上,$f(t)$ 分段连续,只有有限个间断点,如图 2-3 的 ab 区间。

② 当 $t \to \infty$ 时,$f(t)$ 的增长速度不超过某一指数函数,即满足

$$[f(t)] \leqslant Me^{at}$$

式中 M, α 均为实常数。这一条件是使拉氏变换的被积函数 $f(t)e^{-st}$ 绝对收敛。由下式看出

因为
$$|f(t)e^{-st}| = |f(t)| \cdot |e^{-st}| = |f(t)| e^{-\sigma t}$$

所以
$$|f(t)e^{-st}| \leqslant Me^{at} \cdot e^{-\sigma t} = Me^{-(\sigma-a)t}$$

只要是在复平面上对于 $\mathrm{Re}(s) > \alpha$ 的所有复数 s，都能使式(2-1)的积分绝对收敛，则 $\mathrm{Re}(s) > \alpha$ 为拉氏变换的定义域，α 称作收敛坐标，见图2-4。

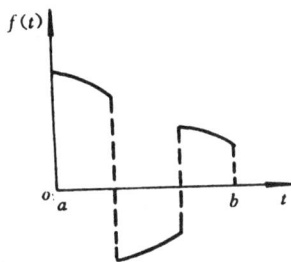

图 2-3 在 $[a,b]$ 上分段连续

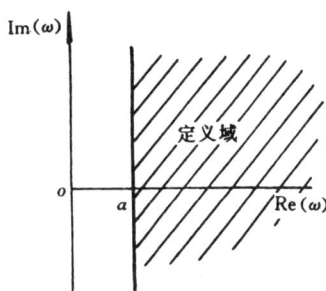

图 2-4 拉氏变换定义域

2. 拉氏反变换

当已知 $f(t)$ 的拉氏变换 $F(s)$，欲求原函数 $f(t)$ 时，称作拉氏反变换，记作 $L^{-1}[F(s)]$ 并定义为如下积分

$$f(t) = L^{-1}[F(s)] = \frac{1}{2\pi j} \int_{\sigma-j\omega}^{\sigma+j\omega} F(s)e^{st}\mathrm{d}s \tag{2-2}$$

式中 σ 为大于 $F(s)$ 所有奇异点实部的实常数（奇异点即 $F(s)$ 在该点不解析，也就是在该点及其邻域不处处可导）。式(2-2)是求拉氏反变换的一般公式，因 $F(s)$ 是一复变函数，计算式(2-2)的积分需借助复变函数中的留数定理来求。通常对于简单的象函数，可直接查拉氏变换表求得原函数，对于复杂的象函数 $F(s)$，可用本书2-5中所述的部分分式法求得。

2-3 典型时间函数的拉氏变换

1. 单位阶跃函数（图2-5）

单位阶跃函数定义为

$$1(t) = \begin{cases} 0 & t < 0 \\ 1 & t \geqslant 0 \end{cases}$$

由式(2-1)

$$L[1(t)] = \int_0^\infty 1(t) \cdot e^{-st}\mathrm{d}t = -\frac{e^{-st}}{s}\Big|_0^\infty = \frac{1}{s}$$

2. 单位脉冲函数（图2-6）

单位脉冲函数 $\delta(t)$ 定义为

$$\delta(t) = \begin{cases} \infty & t = 0 \\ 0 & t \neq 0 \end{cases}$$

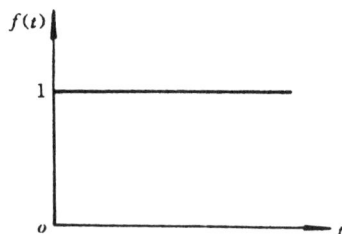

图 2-5 单位阶跃函数

$$\int_{-\infty}^{\infty} \delta(t)\mathrm{d}t = 1$$

而且有如下特性

$$\int_{-\infty}^{\infty} \delta(t) \cdot f(t)\mathrm{d}t = f(0)$$

$f(0)$ 为 $t=0$ 时刻的函数 $f(t)$ 的值。

由式(2-1)求 $\delta(t)$ 的拉氏变换

$$L[\delta(t)] = \int_0^{\infty} \delta(t)e^{-st}\mathrm{d}t = e^{-st}\big|_{t=0} = 1$$

3. 单位斜坡函数(图 2-7)

$$f(t) = \begin{cases} 0 & t < 0 \\ t & t \geqslant 0 \end{cases}$$

$$L[t] = \int_0^{\infty} t \cdot e^{-st}\mathrm{d}t = -t\frac{e^{-st}}{s}\bigg|_0^{\infty} - \int_0^{\infty}\left(-\frac{e^{-st}}{s}\right)\mathrm{d}t$$

$$= \int_0^{\infty}\frac{e^{-st}}{s}\mathrm{d}t = -\frac{1}{s^2}e^{-st}\bigg|_0^{\infty} = \frac{1}{s^2}$$

4. 指数函数 e^{at}(图 2-8)

$$L[e^{at}] = \int_0^{\infty} e^{at}e^{-st}\mathrm{d}t = \int_0^{\infty} e^{-(s-a)t}\mathrm{d}t$$

$$= -\frac{e^{-(s-a)t}}{s-a}\bigg|_0^{\infty} = \frac{1}{s-a}$$

5. 正弦函数 $\sin\omega t$

由欧拉公式

$$\sin\omega t = \frac{1}{2j}(e^{j\omega t} - e^{-j\omega t})$$

$$L[\sin\omega t] = \int_0^{\infty} \sin\omega t \cdot e^{-st}\mathrm{d}t$$

$$= \int_0^{\infty} \frac{1}{2j}(e^{j\omega t} - e^{-j\omega t})e^{-st}\mathrm{d}t$$

$$= \frac{1}{2j}\int_0^{\infty} e^{-(s-j\omega)t}\mathrm{d}t - \frac{1}{2j}\int_0^{\infty} e^{-(s+j\omega)t}\mathrm{d}t$$

$$= \frac{1}{2j}\left[-\frac{e^{-(s-j\omega)t}}{s-j\omega}\bigg|_0^{\infty} + \frac{e^{-(s+j\omega)t}}{s+j\omega}\bigg|_0^{\infty}\right]$$

$$= \frac{1}{2j}\left(\frac{1}{s-j\omega} - \frac{1}{s+j\omega}\right)$$

$$= \frac{1}{2j} \cdot \frac{s+j\omega - s + j\omega}{s^2+\omega^2}$$

$$= \frac{\omega}{s^2+\omega^2}$$

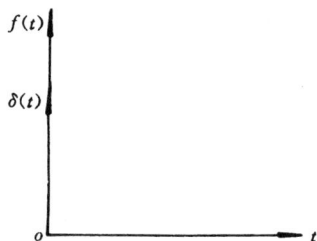

图 2-6 单位脉冲函数

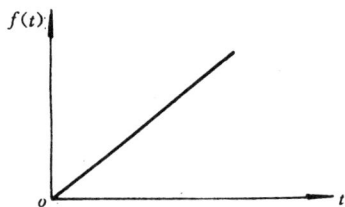

图 2-7 单位斜坡函数

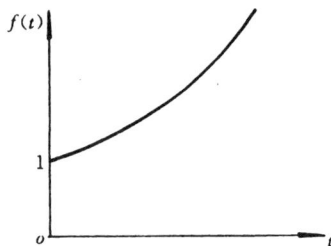

图 2-8 指数函数

6. 余弦函数 cosωt

由欧拉公式

$$\cos\omega t = \frac{1}{2}(e^{j\omega t} + e^{-j\omega t})$$

$$L[\cos\omega t] = \int_0^\infty \cos\omega t \cdot e^{-st}\mathrm{d}t$$

$$= \frac{1}{2}\int_0^\infty (e^{j\omega t} + e^{-j\omega t}) \cdot e^{-st}\mathrm{d}t$$

$$= \frac{1}{2}\left(\frac{1}{s-j\omega} + \frac{1}{s+j\omega}\right) = \frac{s}{s^2+\omega^2}$$

7. 幂函数 t^n

$$L[t^n] = \int_0^\infty t^n e^{-st}\mathrm{d}t$$

令 $u = st, t = \dfrac{u}{s}, \mathrm{d}t = \dfrac{1}{s}\mathrm{d}u$

所以

$$L[t^n] = \int_0^\infty \frac{u^n}{s^n}e^{-u} \cdot \frac{1}{s}\mathrm{d}u = \frac{1}{s^{n+1}}\int_0^\infty u^n e^{-u}\mathrm{d}u$$

式中 $\displaystyle\int_0^\infty u^n e^{-u}\mathrm{d}u = \Gamma(n+1)$ 为 Γ 函数，而 $\Gamma(n+1) = n!$

所以

$$L[t^n] = \frac{\Gamma(n+1)}{s^{n+1}} = \frac{n!}{s^{n+1}}$$

例 2-2 若 $n=2$，求 $L[t^2]$。

$$L[t^2] = \frac{2!}{s^3} = \frac{2}{s^3}$$

常用函数的拉氏变换，列于表 2-1，一般可直接查表，求得函数的拉氏变换。

表 2-1　拉氏变换对照表

	$f(t)$	$F(s)$
1	$\delta(t)$	1
2	$1(t)$	$\dfrac{1}{s}$
3	t	$\dfrac{1}{s^2}$
4	e^{-at}	$\dfrac{1}{s+a}$
5	te^{-at}	$\dfrac{1}{(s+a)^2}$
6	$\sin\omega t$	$\dfrac{\omega}{s^2+\omega^2}$
7	$\cos\omega t$	$\dfrac{s}{s^2+\omega^2}$
8	$t^n(n=1,2,3,\cdots)$	$\dfrac{n!}{s^{n+1}}$
9	$t^n e^{-at}(n=1,2,3,\cdots)$	$\dfrac{n!}{(s+a)^{n+1}}$

	$f(t)$	$F(s)$
10	$\dfrac{1}{b-a}(e^{-at}-e^{-bt})$	$\dfrac{1}{(s+a)(s+b)}$
11	$\dfrac{1}{b-a}(be^{-bt}-ae^{-at})$	$\dfrac{s}{(s+a)(s+b)}$
12	$\dfrac{1}{ab}\left[1+\dfrac{1}{a-b}(be^{-at}-ae^{-bt})\right]$	$\dfrac{1}{s(s+a)(s+b)}$
13	$e^{-at}\sin\omega t$	$\dfrac{\omega}{(s+a)^2+\omega^2}$
14	$e^{-at}\cos\omega t$	$\dfrac{s+a}{(s+a)^2+\omega^2}$
15	$\dfrac{1}{a^2}(at-1+e^{-at})$	$\dfrac{1}{s^2(s+a)}$
16	$\dfrac{\omega_n}{\sqrt{1-\zeta^2}}e^{-\zeta\omega_n t}\sin(\omega_n\sqrt{1-\zeta^2}t)$	$\dfrac{\omega_n^2}{s^2+2\zeta\omega_n s+\omega_n^2}$
17	$\dfrac{-1}{\sqrt{1-\zeta^2}}e^{-\zeta\omega_n t}\sin(\omega_n\sqrt{1-\zeta^2}t-\psi)$ $\psi=\arctan\dfrac{\sqrt{1-\zeta^2}}{\zeta}$	$\dfrac{s}{s^2+2\zeta\omega_n s+\omega_n^2}$
18	$1-\dfrac{1}{\sqrt{1-\zeta^2}}e^{-\zeta\omega_n t}\sin(\omega_n\sqrt{1-\zeta^2}t+\psi)$ $\psi=\arctan\dfrac{\sqrt{1-\zeta^2}}{\zeta}$	$\dfrac{\omega_n^2}{s(s^2+2\zeta\omega_n s+\omega_n^2)}$

2-4　拉氏变换的性质

1. 线性性质

拉氏变换是一个线性变换,若有常数 K_1,K_2,函数 $f_1(t),f_2(t)$,则

$$L[K_1f_1(t)+K_2f_2(t)]=K_1L[f_1(t)]+K_2L[f_2(t)]$$
$$=K_1F_1(s)+K_2F_2(s) \tag{2-3}$$

上式可由拉氏变换的定义直接得证。

2. 实数域的位移定理(延时定理)

$f(t)$ 的拉氏变换为 $F(s)$,对任一正实数 a,有

$$L[f(t-a)]=e^{-as}\cdot F(s) \tag{2-4}$$

$f(t-a)$ 为延迟时间 a 的函数 $f(t)$,如图 2-9 所示,当 $t<a$ 时 $f(t)=0$

证明:

$$L[f(t-a)]=\int_0^\infty f(t-a)e^{-st}\mathrm{d}t \qquad (\diamondsuit\ t-a=\tau)$$

$$=\int_0^\infty f(\tau)e^{-s(\tau+a)}\mathrm{d}\tau$$

$$=e^{-as}\int_0^\infty f(\tau)e^{-s\tau}\mathrm{d}\tau=e^{-as}\cdot F(s)$$

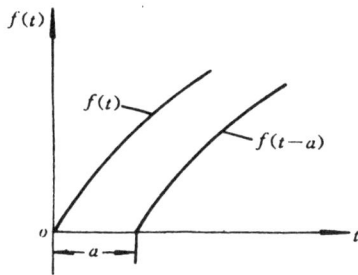

图 2-9　延时函数

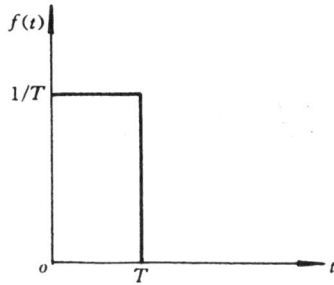

图 2-10　方波

例 2-3　求图 2-10 所示方波的拉氏变换。

解：　方波可表达为

$$f(t) = \frac{1}{T} - \frac{1}{T} \times 1(t-T)$$

所以

$$L[f(t)] = \frac{1}{Ts} - \frac{1}{Ts}e^{-sT} = \frac{1}{Ts}(1-e^{-sT})$$

例 2-4　求图 2-11 所示三角波的拉氏变换。

解：　三角波可表达为如下形式

$$f(t) = \frac{4}{T^2}t - \frac{4}{T^2}\left(t-\frac{T}{2}\right) - \frac{4}{T^2}\left(t-\frac{T}{2}\right) + \frac{4}{T^2}(t-T)$$

对上式进行拉氏变换，则有

$$F(s) = \frac{4}{T^2 s^2} - \frac{4}{T^2 s^2}e^{-s\cdot\frac{T}{2}} - \frac{4}{T^2 s^2}e^{-s\cdot\frac{T}{2}} + \frac{4}{T^2 s^2}e^{-sT}$$

$$= \frac{4}{T^2 s^2}(1 - 2e^{-s\frac{T}{2}} + e^{-sT})$$

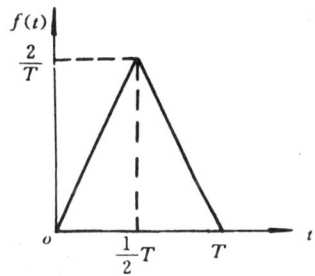

图 2-11　三角波

3. 周期函数的拉氏变换

设函数 $f(t)$ 是以 T 为周期的周期函数，即 $f(t+T)=f(t)$

则

$$L[f(t)] = \int_0^\infty f(t)e^{-st}\mathrm{d}t$$

$$= \int_0^T f(t)e^{-st}\mathrm{d}t + \int_T^{2T} f(t)e^{-st}\mathrm{d}t + \cdots + \int_{nT}^{(n+1)T} f(t)e^{-st}\mathrm{d}t$$

$$= \sum_{n=0}^\infty \int_{nT}^{(n+1)T} f(t)e^{-st}\mathrm{d}t$$

令　$t=t_1+nT$ 即 $\mathrm{d}t=\mathrm{d}t_1$，　$t_1=0$ 时 $t=nT$

$$L[f(t)] = \sum_{n=0}^\infty \int_0^T f(t_1+nT)e^{-s(t_1+nT)}\mathrm{d}t_1$$

$$= \sum_{n=0}^\infty e^{-snT} \int_0^T f(t_1)e^{-st_1}\mathrm{d}t_1$$

$$= \frac{1}{1-e^{-sT}} \int_0^T f(t)e^{-st}\mathrm{d}t \tag{2-5}$$

4. 复数域的位移定理

$f(t)$ 的拉氏变换为 $F(s)$。对任一常数 a(实数或复数),有

$$L[e^{-at}f(t)] = F(s+a) \tag{2-6}$$

证明:

$$L[e^{-at}f(t)] = \int_0^\infty e^{-at}f(t)e^{-st}\mathrm{d}t$$

$$= \int_0^\infty f(t)e^{-(s+a)t}\mathrm{d}t = F(s+a)$$

例 2-5 求 $e^{-at}\sin\omega t$ 的拉氏变换。

解: 可直接运用复数域的位移定理及正弦函数的拉氏变换求得:

$$L[e^{-at}\sin\omega t] = \frac{\omega}{(s+a)^2 + \omega^2}$$

同理,可求得

$$L[e^{-at}\cos\omega t] = \frac{s+a}{(s+a)^2 + \omega^2}$$

$$L[e^{-at}t^n] = \frac{n!}{(s+a)^{n+1}}$$

5. 相似定理

$f(t)$ 的拉氏变换为 $F(s)$。有任意常数 a。则

$$L[f(at)] = \frac{1}{a}F\left(\frac{s}{a}\right) \tag{2-7}$$

证明: $L[f(at)] = \int_0^\infty f(at)e^{-st}\mathrm{d}t$

令 $at = \tau$

$$L[f(at)] = \int_0^\infty f(\tau)e^{-(\frac{s}{a})\tau} \cdot \frac{1}{a}\mathrm{d}\tau = \frac{1}{a}\int_0^\infty f(\tau)e^{-(\frac{s}{a})\tau}\mathrm{d}\tau = \frac{1}{a}F\left(\frac{s}{a}\right)$$

6. 微分定理

$f(t)$ 的拉氏变换为 $F(s)$,则

$$L[f'(t)] = s \cdot F(s) - f(0^+) \tag{2-8}$$

$f(0^+)$ 为由正向使 $t \to 0$ 时的 $f(t)$ 值。

证明:

根据分部积分法

$$\int u\mathrm{d}v = uv - \int v\mathrm{d}u$$

令 $e^{-st} = u, f(t) = v$,则 $\mathrm{d}v = f'(t)\mathrm{d}t$

所以 $L[f'(t)] = \int_0^\infty f'(t)e^{-st}\mathrm{d}t = e^{-st}f(t)\Big|_0^\infty - \int_0^\infty f(t)(-s \cdot e^{-st})\mathrm{d}t$

$$= s\int_0^\infty f(t)e^{-st}\mathrm{d}t - f(0^+) = s \cdot F(s) - f(0^+)$$

进而可推出 $f(t)$ 的各阶导数的拉氏变换:

$$L[f''(t)] = s^2 F(s) - sf(0^+) - f'(0^+)$$

$$\vdots$$

$$L[f^{(n)}(t)] = s^n F(s) - s^{n-1} f(0^+) - s^{n-2} f'(0^+) - \cdots - f^{(n-1)}(0^+) \qquad (2\text{-}9)$$

式中 $f^{[i]}(0^+)$,$(0<i<n)$表示 $f(t)$ 的 i 阶导数在 t 从正向趋近于零时的取值。

当初始条件均为零时,即

$$f(0) = f'(0) = f''(0) = \cdots = f^{n-1}(0) = 0$$

则有

$$L[f'(t)] = sF(s)$$

$$L[f''(t)] = s^2 F(s)$$

$$\vdots$$

$$L[f^n(t)] = s^n F(s)$$

7. 积分定理

$f(t)$ 的拉氏变换为 $F(s)$,则

$$L\left[\int_0^t f(t)\mathrm{d}t\right] = \frac{F(S)}{s} + \frac{1}{s} f^{(-1)}(0^+) \qquad (2\text{-}10)$$

式中 $f^{(-1)}(0^+)$ 是 $\int_0^t f(t)\mathrm{d}t$ 在 $t \to 0^+$ 时的值。

证明:

由分部积分公式,令

$$\mathrm{d}u = e^{-st}\mathrm{d}t \qquad v = \int_0^t f(t)\mathrm{d}t$$

则

$$u = -\frac{1}{s} e^{-st}, \quad \mathrm{d}v = f(t)\mathrm{d}t$$

所以

$$L\left[\int_0^t f(t)\mathrm{d}t\right] = \int_0^\infty \left[\int_0^t f(t)\mathrm{d}t\right] e^{-st}\mathrm{d}t$$

$$= \frac{-1}{s} e^{-st}\left[\int_0^t f(t)\mathrm{d}t\right]\Big|_0^\infty - \int_0^\infty \left[-\frac{1}{s} e^{-st}\right] f(t)\mathrm{d}t$$

$$= \frac{1}{s} F(s) + \frac{1}{s}\left(\int_0^t f(t)\mathrm{d}t\right)\Big|_{t=0^+}$$

$$= \frac{1}{s} F(s) + \frac{1}{s} f^{(-1)}(0^+)$$

依次类推

$$L\left[\int_0^t\int_0^t f(t)(\mathrm{d}t)^2\right] = \frac{1}{s^2} F(s) + \frac{1}{s^2} f^{(-1)}(0^+) + \frac{1}{s} f^{(-2)}(0^+) \qquad (2\text{-}11)$$

$$L\left[\int_0^t\int_0^t \cdots \int_0^t f(t)(\mathrm{d}t)^n\right] = \frac{1}{s^n} F(s) + \frac{1}{s^n} f^{(-1)}(0^+) + \frac{1}{s^{n-1}} f^{(-2)}(0^+)$$

$$+ \cdots + \frac{1}{s} f^{(-n)}(0^+) \qquad (2\text{-}12)$$

式中 $f^{(-1)}(0^+), f^{(-2)}(0^+), \cdots, f^{(-n)}(0^+)$ 为 $f(t)$ 的积分及其各重积分,在 t 从正向趋近于零时的值。

8. 初值定理

若函数 $f(t)$ 及其一阶导数都是可拉氏变换的,则函数 $f(t)$ 的初值为

$$f(0^+) = \lim_{t \to 0+} f(t) = \lim_{s \to \infty} sF(s) \qquad (2\text{-}13)$$

即原函数 $f(t)$ 在自变量 t 趋于零(从正向趋于零)时的极限值,取决于其象函数 $F(s)$ 的自变量 s 趋于无穷大时 $sF(s)$ 的极限值。

证明:

由微分定理

$$\int_0^\infty f'(t)e^{-st}\mathrm{d}t = s \cdot F(s) - f(0^+)$$

令 $s \to \infty$,对上式两边取极限

$$\lim_{s \to \infty}\left[\int_0^\infty f'(t)e^{-st}\mathrm{d}t\right] = \lim_{s \to \infty}[s \cdot F(s) - f(0^+)]$$

当 $s \to \infty$ 时,$e^{-st} \to 0$,故

$$\lim_{s \to \infty}[sF(s) - f(0^+)] = 0$$

即

$$\lim_{s \to \infty} sF(s) = f(0^+) = \lim_{t \to 0+} f(t)$$

9. 终值定理

若函数 $f(t)$ 及其一阶导数都是可拉氏变换的,并且除在原点处唯一的极点外,$sF(s)$ 在包含 $j\omega$ 轴的右半 s 平面内是解析的(这意味着当 $t \to \infty$ 时 $f(t)$ 趋于一个确定的值),则函数 $f(t)$ 的终值为

$$\lim_{t \to \infty} f(t) = \lim_{s \to 0} sF(s) \qquad (2\text{-}14)$$

证明:

由微分定理

$$\int_0^\infty f'(t)e^{-st}\mathrm{d}t = sF(s) - f(0^+)$$

令 $s \to 0$,对上式两边取极限

$$\lim_{s \to 0}\left[\int_0^\infty f'(t)e^{-st}\mathrm{d}t\right] = \lim_{s \to 0}[sF(s) - f(0^+)] \qquad (2\text{-}15)$$

又有

$$
\begin{aligned}
\lim_{s \to 0}\left[\int_0^\infty f'(t)e^{-st}\mathrm{d}t\right] &= \int_0^\infty f'(t) \cdot \lim_{s \to 0} e^{-st}\mathrm{d}t \\
&= \lim_{t \to \infty}\int_0^t f'(t)\mathrm{d}t = \lim_{t \to \infty}\int_0^t \mathrm{d}[f(t)] \\
&= \lim_{t \to \infty}[f(t) - f(0^+)] \qquad (2\text{-}16)
\end{aligned}
$$

比较式(2-15)和式(2-16),得

$$\lim_{t \to \infty} f(t) = \lim_{s \to 0} sF(s)$$

注意,当 $f(t)$ 是周期函数,如正弦函数 $\sin\omega t$ 时,由于它没有终值,故终值定理不适用。

10. $t \cdot f(t)$ 的拉氏变换

$$L[t \cdot f(t)] = -\frac{\mathrm{d}}{\mathrm{d}s}F(s) \tag{2-17}$$

证明：

$$F(s) = \int_0^\infty f(t)e^{-st}\mathrm{d}t$$

两边微分,得

$$\frac{\mathrm{d}}{\mathrm{d}s}F(s) = \int_0^\infty f(t) \cdot (-t)e^{-st}\mathrm{d}t$$

$$= \int_0^\infty -t \cdot f(t)e^{-st}\mathrm{d}t = -L[t \cdot f(t)]$$

11. $\dfrac{f(t)}{t}$ 的拉氏变换

$$L\left[\frac{f(t)}{t}\right] = \int_s^\infty F(s)\mathrm{d}s \tag{2-18}$$

证明：

$$\int_s^\infty F(s)\mathrm{d}s = \int_s^\infty \int_0^\infty f(t)e^{-st}\mathrm{d}t \cdot \mathrm{d}s$$

$$= \int_0^\infty f(t)\mathrm{d}t \int_s^\infty e^{-st} \cdot \mathrm{d}s = \int_0^\infty f(t)\mathrm{d}t\left[-\frac{1}{t}e^{-st}\right]\Big|_s^\infty$$

$$= \int_0^\infty \frac{f(t)}{t}e^{-st}\mathrm{d}t = L\left[\frac{f(t)}{t}\right]$$

12. 卷积定理

若 $\qquad\qquad F(s) = L[f(t)], \quad G(s) = L[g(t)]$

则有 $\qquad\qquad L\left[\int_0^t f(t-\lambda)g(\lambda)\mathrm{d}\lambda\right] = F(s) \cdot G(s) \tag{2-19}$

式中积分 $\int_0^t f(t-\lambda)g(\lambda)\mathrm{d}\lambda = f(t) * g(t)$,称作 $f(t)$ 和 $g(t)$ 的卷积

若令 $t-\lambda=\tau$,那么

$$\int_0^t f(t-\lambda) \cdot g(\lambda)\mathrm{d}\lambda = -\int_t^0 f(\tau) \cdot g(t-\tau)\mathrm{d}\tau$$

$$= \int_0^t f(\lambda) \cdot g(t-\lambda)\mathrm{d}\lambda$$

即 $\qquad\qquad f(t) * g(t) = g(t) * f(t) \tag{2-20}$

下面证明式(2-19)卷积定理：

在式(2-19)中,当 $\lambda \geqslant t, f(t-\lambda) \cdot 1(t-\lambda) = 0$,因此

$$\int_0^t f(t-\lambda)g(\lambda)\mathrm{d}\lambda = \int_0^\infty f(t-\lambda) \cdot 1(t-\lambda) \cdot g(\lambda)\mathrm{d}\lambda$$

于是

$$L\left[\int_0^t f(t-\lambda)g(\lambda)\mathrm{d}\lambda\right] = \int_0^\infty e^{-st}\left[\int_0^\infty f(t-\lambda) \cdot 1(t-\lambda)g(\lambda)\mathrm{d}\lambda\right]\mathrm{d}t$$

令 $t-\lambda=\tau$ 代入上式，又由于 $f(t)$ 和 $g(t)$ 是可以进行拉氏变换的，所以改变上式的积分次序，可得

$$L\left[\int_0^t f(t-\lambda)g(\lambda)\mathrm{d}\lambda\right]=\int_0^\infty f(\tau)e^{-s(\lambda+\tau)}\mathrm{d}\tau\int_0^\infty g(\lambda)\mathrm{d}\lambda$$

$$=\int_0^\infty f(\tau)e^{-s\tau}\mathrm{d}\tau\int_0^\infty g(\lambda)e^{-s\lambda}\mathrm{d}\lambda$$

$$=F(s)\cdot G(s)$$

拉氏变换的基本性质列于表 2-2。

表 2-2　拉普拉斯变换的基本性质

1	$L[Af(t)]=AF(s)$
2	$L[f_1(t)\pm f_2(t)]=F_1(s)\pm F_2(s)$
3	$L\left[\dfrac{\mathrm{d}}{\mathrm{d}t}f(t)\right]=sF(s)-f(0^+)$
4	$L\left[\dfrac{\mathrm{d}^2}{\mathrm{d}t^2}f(t)\right]=s^2F(s)-sf(0^+)-f^{(1)}(0^+)$
5	$L\left[\dfrac{\mathrm{d}^n}{\mathrm{d}t^n}f(t)\right]=s^nF(s)-\displaystyle\sum_{k=1}^n s^{n-k}f^{(k-1)}(0^+)$ 式中 $f^{(k-1)}(t)=\dfrac{\mathrm{d}^{(k-1)}}{\mathrm{d}t^{(k-1)}}f(t)$
6	$L\left[\displaystyle\int_0^t f(t)\mathrm{d}t\right]=\dfrac{F(s)}{s}+\dfrac{\left[\int_0^t f(t)\mathrm{d}t\right]_{t=0+}}{s}$
7	$L\left[\displaystyle\int_0^t\int_0^t f(t)\mathrm{d}t\mathrm{d}t\right]=\dfrac{F(s)}{s^2}+\dfrac{\left[\int_0^t f(t)\mathrm{d}t\right]_{t=0+}}{s^2}+\dfrac{\left[\int_0^t\int_0^t f(t)\mathrm{d}t\mathrm{d}t\right]_{t=0+}}{s}$
8	$L\left[\displaystyle\int_0^t\cdots\int_0^t f(t)(\mathrm{d}t)^n\right]=\dfrac{F(s)}{s^n}+\displaystyle\sum_{k=1}^n\dfrac{1}{s^{n-k+1}}\left[\int_0^t\cdots\int_0^t f(t)(\mathrm{d}t)^k\right]_{t=0+}$
9	$L[e^{\mp at}f(t)]=F(s\pm a)$
10	$L[f(t-a)1(t-a)]=e^{-as}F(s)$
11	$L[tf(t)]=-\dfrac{\mathrm{d}F(s)}{\mathrm{d}s}$
12	$L\left[\dfrac{1}{t}f(t)\right]=\displaystyle\int_s^\infty F(s)\mathrm{d}s$
13	$L\left[f\left(\dfrac{t}{a}\right)\right]=aF(as)\quad L[f(at)]=\dfrac{1}{a}F\left(\dfrac{s}{a}\right)$
14	$L\left[\displaystyle\int_0^t f(t-\lambda)g(\lambda)\mathrm{d}\lambda\right]=F(s)G(s)$
15	$L[f_1(t)f_2(t)]=\dfrac{1}{2\pi j}\displaystyle\int_{c-j\infty}^{c+j\infty}F_1(s-\lambda)F_2(\lambda)\mathrm{d}\lambda$ 其中：$\quad L[f_1(t)]=F_1(s)$ $\qquad\quad L[f_2(t)]=F_2(s)$

2-5 拉氏反变换的数学方法

已知象函数 $F(s)$，求原函数 $f(t)$ 的方法有：①查表法，即直接利用表 2-1，查出相应的原函数，这适用于比较简单的象函数；②有理函数法，它根据拉氏反变换公式(2-2)求解，由于公式中的被积函数是一个复变函数，需用复变函数中的留数定理求解，本文就不作介绍了；③部分分式法，是通过代数运算，先将一个复杂的象函数化为数个简单的部分分式之和，再分别求出各个分式的原函数，总的原函数即可求得。

这里仅对部分分式法介绍如下：

一般，$F(s)$ 是复数 s 的有理代数式，可表示为

$$F(s) = \frac{B(s)}{A(s)} = \frac{b_m s^m + b_{m-1} s^{m-1} + \cdots + b_0}{a_n s^n + a_{n-1} s^{n-1} + \cdots + a_0}$$

$$= \frac{K(s - z_1)(s - z_2) \cdots (s - z_m)}{(s - p_1)(s - p_2) \cdots (s - p_n)} \tag{2-21}$$

式中 $p_1, p_2, \cdots, p_n$ 和 $z_1, z_2, \cdots, z_m$ 分别为 $F(s)$ 的极点和零点，它们是实数或共轭复数，且 $n > m$，如果 $n \leqslant m$，则分子 $B(s)$ 必须用分母 $A(s)$ 去除，以得到一个 s 的多项式和一个余式之和，在余式中分母阶次高于分子阶次。根据极点种类的不同，将式(2-21)化为部分分式之和，有以下两种情况。

1. $F(s)$ 无重极点的情况

$F(s)$ 总是能展开为下面简单的部分分式之和：

$$\frac{B(s)}{A(s)} = \frac{K_1}{s - p_1} + \frac{K_2}{s - p_2} + \cdots + \frac{K_n}{s - p_n} \tag{2-22}$$

式中 $K_1, K_2, \cdots, K_n$ 为待定系数。

以 $(s - p_1)$ 同乘式(2-22)两边，并以 $s = p_1$ 代入，则有

$$K_1 = \frac{B(s)}{A(s)}(s - p_1)\big|_{s = p_1}$$

同样，以 $(s - p_2)$ 同乘式(2-22)两边，并以 $s = p_2$ 代入，得

$$K_2 = \frac{B(s)}{A(s)}(s - p_2)\big|_{s = p_2}$$

依次类推，得

$$K_i = \frac{B(s)}{A(s)}(s - p_i)\big|_{s = p_i}$$

$$= \frac{B(p_i)}{A'(p_i)} \quad (i = 1, 2, \cdots, n) \tag{2-23}$$

式中 p_i 为 $A(s) = 0$ 的根，$A'(p_i) = \dfrac{\mathrm{d}A(s)}{\mathrm{d}s}\bigg|_{s = p_i}$

求得各系数后，则 $F(s)$ 可用部分分式表示

$$F(s) = \sum_{i=1}^{n} \frac{B(p_i)}{A'(p_i)} \cdot \frac{1}{s - p_i} \tag{2-24}$$

因 $L^{-1}\left[\dfrac{1}{s - p_i}\right] = e^{p_i t}$

从而可求得 $F(s)$ 的原函数为

$$f(t) = L^{-1}[F(s)] = \sum_{i=1}^{n} \frac{B(P_i)}{A'(p_i)} \cdot e^{p_i t} \qquad (2\text{-}25)$$

当 $F(s)$ 的某极点等于零,或为共轭复数时,同样可用上述方法。注意,由于 $f(t)$ 是一个实函数,若 p_1 和 p_2 是一对共轭复数极点,那么相应的系数 K_1 和 K_2 也是共轭复数,只要求出 K_1 或 K_2 中的一个值,另一值即可得。

例 2-6 求 $F(s) = \dfrac{14s^2 + 55s + 51}{2s^3 + 12s^2 + 22s + 12}$ 的拉氏反变换。

解:
$$A(s) = 2s^3 + 12s^2 + 22s + 12 = 2(s+1)(s+2)(s+3)$$
$$p_1 = -1, p_2 = -2, p_3 = -3$$
$$A'(s) = \frac{\mathrm{d}A(s)}{\mathrm{d}s} = 6s^2 + 24s + 22$$
$$A'(-1) = 4, \quad A'(-2) = -2, \quad A'(-3) = 4$$
$$B(s) = 14s^2 + 55s + 51$$
$$B(-1) = 10, \quad B(-2) = -3, \quad B(-3) = 12$$

所以
$$K_1 = \frac{B(p_1)}{A'(p_1)} = \frac{10}{4} = 2.5$$
$$K_2 = \frac{B(p_2)}{A'(p_2)} = \frac{-3}{-2} = 1.5$$
$$K_3 = \frac{B(p_3)}{A'(p_3)} = \frac{12}{4} = 3$$

得
$$f(t) = L^{-1}[F(s)] = L^{-1}\left[\frac{2.5}{s+1}\right] + L^{-1}\left[\frac{1.5}{s+2}\right] + L^{-1}\left[\frac{3}{s+3}\right]$$
$$= 2.5e^{-t} + 1.5e^{-2t} + 3e^{-3t}$$

例 2-7 求下面象函数的拉氏反变换

$$F(s) = \frac{B(s)}{A(s)} = \frac{20(s+1)(s+3)}{(s+1+j)(s+1-j)(s+2)(s+4)}$$

解: $F(s) = \dfrac{K_1}{s+1+j} + \dfrac{K_2}{s+1-j} + \dfrac{K_3}{s+2} + \dfrac{K_4}{s+4}$

$$K_1 = \left[\frac{B(s)}{A(s)}(s+1+j)\right]\Bigg|_{s=-1-j}$$
$$= \frac{20(-j)(2-j)}{(-2j)(1-j)(3-j)} = 4 + 3j$$

$$K_2 = \left[\frac{B(s)}{A(s)}(s+1-j)\right]\Bigg|_{s=-1+j}$$
$$= \frac{20j(2+j)}{2j(1+j)(3+j)} = 4 - 3j$$

$$K_3 = \left[\frac{B(s)}{A(s)}(s+2)\right]\Bigg|_{s=-2} = \frac{20 \times (-1) \times 1}{(-1+j)(-1-j) \times 2} = -5$$

$$K_4 = \left[\frac{B(s)}{A(s)}(s+4)\right]\Bigg|_{s=-4} = \frac{20 \times (-3) \times (-1)}{(-3+j)(-3-j) \times (-2)} = -3$$

$$F(s) = \frac{4+3j}{s+1+j} + \frac{4-3j}{s+1-j} - \frac{5}{s+2} - \frac{3}{s+4}$$

所以
$$f(t) = L^{-1}[F(s)]$$
$$= (4 + 3j)e^{(-1-j)t} + (4 - 3j)e^{(-1+j)t} - 5e^{-2t} - 3e^{-4t}$$
$$= e^{-t}[4(e^{(-jt)} + e^{(jt)}) + 3j(e^{-jt} - e^{jt})] - 5e^{-2t} - 3e^{-4t}$$
$$= e^{-t}(8\cos t + 6\sin t) - 5e^{-2t} - 3e^{-4t}$$

2. $F(s)$ 有重极点的情况

假设 $F(s)$ 有 r 个重极点 p_1,其余极点均不相同,则

$$F(s) = \frac{B(s)}{A(s)} = \frac{B(s)}{a_n(s - p_1)^r(s - p_{r+1})\cdots(s - p_n)}$$

$$= \frac{K_{11}}{(s - p_1)^r} + \frac{K_{12}}{(s - p_1)^{r-1}} + \cdots + \frac{K_{1r}}{s - p_1} + \frac{K_{r+1}}{s - p_{r+1}} + \frac{K_{r+2}}{s - p_{r+2}} + \cdots + \frac{K_n}{s - p_n}$$

式中 $K_{11}, K_{12}, \cdots, K_{1r}$ 的求法如下:

$$K_{11} = F(s)(s - p_1)^r \big|_{s=p_1}$$

$$K_{12} = \frac{d}{ds}[F(s)(s - p_1)^r] \big|_{s=p_1}$$

$$K_{13} = \frac{1}{2!}\frac{d^2}{ds^2}[F(s)(s - p_1)^r] \big|_{s=p_1}$$

$$\vdots$$

$$K_{1r} = \frac{1}{(r - 1)!}\frac{d^{r-1}}{ds^{r-1}}[F(s)(s - p_1)^r] \big|_{s=p_1} \qquad (2\text{-}26)$$

其余系数 $K_{r+1}, K_{r+2}, \cdots, K_n$ 的求法与第一种情况所述的方法相同,即

$$K_j = [F(s)(s - p_j)] \big|_{s=p_j} = \frac{B(s\ p_j)}{A'(s\ p_j)} \quad (j = r + 1, r + 2, \cdots, n)$$

求得所有的待定系数后,$F(s)$ 的反变换为

$$f(t) = L^{-1}[F(s)]$$

$$= \left[\frac{K_{11}}{(r-1)!}t^{r-1} + \frac{K_{12}}{(r-2)!}t^{r-2} + \cdots + K_{1r}\right]e^{p_1 t} + K_{r+1}e^{p_{r+1}t} + K_{r+2}e^{p_{r+2}t} + \cdots + K_n e^{p_n t}$$

例 2-8 求 $F(s) = \dfrac{1}{s(s+2)^3(s+3)}$ 的拉氏反变换

解:
$$F(s) = \frac{K_{11}}{(s + 2)^3} + \frac{K_{12}}{(s + 2)^2} + \frac{K_{13}}{s + 2} + \frac{K_4}{s} + \frac{K_5}{s + 3}$$

$$K_{11} = F(s)(s + 2)^3 \big|_{s=-2} = \frac{1}{s(s + 3)} \bigg|_{s=-2} = -\frac{1}{2}$$

$$K_{12} = \frac{d}{ds}[F(s)(s + 2)^3] \big|_{s=-2} = \frac{-(2s + 3)}{s^2(s + 3)^2} \bigg|_{s=-2} = \frac{1}{4}$$

$$K_{13} = \frac{1}{2!}\frac{d^2}{ds^2}[F(s)(s + 2)^3] \big|_{s=-2} = \frac{1}{2!}\frac{d^2}{ds^2}\left[\frac{1}{s(s + 3)}\right] \bigg|_{s=-2} = -\frac{3}{8}$$

$$K_4 = F(s) \cdot s \big|_{s=0} = \frac{1}{(s + 2)^3(s + 3)} \bigg|_{s=0} = \frac{1}{24}$$

$$K_5 = F(s)(s + 3) \big|_{s=-3} = \frac{1}{s(s + 2)^3} \bigg|_{s=-3} = \frac{1}{3}$$

$$F(s) = \frac{-1}{2(s+2)^3} + \frac{1}{4(s+2)^2} - \frac{3}{8(s+2)} + \frac{1}{24s} + \frac{1}{3(s+3)}$$

所以 $\quad f(t) = L^{-1}[F(s)]$

$$= \frac{1}{2} \times \frac{t^2}{2} e^{-2t} + \frac{1}{4} t e^{-2t} - \frac{3}{8} e^{-2t} + \frac{1}{24} + \frac{1}{3} e^{-3t}$$

$$= \frac{1}{4}(t - t^2 - \frac{3}{2})e^{-2t} + \frac{1}{3}e^{-3t} + \frac{1}{24}$$

2-6 用拉氏变换解常微分方程

用拉氏变换解常微分方程,首先通过拉氏变换将常微分方程化为象函数的代数方程,进而解出象函数,最后由拉氏反变换求得常微分方程的解。以下面的例子说明求解过程。

例 2-9　求图 2-12 所示机械系统,在单位脉冲力 $\delta(t)$ 作用下,质量 m 的运动规律。

解: 若不计阻尼,系统的运动微分方程为

$$m\ddot{x}(t) + kx(t) = \delta(t)$$

初始条件: $x(0) = \dot{x}(0) = 0$,对方程逐项取拉氏变换,得

$$m[s^2 X(s) - sx(0) - \dot{x}(0)] + kX(s) = 1$$

所以 $X(s) = \dfrac{1}{ms^2 + k} + \dfrac{msx(0) + m\dot{x}(0)}{ms^2 + k} = \dfrac{1}{ms^2 + k}$

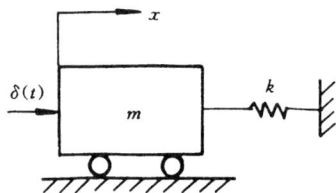

图 2-12　机械系统

对上式进行拉氏反变换,即可得质量 m 的运动规律

$$x(t) = L^{-1}[X(s)] = L^{-1}\left[\frac{1}{ms^2 + k}\right]$$

$$= L^{-1}\left[\frac{1}{\sqrt{mk}} \frac{\sqrt{k/m}}{s^2 + (\sqrt{k/m})^2}\right]$$

$$= \frac{1}{\sqrt{mk}} \sin\sqrt{\frac{k}{m}} t$$

质量 m 的运动是一个幅值为 $\dfrac{1}{\sqrt{mk}}$,角频率为 $\sqrt{\dfrac{k}{m}}$ 的简谐运动。

对于一般的 n 阶微分方程

$$a_n \frac{d^n y}{dt^n} + a_{n-1} \frac{d^{n-1}y}{dt^{n-1}} + \cdots + a_0 y = b_m \frac{d^m x}{dt^m} + b_{m-1} \frac{d^{m-1}x}{dt^{m-1}} + \cdots + b_0 x \qquad (2\text{-}27)$$

初始条件: $t = 0^+$ 时有 $y(0^+), y'(0^+), \cdots, y^{(n-1)}(0^+)$

$$x(0^+), x'(0^+), \cdots, x^{(m-1)}(0^+)$$

对式(2-27)逐项进行拉氏变换,根据微分定理

$$L\left[a_n \frac{d^n y}{dt^n}\right] = a_n[s^n Y(s) - s^{n-1}y(0^+) - s^{n-2}y'(0^+) - \cdots - y^{(n-1)}(0^+)]$$

$$= a_n[s^n Y(s) - A_{01}(s)]$$

$$L\left[a_{n-1}\frac{\mathrm{d}^{(n-1)}y}{\mathrm{d}t^{(n-1)}}\right] = a_{n-1}\left[s^{n-1}Y(s) - A_{02}(s)\right]$$

$$L\left[a_{n-2}\frac{\mathrm{d}^{(n-2)}y}{\mathrm{d}t^{(n-2)}}\right] = a_{n-2}\left[s^{n-2}Y(s) - A_{03}(s)\right]$$

$$\vdots$$

$$L\left[a_0 y\right] = a_0 Y(s)$$

式中 $A_{01}(s), A_{02}(s), A_{03}(s), \cdots$ 均为与初始条件有关的项,合并后,式(2-27)左边的拉氏变换为

$$(a_n s^n + a_{n-1}s^{n-1} + a_{n-2}s^{n-2} + \cdots + a_0)Y(s) - A_0(s) = A(s)Y(s) - A_0(s) \quad (2\text{-}28)$$

式中 $A_0(s)$ 为与初始条件有关的项

$$A(s) = a_n s^n + a_{n-1}s^{n-1} + a_{n-2}s^{n-2} + \cdots + a_0$$

同理,式(2-27)右边的拉氏变换为

$$(b_m s^m + b_{m-1}s^{m-1} + b_{m-2}s^{m-2} + \cdots + b_0)X(s) - B_0(s) = B(s)X(s) - B_0(s) \quad (2\text{-}29)$$

式中 $B_0(s)$ 为与初始条件有关的项

$$B(s) = b_m s^m + b_{m-1}s^{m-1} + b_{m-2}s^{m-2} + \cdots + b_0$$

式(2-27)的拉氏变换为

$$A(s)Y(s) - A_0(s) = B(s)X(s) - B_0(s) \quad (2\text{-}30)$$

$$\therefore \quad Y(s) = \frac{A_0(s) - B_0(s)}{A(s)} + \frac{B(s)}{A(s)} \cdot X(s) \quad (2\text{-}31)$$

对式(2-31)进行拉氏反变换,得

$$y(t) = L^{-1}\left[Y(s)\right] = L^{-1}\left[\frac{A_0(s) - B_0(s)}{A(s)}\right] + L^{-1}\left[\frac{B(s)}{A(s)}X(s)\right] = y_c(t) + y_i(t)$$

$$(2\text{-}32)$$

式(2-32)中 $y_c(t)$ 与初始条件有关,称之为系统的补函数,$y_i(t)$ 与输入有关,称之为特解函数。令 $N_0(s) = A_0(s) - B_0(s)$,设 $A(s) = 0$ 无重根,可求得

$$y_c(t) = L^{-1}\left[\frac{N_0(s)}{A(s)}\right] = L^{-1}\left[\sum_{i=1}^{n}\frac{N_0(p_i)}{A'(p_i)} \cdot \frac{1}{s - p_i}\right] = \sum_{i=1}^{n}\frac{N_0(p_i)}{A'(p_i)}e^{p_i t} \quad (2\text{-}33)$$

称 $A(s) = 0$ 为系统的特征方程,$p_i(i=1,2,\cdots,n)$ 为特征方程的根。由式(2-33)可见,若 p_i 为正实数或具有正实部的复数,当 $t \to \infty$ 时,$e^{p_i t} \to \infty$,即 $y_c(t) \to \infty$ 称这样的系统是不稳定的。反之,若 p_i 为负实数或具有负实部的复数,当 $t \to \infty$ 时,$e^{p_i t} \to 0$,即 $y_c(t) \to 0$,称该系统是稳定的,关于稳定性将在第 6 章中进一步说明。

系统的特解函数为

$$y_i(t) = L^{-1}\left[\frac{B(s)}{A(s)} \cdot X(s)\right]$$

式中 $X(s) = L[x(t)]$,$x(t)$ 为对系统施加的输入。对一个稳定的系统,输入 $x(t)$ 为正弦函数时,$y_i(t)$ 为系统的稳态输出,由此可求得系统的频率响应。有关这方面的重要概念将在第 5 章介绍。

复 习 思 考 题

1. 拉氏变换的定义是什么?

2. $\delta(t),1(t),t,\sin\omega t,\cos\omega t,e^{at},t^n$ 的拉氏变换是什么？

3. 拉氏变换的线性性质、微分定理、积分定理、时域的位移定理、复域位移定理、初值定理、终值定理、卷积定理是什么？如何应用？

4. 用部分分式法求拉氏反变换的方法。

5. 用拉氏变换求解微分方程的步骤。

习　　题

2-1　试求下列函数的拉氏变换,假设当 $t<0$ 时 $f(t)=0$。

(1) $f(t)=5(1-\cos 3\,t)$

(2) $f(t)=e^{-0.5t}\cos 10t$

(3) $f(t)=\sin(5t+\dfrac{\pi}{3})$（用和角公式展开）

(4) $f(t)=t^n\cdot e^{at}$

2-2　求下列函数的拉氏变换

(1) $f(t)=2t+3t^3+2e^{-3t}$

(2) $f(t)=t^3e^{-3t}+e^{-t}\cos 2t+e^{-3t}\sin 4t \quad (t\geqslant 0)$

(3) $f(t)=5\cdot 1(t-2)+(t-1)^2e^{2t}$

(4) $f(t)=\begin{cases}\sin t & 0\leqslant t\leqslant \pi \\ 0 & t<0,t>\pi\end{cases}$

2-3　已知 $F(s)=\dfrac{10}{s(s+1)}$

(1) 利用终值定理,求 $t\to\infty$ 时的 $f(t)$ 值。

(2) 通过取 $F(s)$ 的拉氏反变换,求 $t\to\infty$ 时的 $f(t)$ 值。

2-4　已知 $F(s)=\dfrac{1}{(s+2)^2}$

(1) 利用初值定理求 $f(0^+)$ 和 $f'(0^+)$ 的值。

(2) 通过取 $F(s)$ 的拉氏反变换求 $f(t)$,再求 $f'(t)$,然后求 $f(0^+)$ 和 $f'(0^+)$。

2-5　求图题 2-5 所示的各种波形所表示的函数的拉氏变换。

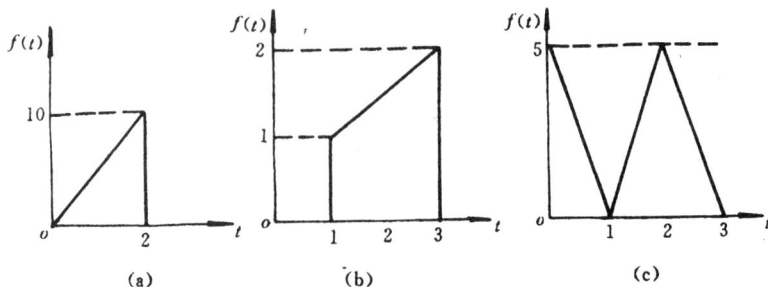

图题 2-5

2-6　试求下列象函数的拉氏反变换

(1) $F(s) = \dfrac{1}{s^2+4}$

(2) $F(s) = \dfrac{s}{s^2-2s+5} + \dfrac{s+1}{s^2+9}$

(3) $F(s) = \dfrac{1}{s(s+1)}$

(4) $F(s) = \dfrac{s+1}{(s+2)(s+3)}$

(5) $F(s) = \dfrac{4(s+3)}{(s+2)^2(s+1)}$

(6) $F(s) = \dfrac{e^{-s}}{s-1}$

(7) $F(s) = \dfrac{s^2+5s+2}{(s+2)(s^2+2s+2)}$

2-7　求下列卷积

(1) $1 * 1$

(2) $t * t$

(3) $t * e^t$

(4) $t * \sin t$

2-8　用拉氏变换的方法解下列微分方程

(1) $\ddot{x}+2\dot{x}+2x=0, x(0)=0, \dot{x}(0)=1$

(2) $2\ddot{x}+7\dot{x}+3x=0, x(0)=x_0, \dot{x}(0)=0$

第 3 章　系统的数学模型

为分析、研究系统的动态特性,或对系统进行控制,非常重要的一步是建立系统的数学模型。数学模型可以有许多不同形式。随着具体系统和条件不同,一种数学表达式可能比另一种更合适。例如,在单输入-单输出系统的瞬态响应分析或频率响应分析中,采用的是传递函数表示的数学模型,另一方面,在现代控制理论中,数学模型则采用状态空间表达式。

本章将介绍数学模型的概念;简单机、电系统的微分方程建立;传递函数的定义、特点及推导方法;方块图及其简化规则;信号流图及梅逊公式;状态空间的基本概念及状态空间表达式的建立。

3-1　概述

1. 数学模型的概念

模型是在某种相似基础上建立起来的,如航空、航海模型,机械构件的有机玻璃模型,是结构相似,比例缩小的实体模型。在控制工程中为研究系统的动态特性,要建立另外一种模型——数学模型。

数学模型是系统动态特性的数学表达式。建立数学模型是分析、研究一个动态系统特性的前提,是非常重要同时也是较困难的工作。一个合理的数学模型应以最简化的形式,准确地描述系统的动态特性。

建立系统的数学模型有两种方法。①分析法:是依据系统本身所遵循的有关定律列写数学表达式,在列写方程的过程中往往要进行必要的简化,如线性化,即忽略一些次要的非线性因素,或在工作点附近将非线性函数近似线性化;另外常用的简化手段是采用集中参数法,如质量集中在质心,集中载荷等。②实验法:是根据系统对某些典型输入信号的响应或其它实验数据建立数学模型。这种用实验数据建立数学模型的方法也称为系统辨识。

2. 线性系统与非线性系统

(1)线性系统

若系统的数学模型表达式是线性的,则这种系统就是线性系统。线性系统最重要的特性是可以运用叠加原理。所谓叠加原理是,系统在几个外加作用下所产生的响应,等于各个外加作用单独作用的响应之和。

机械工程系统在时域中通常用输入和输出之间的微分方程来描述其动态特性。线性系统又可分为:

①线性定常系统

用线性常微分方程描述的系统。如式

$$a\ddot{x}(t) + b\dot{x}(t) + cx(t) = dy(t)$$

式中 a,b,c,d 均为常数。

②线性时变系统

描述系统的线性微分方程的系数为时间的函数,如式

$$a(t)\ddot{x}(t) + b(t)\dot{x}(t) + c(t)x(t) = d(t)y(t)$$

如火箭的发射过程,由于燃料的消耗,火箭的质量随时间变化,重力也随时间变化。

本课程研究对象主要是线性定常系统。机械工程控制系统,给予一定的限制条件,如弹簧-质量-阻尼系统,弹簧限制在弹性范围内变化,系统给予充分润滑,阻尼看做粘性阻尼,即阻尼力与相对运动速度成正比,质量集中在质心等,这时系统可看作线性定常系统。因为线性常微分方程便于分析和研究,对线性定常系统的研究有重要的实用价值。

（2）非线性系统

用非线性方程描述的系统称非线性系统。如

$$y(t) = x^2(t)$$
$$\ddot{x}(t) + \dot{x}^2(t) + x(t) = y(t)$$

非线性系统的最重要特性,是不能运用叠加原理。系统中包含有非线性因素,给系统的分析和研究带来复杂性。对于大多数机械、电气和液压系统,变量之间不同程度地包含有非线性关系,如间隙特性、饱和特性、死区特性、干摩擦特性、库仑摩擦特性等。

对于非线性问题,通常有如下的处理途径:

① 线性化:在工作点附近,将非线性函数用泰勒级数展开,并取一次近似。

② 忽略非线性因素,如消除机械间隙,或用补偿的方法消除间隙的影响;在机械部件拖板与导轨间充分润滑,忽略干摩擦的因素等。

③ 对非线性因素,若不能简化,也不能忽略,就需用非线性系统的分析方法来处理。

3. 本课程涉及的数学模型形式

本课程着重于经典控制论范畴,主要的研究对象是线性系统,在时域中用线性常微分方程描述系统的动态特性,在复数域或频域中,用传递函数或频率特性来描述系统的动态特性。

3-2 系统微分方程的建立

在建立机械工程系统与过程的微分方程时,主要应用机械动力学、流体动力学等基础理论,对于一些机、电、液综合系统,除须运用能量守恒定律外,还必须应用电工原理、电子学等方面的基础理论。此外,还须具备有关专业的专业技术理论,如金属切削原理、液压传动及各种加工工艺原理等。下面分别介绍一些简单的机械系统、液压系统及电子网络建立微分方程所应用的原理和方法。

1. 机械系统

机械系统中部件的运动,有直线运动、转动或二者兼有,列写机械系统的微分方程通常用达朗贝尔原理。该原理为:作用于每一个质点上的合力,同质点惯性力形成平衡力系,用公式可表达为

$$-m_i\ddot{x}_i(t) + \sum f_i(t) = 0 \qquad (3-1)$$

式中 $\sum f_i(t)$——作用在第 i 个质点上力的合力；

       $-m_i\ddot{x}_i(t)$——质量为 m_i 的质点的惯性力。

（1）直线运动

直线运动中包含的要素是质量、弹簧和粘性阻尼,如图 3-1(a)所示的系统,在图 3-1(b)中表示初始状态重力 mg 与初始弹簧拉力 kx_0 平衡,图 3-1(c)表示在外力 f[①] 作用下,取质量 m 为分离体的受力分析,应用达朗贝尔原理,可列写该系统的运动微分方程：

$$m\ddot{x} + B\dot{x} + kx = f \qquad (3-2)$$

式中 m——质量,kg；

       x——位移,m；

       B——粘性阻尼系数,N·s·m^{-1}；

       k——弹簧常数,N·m^{-1}；

       f——外力,N。

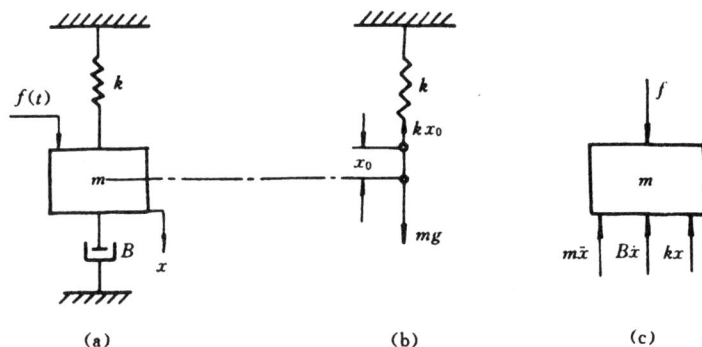

图 3-1   质量-弹簧-阻尼系统及受力分析

（2）转动

回转运动所包含的要素有:惯量、扭转弹簧、回转粘性阻尼。图 3-2 为在扭矩 T 作用下的转动机械系统,外加扭矩和转角间的微分方程为

$$J\ddot{\theta} + B_J\dot{\theta} + k_J\theta = T \qquad (3-3)$$

式中 J——转动惯量,N·m^2；

       θ——转角,rad；

       B_J——回转粘性阻尼系数 N·m·s·rad^{-1}；

       k_J——扭转弹簧常数,N·m·rad^{-1}；

       T——扭转,N·m。

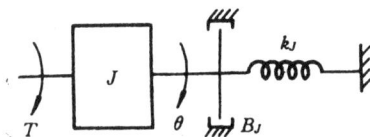

图 3-2   回转机械系统

下面列举两个机械网络的例子,说明其微分方程的建立。

例 3-1   列写图 3-3(a)所示机械网络输入 x 和输出 y 间的微分方程。

解：   首先设中间变量 x_1,且假设

---

① $f = f(t)$,以后,为书写简单,x, y, θ, i, v 等时域变量均为时间的函数。

$$x > x_1 > y$$

取分离体并分析力,如图 3-3(b)所示。列写平衡方程

$$k_1(x - x_1) = B(\dot{x}_1 - \dot{y}) \tag{3-4}$$

$$B(\dot{x}_1 - \dot{y}) = k_2 y \tag{3-5}$$

由式(3-4)和(3-5)消去中间变量 x_1,可得

$$B\left(1 + \frac{k_2}{k_1}\right)\dot{y} + k_2 y = B\dot{x}$$

例 3-2 列写图 3-4(a)所示机械网络 f 与 x_2 之间的运动微分方程。

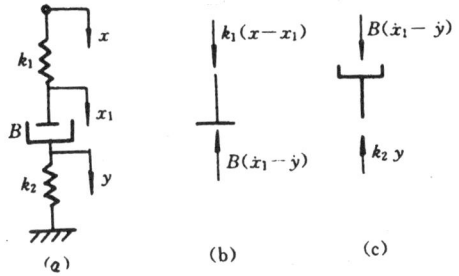

图 3-3 机械网络及受力分析

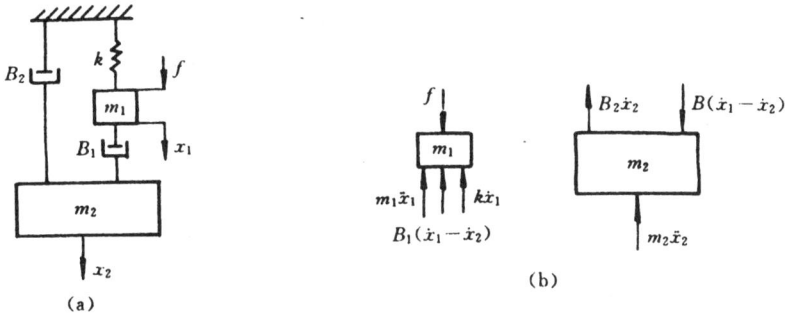

图 3-4 机械网络及受力分析

解: 设中间变量 x_1,且假设 $x_1 > x_2$,取分离体并分析力如图 3-4(b)所示,列写平衡方程:

$$m_1\ddot{x}_1 + B_1(\dot{x}_1 - \dot{x}_2) + kx_1 = f \tag{3-6}$$

$$m_2\ddot{x}_2 + B_2\dot{x}_2 = B_1(\dot{x}_1 - \dot{x}_2) \tag{3-7}$$

由上两式可看出 x_1 与 x_2 之间相互是有影响的,即在外力 f 作用下,使 m_1 位移 x_1,进而使 m_2 位移 x_2,这时 m_2 的位移 x_2 又反回来影响 m_1 的位移。由式(3-6)和(3-7)消去中间变量 x_1,可求得 $f(t)$ 和 $x_2(t)$ 之间的运动微分方程。对式(3-6)和(3-7)分别进行拉氏变换后可方便地求得输入和输出间的关系,这将在下一节介绍。

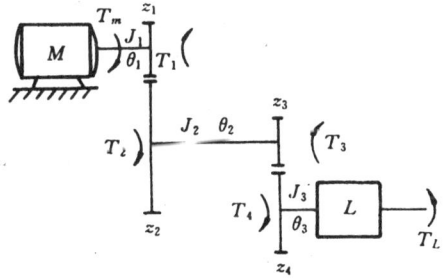

图 3-5 齿轮传动系统

下面通过一例,说明齿轮传动系统微分方程的建立。

例 3-3 齿轮传动的动力学分析。如图 3-5 所示的齿轮传动链,由电动机 M 输入的扭矩为 T_m,L 为输出端负载,T_L 为负载扭矩。图中所示的 z_1, z_2, z_3, z_4 为各齿轮齿数;J_1, J_2, J_3 及 θ_1, θ_2 和 θ_3 分别为各轴及相应齿轮的转动惯量和转角。假设各轴均为绝对刚性,即扭转弹簧常数 $k_J = \infty$,根据式(3-3),可得到如下动力学方程式:

$$T_m = J_1\ddot{\theta}_1 + B_1\dot{\theta}_1 + T_1 \tag{3-8}$$

$$T_2 = J_2\ddot{\theta}_2 + B_2\dot{\theta}_2 + T_3 \tag{3-9}$$

$$T_4 = J_3 \ddot{\theta}_3 + B_3 \dot{\theta}_3 + T_L \tag{3-10}$$

式中：B_1，B_2 及 B_3 为传动中各轴及齿轮的阻尼系数；T_1 为齿轮 z_1 对 T_m 的反力矩；T_3 为 z_3 对 T_2 的反力矩；T_L 为输出端负载对 T_4 的反力矩，即负载力矩。若将各轴转动惯量、阻尼及负载转换到电机轴，列写 T_M 与 θ_1 间的微分方程，由齿轮传动的基本关系可知

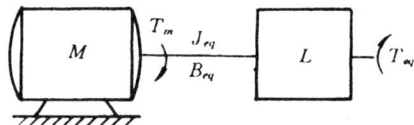

图 3-6　图 3-5 的等效系统

$$T_2 = \frac{z_2}{z_1} \cdot T_1 \qquad \theta_2 = \frac{z_1}{z_2} \cdot \theta_1$$

$$T_4 = \frac{z_4}{z_3} \cdot T_3 \qquad \theta_3 = \frac{z_3}{z_4}\theta_2 = \frac{z_1}{z_2}\frac{z_3}{z_4}\theta_1$$

于是由式(3-8),(3-9),(3-10)可求得

$$T_m = J_1\ddot{\theta}_1 + B_1\dot{\theta}_1 + \frac{z_1}{z_2}\left[J_2\ddot{\theta}_2 + B_2\dot{\theta}_2 + \frac{z_3}{z_4}(J_3\ddot{\theta}_3 + B_3\dot{\theta}_3 + T_L)\right]$$

$$= \left[J_1 + \left(\frac{z_1}{z_2}\right)^2 J_2 + \left(\frac{z_1}{z_2}\frac{z_3}{z_4}\right)^2 J_3\right]\ddot{\theta}_1 + \left[B_1 + \left(\frac{z_1}{z_2}\right)^2 B_2 + \left(\frac{z_1}{z_2}\frac{z_3}{z_4}\right)^2 B_3\right]\dot{\theta}_1 + \left(\frac{z_1}{z_2}\frac{z_3}{z_4}\right)^2 T_L$$

$$\tag{3-11}$$

如令　$J_{eq} = J_1 + \left(\frac{z_1}{z_2}\right)^2 J_2 + \left(\frac{z_1}{z_2}\cdot\frac{z_3}{z_4}\right)^2 J_3$，称为"等效转动惯量"；

$B_{eq} = B_1 + \left(\frac{z_1}{z_2}\right)^2 B_2 + \left(\frac{z_1}{z_2}\cdot\frac{z_3}{z_4}\right)^2 B_3$，称为"等效阻尼系数"；

$T_{eq} = \left(\frac{z_1}{z_2}\cdot\frac{z_3}{z_4}\right)T_L$，称为"等效输出扭矩"。

则可将式(3-11)写成

$$T_m = J_{eq}\ddot{\theta}_1 + B_{eq}\dot{\theta}_1 + T_{eq} \tag{3-12}$$

于是图 3-5 可简化成图 3-6 所示的等效齿轮传动。

2. 液压系统

一般液压控制系统是一个复杂的具有分布参数的控制系统，分析研究它有一定的复杂性。在工程实际中通常用集中参数系统近似地描述它，即假定各参数仅为时间的变量而与空间位置无关，这样就可用常微分方程来描述它，此外，液压系统中的元件有明显的非线性特性，在一定条件下需进行线性化处理，这样使分析问题大为简化。一般液压系统要应用流体连续方程，即流体的质量守恒定律：

$$\sum q_i = 0$$

或

$$\sum q_入 - \sum q_出 = v\frac{\mathrm{d}\rho}{\mathrm{d}t} + \rho\frac{\mathrm{d}v}{\mathrm{d}t} \tag{3-13}$$

式中 v 为容积，ρ 为质量密度。即，系统之总流入流量 $\sum q_入$ 与总流出流量 $\sum q_出$ 之差与系统中流体受压缩产生的流量变化 $v\frac{\mathrm{d}\rho}{\mathrm{d}t}$ 及系统容积变化率产生的流量变化 $\rho\frac{\mathrm{d}v}{\mathrm{d}t}$ 之和相平衡。此外，液压传动系统，也要应用前述的达朗贝尔原理以及液压元件本身特性如流体流经微小隙缝的流量特性等建立系统的微分方程。下面通过一个滑阀控制油缸的液压伺服系统来具体说明，系统

如图 3-7 所示。其工作原理是,当阀芯右移 x,即阀的开口量为 x 时,高压油进入油缸左腔,低压油与右腔连通,故活塞推动负载右移 y。图中的符号表示:q 为负载流量,在不计油的压缩和泄漏的情况下,即为进入或流出油缸的流量;$p = p_1 - p_2$ 为负载压降,即活塞两端单位面积上的压力差,它取决于负载;A 为活塞面积;B 为粘性阻尼系数。

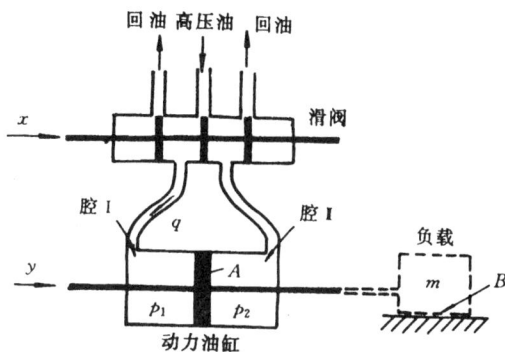

图 3-7　阀控缸液压伺服系统

当阀开口为 x 时,高压油进入油缸左腔,如不计压缩和泄漏,流体连续方程为

$$q = A\dot{y} \tag{3-14}$$

作用在活塞上力的平衡方程为

$$m\ddot{y} + B\dot{y} = A \cdot p \tag{3-15}$$

根据液体流经微小隙缝的流量特性,流量 q,压力 p 与阀开口量 x 一般为非线性关系,即

$$q = q(x, p) \tag{3-16}$$

将式(3-16)在工作点 (x_0, p_0) 邻域进行小偏差线性化,并略去高阶偏差,保留一次项,得

$$q = q(x_0, p_0) + \frac{\partial q}{\partial x}|_{x=x_0}(x - x_0) + \frac{\partial q}{\partial p}|_{p=p_0}(p - p_0)$$

设 $x_0 = 0$,$p_0 = 0$(即在零位)时,$q(x_0, p_0) = 0$,则

$$q = K_q x - K_c p \tag{3-17}$$

式中　$K_q = \frac{\partial q}{\partial x}|_{x=x_0}$ 为流量增益,表示由阀芯位移引起的流量变化;

$K_c = -\frac{\partial q}{\partial p}|_{p=p_0}$ 为流量-压力系数,表示由压力变化引起的流量变化,因随负载压力增大,负载流量变小,故有一负号。

联立式(3-14),(3-15)和(3-17),由式(3-17)得

$$p = \frac{1}{K_c}(K_q x - q) = \frac{1}{K_c}(K_q x - A\dot{y}) \tag{3-18}$$

将式(3-18)代入式(3-15),得图 3-7 液压系统在预定工作点:$q(x_0, p_0)$,且 x_0,p_0 均为零时的线性化微分方程为

$$m\ddot{y} + \left(B + \frac{A^2}{K_c}\right)\dot{y} = \frac{AK_q}{K_c}x \tag{3-19}$$

3. 电网络系统

机械系统不仅常常与液压、气动等系统紧密结合,而且与电系统也常常是密切不可分割的。因此在解决机械工程中的控制问题时往往需应用电网络分析的基本理论。

电网络分析基础主要是根据基尔霍夫电流定律和电压定律写出微分方程式,进而建立系统的数学模型。

(1) 基尔霍夫电流定律

若电路有分支路,它就有节点,则汇聚到某节点的所有电流之代数和应等于零(即所有流出节点的电流之和等于所有流进节点的电流之和):

$$\sum_A i(t) = 0 \tag{3-20}$$

即表示汇聚到节点 A 的电流的总和为零。

例如在图 3-8 所示的电路中，$u_i=$ 输入电压，$u_0=$ 输出电压，L 为电感，R 为电阻，C 为电容，i_L，i_R 及 i_C 分别为流经电感、电阻及电容的电流。对电路中之节点 1，有

$$i_L + i_R - i_C = 0$$

其中　　$i_L = \dfrac{1}{L}\displaystyle\int u_L \mathrm{d}t$ 　　$i_R = \dfrac{u_R}{R}$ 　　$i_C = C\dfrac{\mathrm{d}u_c}{\mathrm{d}t}$

因此节点 1 的动态方程为

$$\frac{1}{L}\int (u_i - u_0)\mathrm{d}t + \frac{u_i - u_0}{R} - C\frac{\mathrm{d}u_0}{\mathrm{d}t} = 0$$

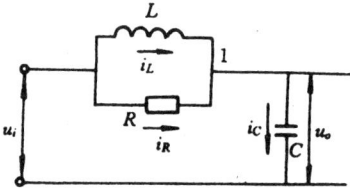

图 3-8　有分支的电网络图　　　　　图 3-9　电网络的一个闭合回路

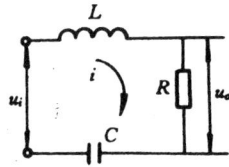

(2) 基尔霍夫电压定律

电网络的闭合回路中电势的代数和等于沿回路的电压降的代数和：

$$\sum E = \sum Ri \tag{3-21}$$

应用此定律对回路进行分析时，必须注意元件中电流的流向及元件两端电压的参考极性。

对图 3-9 所示的电路，有

$$u_i = L\frac{\mathrm{d}i}{\mathrm{d}t} + Ri + \frac{1}{C}\int i\,\mathrm{d}t$$

$$u_0 = Ri$$

例 3-4　由两级串联 RC 电路组成的滤波网络如图 3-10 所示，列写输入和输出电压 u_i 和 u_0 间的微分方程。

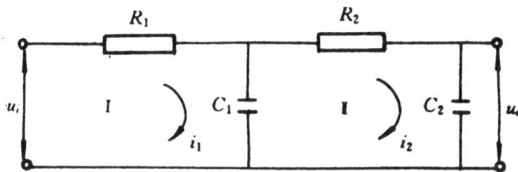

图 3-10　两级串联的 RC 电路

解：　对回路 I，可列写方程

$$u_i = R_1 i_1 + \frac{1}{C_1}\int (i_1 - i_2)\mathrm{d}t \tag{3-22}$$

对回路 II，可列写方程

$$\frac{1}{C_1}\int (i_1 - i_2)\mathrm{d}t = R_2 i_2 + \frac{1}{C_2}\int i_2 \mathrm{d}t \tag{3-23}$$

$$u_0 = \frac{1}{C_2}\int i_2 \mathrm{d}t \tag{3-24}$$

由式(3-22),(3-23),(3-24)消去中间变量 i_1,i_2,可求得 u_i 和 u_0 关系的微分方程

$$R_1 C_1 R_2 C_2 \frac{\mathrm{d}^2 u_0}{\mathrm{d}t^2} + (R_1 C_1 + R_2 C_2 + R_1 C_2)\frac{\mathrm{d}u_0}{\mathrm{d}t} + u_0 = u_i \tag{3-25}$$

两个 RC 电路串联,存在着负载效应,回路Ⅱ中的电流对回路Ⅰ有影响,即存在着内部信息的反馈作用,流经 C_1 的电流为 i_1 和 i_2 的代数和。不能简单地将第一级 RC 电路的输出作为第二级 RC 电路的输入,否则,就会得出错误的结果。若对回路Ⅰ,式(3-22)改写为

$$u_i = R_1 i_1 + \frac{1}{C_1}\int i_1 \mathrm{d}t \tag{3-26}$$

直接将回路Ⅰ的输出电压 $\frac{1}{C_1}\int i_1 \mathrm{d}t$ 作为回路Ⅱ输入,则有

$$\frac{1}{C_1}\int i_1 \mathrm{d}t = R_2 i_2 + \frac{1}{C_2}\int i_2 \mathrm{d}t \tag{3-27}$$

$$u_0 = \frac{1}{C_2}\int i_2 \mathrm{d}t \tag{3-28}$$

联立式(3-26),(3-27),(3-28)可得

$$R_1 C_1 R_2 C_2 \frac{\mathrm{d}^2 u_0}{\mathrm{d}t^2} + (R_1 C_1 + R_2 C_2)\frac{\mathrm{d}u_0}{\mathrm{d}t} + u_0 = u_i \tag{3-29}$$

式(3-29)和式(3-25)是不同的,式(3-29)在图3-10情况下是错误的。若在两回路间加入隔离放大器,消除负载效应时式(3-29)可成立。

以上所举的例子中,只包含电阻、电容及电感等无源元件,故称"无源网络"。若电路中包含有电压源或电流源时,就构成"有源网络",由于无源网络便于分析,常将有源网络化为等效的无源网络来进行分析,有关问题可参考电工学方面的书籍。

3-3 传递函数

1. 传递函数的基本概念

传递函数是经典控制论中对线性系统进行分析、研究与综合的重要数学模型形式。它通过输入与输出之间信息的传递关系,来描述系统本身的动态特性。

在时域中对线性定常系统用线性常微分方程描述输入 $x(t)$ 与输出 $y(t)$ 之间的动态关系:

$$a_n \frac{\mathrm{d}^n y}{\mathrm{d}t^n} + a_{n-1}\frac{\mathrm{d}^{n-1}y}{\mathrm{d}t^{n-1}} + \cdots + a_0 y = b_m \frac{\mathrm{d}^m x}{\mathrm{d}t^m} + b_{m-1}\frac{\mathrm{d}^{m-1}x}{\mathrm{d}t^{m-1}} + \cdots + b_0 x \tag{3-30}$$

式中 $n \geqslant m$。

设系统在外界输入 x 作用前,初始条件:$x(0), \dot{x}(0), \cdots, x^{m-1}(0); y(0), \dot{y}(0), \cdots,$ $y^{(n-1)}(0)$ 均为零,对式(3-30)两边进行拉氏变换,可得

$$(a_n s^n + a_{n-1}s^{n-1} + \cdots + a_0)Y(s) = (b_m s^m + b_{m-1}s^{m-1} + \cdots + b_0)X(s)$$

令

$$G(S) = \frac{Y(s)}{X(s)} = \frac{b_m s^m + b_{m-1}s^{m-1} + \cdots + b_0}{a_n s^n + a_{n-1}s^{n-1} + \cdots + a_0} = \frac{B(s)}{A(s)} \tag{3-31}$$

可用图3-11表示输入到输出之间信息的传递关系,称 $G(s)$ 为系统的传递函数。

传递函数的定义:线性定常系统的传递函数,是初始条件为零时,系统输出的拉氏变换比

输入的拉氏变换。

传递函数是在复数域中描述系统动态特性的非常重要的概念,它不仅表达了输入与输出信息的因果关系,也显示了一个系统对外界所施加不同频率作用的"反应"或"响应",因而一切物质的系统,如机械、电子系统,或工艺、生产过程,都具有某种形式的传递函数,它们都以某种方式将输入信息或毛坯加以处理,转换

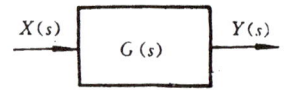

图 3-11 信息的传递关系

为输出信息或产品。不仅如此,一般非物质系统如社会经济系统以及生物系统,都存在某种形式的传递函数。

由式(3-31)看出,通过拉氏变换,将微分方程变为代数多项式之比的形式,由传递函数在复数域中直接研究系统的动态特性更为简便。传递函数分母多项式 $A(s)=0$ 正是系统的特征方程,它的根决定了系统的稳定性。传递函数的"零点"与"极点"在复平面上的位置,决定了系统的灵敏度与稳定性,这些将在后续章节中介绍。

传递函数的主要特点有:

① 传递函数反映系统本身的动态特性,只与系统本身的参数有关,与外界输入无关,这可由式(3-31)看出,传递函数等于 s 的多项式之比,其中 s 的阶次及系数都是与外界无关的系统本身的固有特性。

② 对于物理可实现系统,传递函数分母中 s 的阶次 n 必不小于分子中 s 的阶次 m,即 $n \geqslant m$,因为实际的物理系统总是存在惯性,输出不会超前于输入。

③ 传递函数的量纲是根据输入量和输出量来决定。传递函数不说明被描述系统的物理结构。不同性质的物理系统,只要其动态特性类同,可以用同一类型的传递函数来描述,例如图3-12(a)和(b)所示的两种不同的物理系统,有类同的传递函数,它们分别为

$$G_1(s) = \frac{X(s)}{F(s)} = \frac{1}{ms^2 + Bs + k}$$

$$G_2(s) = \frac{Q(s)}{E(s)} = \frac{1}{Ls^2 + Rs + \frac{1}{C}}$$

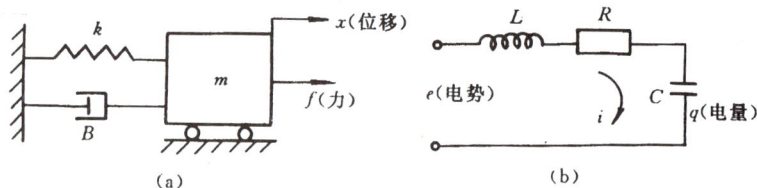

(a)   (b)

图 3-12　相似系统

2. 传递函数的零点与极点

将传递函数中分子与分母多项式分解因式:

$$G(s) = \frac{Y(s)}{X(s)} = \frac{K(s - z_1)(s - z_2) \cdots (s - z_m)}{(s - p_1)(s - p_2) \cdots (s - p_n)} \tag{3-32}$$

当 $s = z_i (i = 1, 2, \cdots, m)$ 时,$G(s) = 0$,故称 z_i 为 $G(s)$ 的零点;

当 $s = p_j (j = 1, 2, \cdots, n)$ 时,$G(s) = \infty$,故称 p_j 为 $G(s)$ 的极点。

3. 传递函数的典型环节

为了分析、研究问题方便起见,将一个复杂的系统传递函数看做由一些典型环节组合而成。注意,各典型环节并不一定对应一个真实的物理结构,之所以划分典型环节,是为了通过分析典型环节的特性,方便地研究整个系统的动态特性。典型环节为:

① 比例环节 K;

② 积分环节 $\dfrac{1}{s}$;

③ 微分环节 s;

④ 惯性环节 $\dfrac{1}{Ts+1}$;

⑤ 一阶微分环节 $Ts+1$;

⑥ 振荡环节 $\dfrac{1}{T^2s^2+2\zeta Ts+1}$;

⑦ 二阶微分环节 $T^2s^2+2\zeta Ts+1$;

⑧ 延时环节 $e^{-\tau s}$。

关于各典型环节的特性,将在第 4、5 章介绍。

通过以下例子说明物理系统传递函数的推导过程及其所包含的典型环节。

(1) 有机械系统物理模型如图 3-13 所示,设 x 为输入位移,y 为输出位移,若不计杆件质量和变形,且 x,y 均为小位移,其传递函数推导如下:

杆件两端点位移 x_1 与 x 之间有下述关系

$$x_1 = \frac{b}{a}x$$

取分离体,列写力平衡方程

$$B\dot{y} = k\left(\frac{b}{a}x - y\right)$$

图 3-13 机械系统

初始条件为零,对上式两边取拉氏变换,得

$$\frac{Y(s)}{X(s)} = \frac{\dfrac{b}{a}}{\dfrac{B}{k}s + 1}$$

该机械系统可看作由比例环节 $K = \dfrac{b}{a}$ 和惯性环节 $\dfrac{1}{\left(\dfrac{B}{k}s+1\right)}$ 组成。

(2) 运算放大器可用于产生各种数学运算,如反向、加法和积分运算等,它是一个具有很高增益的直流放大器,如图 3-14(a) 所示。输出电压 e_0 与输入电压 e_g 的关系式为

$$e_0 = -ke_g \tag{3-33}$$

式中 $k = 10^6 \sim 10^8$,信号通过一个运算放大器将改变一次代数符号。

下面介绍构成运算元件的原理及传递函数的推导。

运算放大器与输入阻抗 Z_i 串联,在反馈回路中有反馈阻抗如图 3-14(b) 所示。由于放大器内部阻抗很高,故输入电流 i_g 可忽略不计,即

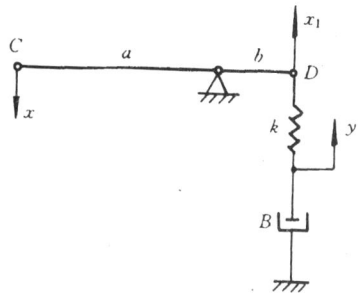

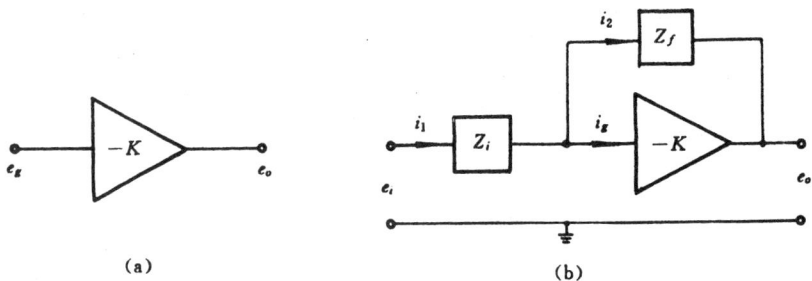

图 3-14 运算放大器及运算元件原理图

(a) 运算放大器；(b) 运算元件原理图

$$i_g \approx 0$$

由式(3-33)得 $e_g = -\dfrac{e_0}{k} \approx 0$，其拉氏变换 $E_g(s) = 0$，由基尔霍夫电流定律，有

$$i_1 = i_2$$

经拉氏变换：$I_1(s) = I_2(s)$

$$I_1(s) = \frac{E_i(s) - E_g(s)}{Z_i(s)} = \frac{E_i(s)}{Z_i(s)} \tag{3-34}$$

$$I_2(s) = \frac{E_g(s) - E_0(s)}{Z_f(s)} = -\frac{E_0(s)}{Z_f(s)} \tag{3-35}$$

由式(3-34)，(3-35)得运算元件的传递函数为

$$\frac{E_0(s)}{E_i(s)} = -\frac{Z_f(s)}{Z_i(s)}$$

即

$$E_0(s) = -\frac{Z_f(s)}{Z_i(s)} E_i(s) \tag{3-36}$$

根据运算元件的基本方程式(3-36)，选用不同的 $Z_i(s)$ 和 $Z_f(s)$，可构成不同的运算元件。若图 3-14(b)中，$Z_i(s) = R_i$，$Z_f(s) = R_f$ 均为纯电阻，则 $E_0(s) = -\dfrac{R_f}{R_i} E_i(s)$ 为反向比例电路。

若图 3-14(b)中 $Z_i(s) = R_i$（纯电阻），$Z_f(s) = C$，用电容 C 作为反馈阻抗，即

$$Z_f(s) = \frac{E_g(s) - E_0(s)}{I_2(s)} = \frac{L\left[\dfrac{1}{C}\displaystyle\int i_2 \mathrm{d}t\right]}{I_2(s)} = \frac{1}{Cs}$$

$$\frac{E_0(s)}{E_i(s)} = -\frac{1}{R_i Cs} = -\frac{1}{Ts}$$

$$T = R_i C$$

可构成一个积分环节，或称积分运算电路。将数个积分环节串联还可构成高阶系统。

（3）图 3-15 为液压阻尼器，设活塞位移 x 为输入，缸体位移 y 为输出，若不计活塞质量，p_1，p_2 分别为油缸上、下腔压强，A 为活塞面积，q 为流量，R 为节流阀处流动的阻力，k 为弹簧常数，假设液体不可压缩，传递函数 $\dfrac{Y(s)}{X(s)}$ 推导如下：

首先分析一下阻尼器的工作过程，假定活塞杆上加一阶跃位移输入 x，在开始施加位移的

瞬间,缸体位移 $y=x$,然而,由于弹簧力的作用,使 y 逐渐减到零,即缸体逐渐回到初始位置,迫使下腔的油液通过节流阀流到上腔。在这个工作过程中,以缸体为分离体,力的平衡方程为

$$A(p_2 - p_1) = ky \qquad (3\text{-}37)$$

通过线性化,近似得到流量 q 正比于压力差,与液阻 R 成反比

$$q = \frac{p_2 - p_1}{R}$$

不计油的压缩和泄漏,根据流量连续方程,得

$$q = A(\dot{x} - \dot{y})$$

即

$$A(\dot{x} - \dot{y}) = \frac{p_2 - p_1}{R} \qquad (3\text{-}38)$$

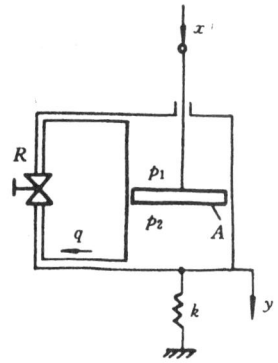

图 3-15　液压阻尼器

由式(3-37),(3-38)可求得

$$\dot{y} + \frac{k}{RA^2}y = \dot{x}$$

设初始条件为零,对上式两边取拉氏变换,得

$$sY(s) + \frac{k}{RA^2}Y(s) = sX(s)$$

进而求得阻尼器的传递函数

$$\frac{Y(s)}{X(s)} = \frac{s}{s + \dfrac{k}{RA^2}} = \frac{Ts}{Ts + 1}$$

式中 $T = \dfrac{RA^2}{k}$,可看出阻尼器由一个微分环节和一个惯性环节组成。当 $T \ll 1$,则

$$\frac{Y(s)}{X(s)} \approx Ts$$

这时,可近似地看作一个微分环节,纯微分环节是物理上无法实现的,只有在一定条件下才能近似得到。

(4) 图 3-16 为机械卷筒机构,输入转矩 T 作用于图中所示的轴上,通过卷筒上的钢索带动质量 m 作直线运动,其位移 x 为输出,惯量为 J,其它参数如图中所示。传递函数 $\dfrac{X(s)}{T(s)}$ 推导如下:

设输入轴的转矩 T,转角 θ_0 通过弹簧带动卷筒,其转角为 θ,钢丝绳对质量块 m 的拉力为 f,取输入轴为分离体。列扭矩平衡方程:

$$T = k_1(\theta_0 - \theta)$$

取卷筒为分离体,列扭矩平衡方程:

$$k_1(\theta_0 - \theta) = J\ddot{\theta} + B_1\dot{\theta} + rf$$

即

$$T = J\ddot{\theta} + B_1\dot{\theta} + rf \qquad (3\text{-}39)$$

取质量 m 为分离体,列力平衡方程:

$$f = m\ddot{x} + B_2\dot{x} + k_2x \qquad (3\text{-}40)$$

且
$$\theta = \frac{x}{r} \qquad (3\text{-}41)$$

分别对式(3-39),(3-40),(3-41)进行拉氏变换:

$$T(s) = (Js^2 + B_1 s)\Theta(s) + rF(s)$$

$$F(s) = (ms^2 + B_2 s + k_2)X(s)$$

$$\Theta(s) = \frac{X(s)}{r}$$

可解出

$$\frac{X(s)}{T(s)} = \frac{r}{(J + mr^2)s^2 + (B_1 + B_2 r^2)s + k_2 r^2}$$

$$= \frac{K}{T^2 s^2 + 2\zeta T s + 1} \qquad (3\text{-}42)$$

其中 $T^2 = \dfrac{J + mr^2}{k_2 r^2}$, $2\zeta T = \dfrac{B_1 + B_2 r^2}{k_2 r^2}$, $K = \dfrac{1}{k_2 r}$

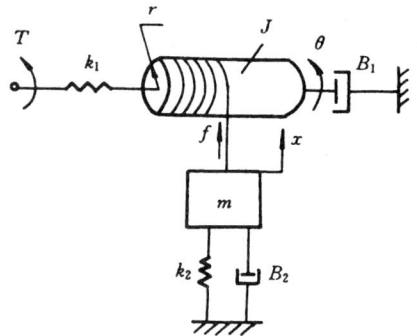

图 3-16 机械卷筒机构

由式(3-42)可看到,图 3-16 所示系统由比例环节和振荡环节组合而成。

(5)图 3-17 是一个电枢控制式直流电动机,令加到电枢两端的电压 u_a 为输入信号,电机有一固定磁场,i_f 为磁场电流,电枢回路中的电阻、电感分别为 R_a, L_a,电枢电流为 i_a,M 为电动机轴上产生的转矩,J,B 分别为换算到电机轴上的等效转动惯量和等效圆周粘性阻尼系数,e_b 为反电势。当系统输出信号为电动机轴的转角 θ,推导该系统的传递函数如下:

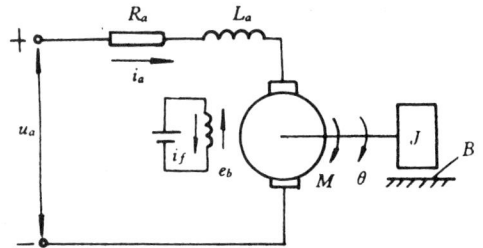

图 3-17 电枢控制式直流电动机

当激磁磁场不变时,转矩 M 正比于电枢电流,即

$$M = Ki_a$$

式中 K——转矩常数。

当电枢转动时,电枢中会感应反电势 e_b,其值正比于转动的角速度,即

$$e_b = K_b \dot{\theta}$$

式中 K_b——反电势常数。

电枢回路的微分方程为

$$L_a \frac{\mathrm{d}i_a}{\mathrm{d}t} + Ri_a + e_b = u_a$$

电机轴上的转矩平衡方程为

$$J\ddot{\theta} + B\dot{\theta} = M$$

即

$$J\ddot{\theta} + B\dot{\theta} = Ki_a$$

对以上各式进行拉氏变换,得

$$E_b(s) = K_b S\Theta(s)$$

$$L_a s I_a(s) + R I_a(s) + E_b(s) = U_a(s)$$
$$(Js^2 + Bs)\Theta(s) = K I_a(s)$$

联立上面三式,可求得传递函数

$$\frac{\Theta(s)}{U_a(s)} = \frac{K}{s\big[(L_a s + R_a)(Js + B) + K K_b\big]}$$

由于电枢回路中的电感 L_a 很小,可忽略不计,即 $L_a \approx 0$,则传递函数可简化为

$$\frac{\Theta(s)}{U_a(s)} = \frac{K}{s(J R_a s + B R_a + K K_b)} = \frac{K_m}{s(T_m s + 1)}$$

式中 $K_m = \dfrac{K}{B R_a + K K_b}$ 为电机增益;$T_m = \dfrac{J R_a}{B R_a + K K_b}$ 为电机时间常数。

电枢控制直流电动机的传递函数可看作由比例、积分和惯性环节组成。

(6) 在机械、液压、气动乃至电子系统中,会遇到时间的延迟现象,这是由于系统中存在延时环节。例如图 3-18 所示的带钢轧制过程,在带钢厚度控制系统中,距轧辊 L 处设置厚度检测点,设轧制速度为 v,从轧制点到检测点存在传输的延迟,延迟时间 τ 为

$$\tau = \frac{L}{v}$$

设输入为轧制点处带钢厚度 $h(t)$,其拉氏变换式为 $H(s)$,τ 秒后在检测点测量带钢厚度,其值 $h(t-\tau)$ 为输出,传输延迟的传递函数为

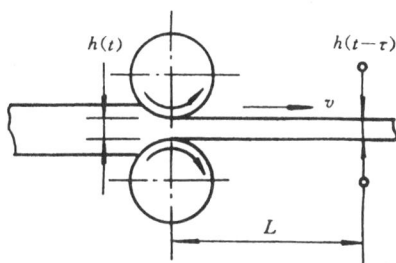

图 3-18 带钢轧制过程的传输延迟

$$\frac{L\big[h(t-\tau)\big]}{L\big[h(t)\big]} = \frac{H(s)e^{-\tau s}}{H(s)} = e^{-\tau s}$$

在厚度控制系统中要考虑这一延时环节。

3-4 方块图及动态系统的构成

1. 方块图

方块图是系统中各环节的功能和信号流向的图解表示方法。图 3-19(a)表示一个方块图的单元,指向方块的箭头表示输入,从方块出来的箭头表示输出,在方块中标明环节的传递函数。图 3-19(b)表示在方块图中进行加(减)法运算,相加点用符号 $\otimes$ 表示,通向 $\otimes$ 的箭头旁的"$+$"或"$-$",表示信号进行相加或相减,由 $\otimes$ 出来的箭头表示相加(或相减)的结果,但进行相加或相减的量,应有相同的因次和单位。

用方块图表示系统的优点是:只要依据信号的流向,将各环节的方块连接起来,就能容易地组成整个系统的方块图。通过方块图可以评价每一个环节对系统性能的影响,方块图和传递函数一样包含了与系统动态性能有关的信息,但和系统的物理结构无关,因此,不同的系统,可用同一个方块图来表示。另外,由于分析角度不同,对于同一个系统,可以画出许多不同的方块图。

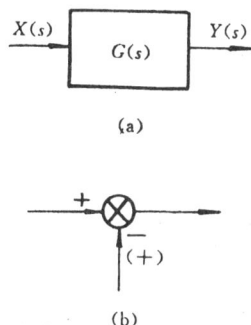

图 3-19 方块图的基本构成

2. 动态系统的构成

任何动态系统和过程,都是由内部的各个环节构成,为了求出整个系统的传递函数,可以先画出系统的方块图,并注明系统各环节之间的联系。系统中各环节之间的联系归纳起来有下列三种:

(1) 串联

各环节的传递函数一个个顺序连接称为串联,如图 3-20 所示,$G_1(s)$,$G_2(s)$ 为各个环节的传递函数。故综合后总传递函数为

$$G(s) = \frac{Y(s)}{X(s)} = \frac{Y_1(s)}{X(s)} \cdot \frac{Y(s)}{Y_1(s)} = G_1(s) \cdot G_2(s) \tag{3-43}$$

图 3-20 可由图 3-21 等价代换。

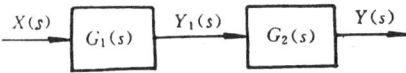

图 3-20 二个环节串联

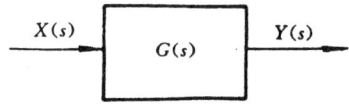

图 3-21 图 3-20 的等效方块图

这说明由串联环节所构成的系统当无负载效应影响时,它的总传递函数等于各环节传递函数的乘积。当系统是由 n 个环节串联而成时,则总传递函数为

$$G(s) = \prod_{i=1}^{n} G_i(s) \tag{3-44}$$

式中 $G_i(s)$ $(i=1,2,\cdots,n)$ 表示第 i 个串联环节的传递函数。

例如图 3-22 所示的车削过程,若用切除量 $X_0(s)$ 作为输入,通过切削过程的传递函数 $G_c(s)$,产生一个切削力 $P_c(s)$,该切削力又通过机床刀具系统的传递函数 $G_m(s)$,使切削刀具产生退让 $Y(s)$,如果暂时不深入分析其内在反馈的情况,则 $X_0(s) \rightarrow P_c(s) \rightarrow Y(s)$ 的连续作用,就构成了串联系统,如图 2-23。总传递函数为

$$G(s) = \frac{Y(s)}{X_0(s)} = \frac{P_c(s)}{X_0(s)} \cdot \frac{Y(s)}{P_c(s)} = G_c(s) \cdot G_m(s) \tag{3-45}$$

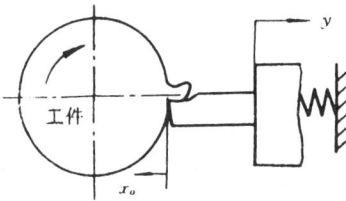

图 3-22 车削加工

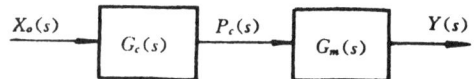

图 3-23 车削过程信息传递关系

(2) 并联

凡是几个环节的输入相同,输出相加或相减的连接形式称为并联。图 3-24 为两个环节并联,共同的输入为 $X(s)$,总输出为

$$Y(s) = Y_1(s) \pm Y_2(s)$$

总的传递函数为

$$G(s) = \frac{Y(s)}{X(s)} = \frac{Y_1(s) \pm Y_2(s)}{X(s)}$$
$$= G_1(s) \pm G_2(s) \qquad (3\text{-}46)$$

这说明并联环节所构成的总传递函数,等于各并联环节传递函数之和(或差)。推广到 n 个环节并联,其总的传递函数等于各并联环节传递函数的代数和。即

$$G(s) = \sum_{i=1}^{n} G_i(s) \qquad (3\text{-}47)$$

式中 $G_i(s)(i=1,2,\cdots,n)$ 为第 i 个并联环节的传递函数。

例如图 3-25(a)切入磨削工艺过程,在磨削力 $P_c(s)$ 的作用下,一方面通过磨床头架的传递函数 $G_c(s)$,使头架产生移动 $Y_1(s)$,另一方面,通过砂轮磨损的传递函数 $G_m(s)$,使砂轮产生 $\Delta M(s)$ 的磨损量,头架移动 $Y_1(s)$ 和砂轮磨损 $\Delta M(s)$ 都导致被磨削工件尺寸的误差 $Y(s)$,构成了如图 3-25(b)所示的并联系统。总传递函数为

$$G(s) = \frac{Y(s)}{P_c(s)} = \frac{Y_1(s) + \Delta M(s)}{P_c(s)}$$
$$= G_c(s) + G_m(s) \qquad (3\text{-}48)$$

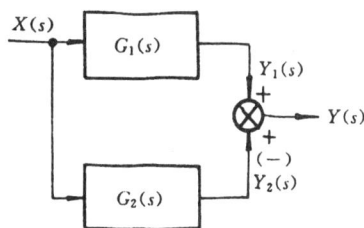

图 3-24 并联

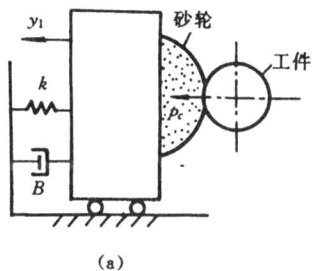

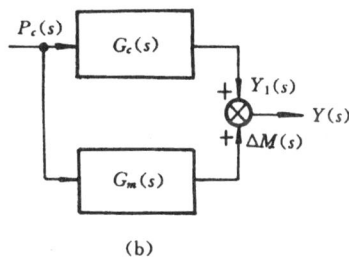

图 3-25 切入磨削及其方块图
(a) 切入磨削;(b) 方块图

(3) 反馈联接

所谓反馈,是将系统或某一环节的输出量,全部或部分地通过传递函数回输到输入端,又重新输入到系统中去。反馈信号与输入相加称为"正反馈",与输入相减称为"负反馈"。反馈作用又可分为内在反馈和外加反馈。

内在反馈是机械动力系统与过程本身内部所包含的反馈,一切作用力与反作用力,负载效应都属于内在反馈,在大部分持续运行的机械系统与过程中都存在。如图 3-22 所示的车削过程,当系统输入一名义切除量 $X(s)$,产生了切削力 $P_c(s)$,该切削力通过机床刀具系统的传递函数 $G_m(s)$ 使刀具产生退让 $Y(s)$,而这退让 $Y(s)$ 将全部负反馈到输入端,从而改变了名义切除量,这时的实际切除量 $X_0(s)$ 为

$$X_0(s) = X(s) - Y(s) \qquad (3\text{-}49)$$

这纯属系统本身的内在反馈。

必须指出,从表面看,上述车削过程只不过是简单的没有反馈的开环系统,但是仔细分析

系统的内部联系,就可以发现上述内在反馈,从而绘出如图 3-26 所示的闭环系统。

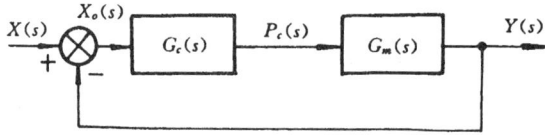

图 3-26 车削过程方块图

外加反馈是人为的,从外部加到系统或过程上去的反馈,其目的是改善系统或过程的特性,使之符合某些特定的要求(精度、稳定性、灵敏度等)。

由反馈联接构成图 3-27 所示的基本闭环系统,系统输入 $X(s)$,输出 $Y(s)$ 通过反馈传递函数 $H(s)$ 变为反馈信号 $X_1(s)$,即

$$X_1(s) = Y(s) \cdot H(s) \tag{3-50}$$

对于反馈控制系统,即利用误差进行控制的系统如自动调节、伺服系统等,误差信号 $E(s)$ 为输入 $X(s)$ 与反馈信号 $X_1(s)$ 代数和,即

$$E(s) = X(s) \mp X_1(s) \tag{3-51}$$

将式(3-50)代入式(3-51)得

$$E(s) = X(s) \mp Y(s) \cdot H(s) \tag{3-52}$$

因为

$$Y(s) = E(s) \cdot G(s) \tag{3-53}$$

由式(3-52)和(3-53)消去 $Y(s)$ 得

$$\frac{E(s)}{X(s)} = \frac{1}{1 \pm G(s)H(s)} \tag{3-54}$$

称式(3-54)中误差信号与输入信号之比为误差传递函数。

上述误差信号 $E(s)$ 以及误差传递函数 $E(s)/X(s)$ 的名称,只对利用反馈与输入进行比较并取其差异 $E(s)$ 进行控制的闭环系统,如自动调节器或伺服系统等具有"误差"的含义。一般在综合反馈控制系统如自动调节器或伺服系统,我们总希望使误差 $E(s)$ 趋向于零或最小。

以后各章节中,除特别注明者外,一般都以 $E(s)$ 表示误差信号。

由式(3-52),(3-53)消去 $E(s)$ 得

$$\frac{Y(s)}{X(s)} = \frac{G(s)}{1 \pm G(s)H(s)} \tag{3-55}$$

式(3-55)中输出信号与输入信号之比为闭环传递函数(负反馈取"+",正反馈取"-")。

由式(3-53)得

$$G(s) = \frac{Y(s)}{E(s)} \tag{3-56}$$

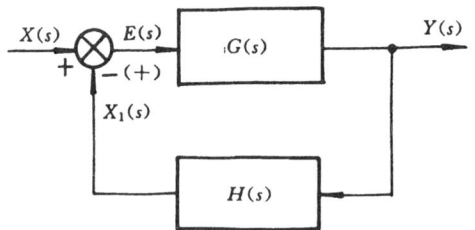

图 3-27 闭环系统

式(3-56)中输出信号与误差信号之比为前向传递函数。

由式(3-50)得

$$H(s) = \frac{X_1(s)}{Y(s)} \tag{3-57}$$

式(3-57)中反馈信号 $X_1(s)$ 与输出信号 $Y(s)$ 之比为反馈传递函数。

$$G(s) \cdot H(s) = \frac{X_1(s)}{E(s)} \qquad (3\text{-}58)$$

式(3-58)中反馈信号 $X_1(s)$ 与误差信号 $E(s)$ 之比为开环传递函数。

整个闭环传递函数是由前向传递函数和开环传递函数按式(3-55)构成。

任何动力系统或过程,都是由许多串联、并联环节的传递函数以及内在或外加反馈综合而成的。图 3-28 为一多回路系统。

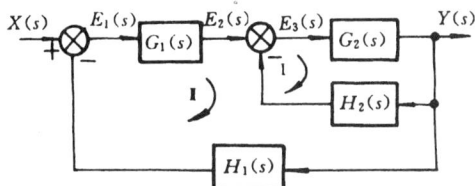

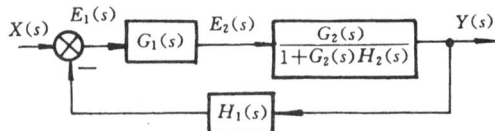

图 3-28 多回路系统   图 3-29 图 3-28 的简化方块图

欲求图 3-28 闭环系统传递函数,可将系统分为子回路 I 和子回路 II 逐次分析,对子回路 I,根据式(3-55)可求得

$$\frac{Y(s)}{E_2(s)} = \frac{G_2(s)}{1 + G_2(s)H_2(s)} \qquad (3\text{-}59)$$

图 3-28 可简化为图 3-29。

图 3-29 中两个串联环节的总传递函数为

$$\frac{Y(s)}{E_1(s)} = \frac{G_1(s)G_2(s)}{1 + G_2(s)H_2(s)} \qquad (3\text{-}60)$$

简化方块图,如图 3-30 所示,整个系统的闭环传递函数为

$$\begin{aligned}
\frac{Y(s)}{X(s)} &= \frac{\dfrac{G_1(s)G_2(s)}{1 + G_2(s)H_2(s)}}{1 + H_1(s)\dfrac{G_1(s)G_2(s)}{1 + G_2(s)H_2(s)}} \\
&= \frac{G_1(s)G_2(s)}{1 + G_2(s)H_2(s) + G_1(s)G_2(s)H_1(s)} \qquad (3\text{-}61)
\end{aligned}$$

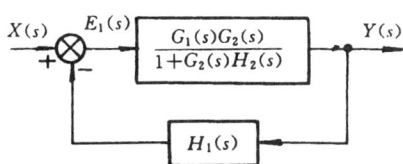

图 3-30 图 3-29 的简化方块图   图 3-31 干扰作用的闭环系统

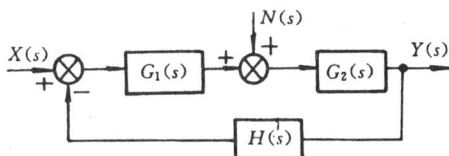

图 3-31 为干扰作用下的闭环系统,当输入量 $X(s)$ 和干扰量 $N(s)$ 同时作用于线性系统时,可以对每个量分别进行处理,然后再将输出量叠加,得到总输出量 $Y(s)$。

干扰单独作用下系统的输出 $Y_N(s)$ 可由下式求得

$$\frac{Y_N(s)}{N(s)} = \frac{G_2(s)}{1 + G_1(s)G_2(s)H(s)} \qquad (3\text{-}62)$$

输入单独作用下系统的输出 $Y_X(s)$ 可由下式求得

$$\frac{Y_X(s)}{X(s)} = \frac{G_1(s)G_2(s)}{1 + G_1(s)G_2(s)H(s)} \tag{3-63}$$

将式(3-62)和(3-63)所得输出相加,就得到输入和干扰同时作用下的输出

$$Y(s) = Y_X(s) + Y_N(s) = \frac{G_2(s)}{1 + G_1(s)G_2(s)H(s)} \cdot [G_1(s)X(s) + N(s)] \tag{3-64}$$

若设计控制系统时,使 $|G_1(s)H(s)| \gg 1$,且

$$|G_1(s)G_2(s)H(s)| \gg 1$$

式(3-64)可改写为近似的形式

$$Y(s) \approx \frac{1}{G_1(s)H(s)}[G_1(s)X(s) + N(s)] \tag{3-65}$$

则由干扰引起的输出

$$Y_N(s) \approx \frac{1}{G_1(s)H(s)}N(s) = \sigma N(s) \tag{3-66}$$

式中 $\sigma = \dfrac{1}{G_1(s)H(s)}$ 很小,致使干扰 $N(s)$ 引起的输出很小,这说明闭环系统较开环系统有很好的抗干扰性能,若无反馈回路,即 $H(s) = 0$,则干扰引起的输出 $G_2(s)N(s)$ 无法减小。

应当指出,所谓系统的"干扰"与"输入"只是相对概念,它们都是系统的输入,都通过各自相应的传递关系而产生其相应的系统输出成分。在控制论中,通常把我们所不希望进入系统的那一部分输入,或我们分析研究系统因果关系中在研究对象以外的那部分输入,都称之为"干扰",有时称之为"噪音";而把希望引入系统的输入或属于研究对象的输入叫做"有用信号",或简称"信号"。我们还常常把控制系统中负载对系统的反馈作用,叫做"负载干扰"。通常(但并不是在所有情况下都如此),我们总是希望尽可能减少系统的"干扰"或"噪音",提高系统的"抗干扰性",因而又常常把干扰传递函数的倒式称之为系统抗干扰"刚性"。

在机械系统或过程中,例如,当我们要研究金属切削过程中毛坯尺寸精度对工件产品尺寸精度的影响时,所有毛坯尺寸精度以外的其它一切有关机床及毛坯对工件产品尺寸精度有影响的因素,都属"干扰"或"噪音"。又例如当我们对一个液压伺服系统施加一个输入信号,以控制油缸带动某一负载运动时,供油压力的波动就是"干扰"或"噪音",而负载对油缸的反作用力使油压缩而产生位置误差、速度误差等等则是负载"干扰"。

3. 方块图的简化法则

为了便于通过方块图的简化来计算系统的传递函数,在表 3-1 中列出了方块图的等效变换。在简化过程中注意遵守两条基本原则,即:

① 前向通道的传递函数保持不变;

② 各反馈回路的传递函数保持不变。

例 3-5 利用方块图简化法则,求图 3-32(a)系统的传递函数

解: 方块图简化过程依次如图 3-32(b),(c),(d)所示。

系统传递函数 $\quad \dfrac{C(s)}{R(s)} = \dfrac{G_1 G_2 G_3}{1 + G_1 G_2 H_1 + G_2 G_3 H_2 + G_1 G_2 G_3}$

表 3-1　方块图变换法则

变　　换	原　方　块　图	等　效　方　块　图
1. 分支点后移		
2. 分支点前移		
3. 相加点后移		
4. 相加点前移		
5. 消去反馈回路		

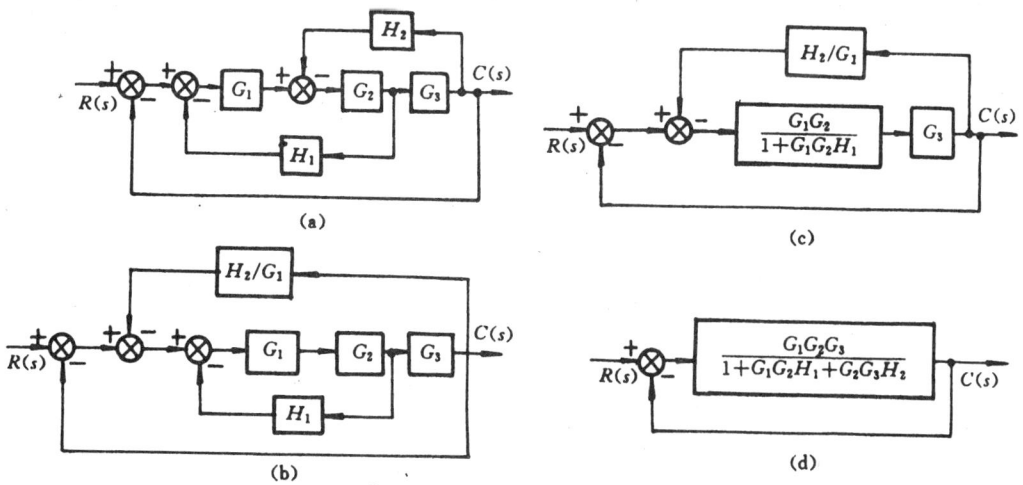

图 3-32　例 3-5 系统方块图及其简化过程

4. 画系统方块图及求传递函数的步骤

画系统方块图及求传递函数的一般步骤为：

    ① 确定系统的输入与输出；

    ② 列写微分方程；

    ③ 初始条件为零,对各微分方程取拉氏变换；

    ④ 将各拉氏变换式分别以方块图表示,然后连成系统,求系统传递函数。

例 3-6 画出图 3-33(a)所示机械系统的方块图,求传递函数 $Y(s)/X(s)$。

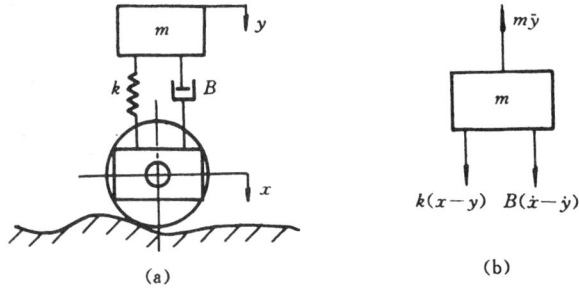

图 3-33 机械系统简图及受力分析(例 3-6)

(a) 系统简图；(b) 受力分析

解：

    ① 输入为轮轴的位移 x,输出为质量 m 的位移 y；

    ② 分离体受力如图 3-33(b)所示,设 $x>y$

        力平衡方程　　$m\ddot{y}=B(\dot{x}-\dot{y})+k(x-y)$

    ③ 对力平衡方程取拉氏变换

$$ms^2 Y(s) = (Bs + k)[X(S) - Y(s)]$$

    ④ 根据拉氏变换式,直接画出方块图 3-34。

系统的传递函数为

$$\frac{Y(s)}{X(s)} = \frac{Bs + k}{ms^2 + Bs + k}$$

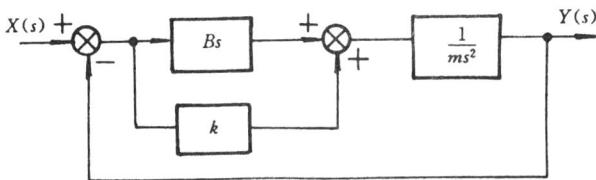

图 3-34 系统方块图(例 3-6)

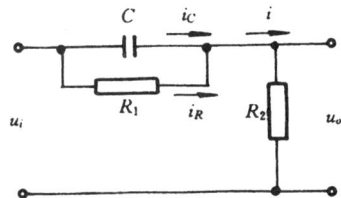

图 3-35 电网络(例 3-7)

例 3-7 画图 3-35 所示电网络的方块图,求传递函数 $U_0(s)/U_i(s)$

解：

    ① 输入 u_i,输出 u_0；

    ② 列写微分方程：

$$u_i = R_1 i_R + u_0 \qquad (3\text{-}67)$$

$$u_0 = R_2 i \tag{3-68}$$

$$R_1 i_R = \frac{1}{C}\int i_c \mathrm{d}t \tag{3-69}$$

$$i = i_R + i_c \tag{3-70}$$

③ 取拉氏变换：

$$U_i(s) = R_1 I_R(s) + U_0(s) \tag{3-71}$$

$$U_0(s) = R_2 I(s) \tag{3-72}$$

$$R_1 I_R(s) = \frac{1}{CS}I_C(s) \tag{3-73}$$

$$I(s) = I_R(s) + I_C(s) \tag{3-74}$$

④ 分别将各拉氏变换式用方块图表示,再连成系统。图 3-36(a),(b),(c),(d)分别对应式 (3-71),(3-72),(3-73),(3-74)连成系统如(e)所示。

求得系统的传递函数

$$\frac{U_0(s)}{U_i(s)} = \frac{R_2/R_1(1 + R_1 Cs)}{1 + R_2/R_1(1 + R_1 Cs)}$$

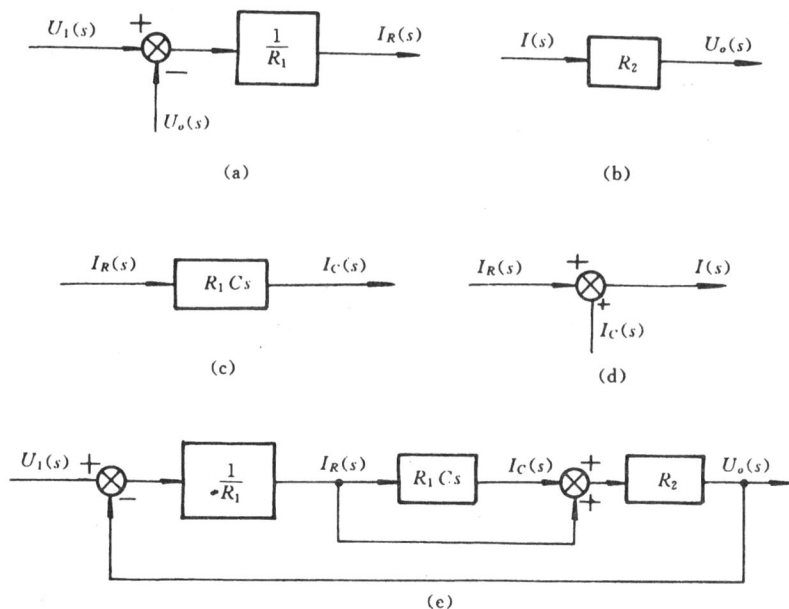

图 3-36　系统方块图（例 3-7）

3-5　信号流图与梅逊公式

1. 信号流图

方块图对于图解表示控制系统是经常采用的一种有效工具,但是当系统很复杂时,方块图的简化过程就显得很复杂。信号流图是另一种表示复杂系统中变量之间关系的方法,这种方法首先是由 S·J·梅逊提出来的。

下面通过图 3-37 的信号流图示例,说明信号流图的表示方法。

系统中所有的信号用节点表示,在信号流图上以小圆圈表示节点,在小圆圈旁注明信号的代号,如图中的 e_1,e_2,e_3,e_4 均为信号节点,节点又可分为:

① 源点:只有输出没有输入的节点,如 e_1;

② 汇点:只有输入没有输出的节点,如 e_4;

③ 混合节点:既有输入又有输出的节点,如 e_2,e_3。

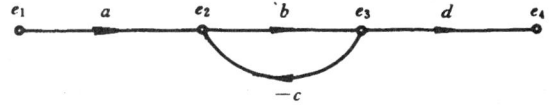

图 3-37　信号流图

节点之间用直线相连,用箭头表示信号的流向,有向线段称为支路,在支路上标明节点间的传递关系。图中 $a,b,-c,d$ 分别表示各条支路上的传递函数。图中信号由 $e_2 \rightarrow e_3 \rightarrow e_2$ 构成闭路称为一个回路,回路中各支路传递函数的乘积称为回路传递函数。图 3-37 中回路传递函数为 $-bc$。若系统中包含若干个回路,回路间没有任何公共节点者,称为不接触回路。

和图 3-37 等价的方块图表示于图 3-38,相应系统的方程式如下:

$$\begin{cases} e_2 = ae_1 - ce_3 \\ e_3 = be_2 \\ e_4 = de_3 \end{cases} \tag{3-75}$$

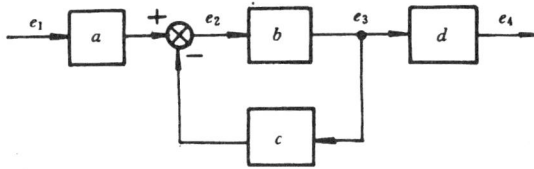

图 3-38　与图 3-37 等价的方块图

信号流图中节点表示的量,在电网络系统中可以代表电压或电流等,在机械系统中可以代表位移、力、速度等。

2. 梅逊公式

从输入到输出的总传递函数,可以由信号流图逐次简化求得,也可以用梅逊公式直接计算得到。梅逊公式可表示为

$$T = \frac{\sum_n t_n \Delta_n}{\Delta} \tag{3-76}$$

式中　T——总传递函数;

t_n——第 n 条前向通路的传递函数;

Δ——信号流图的特征式:

$$\Delta = 1 - \sum_i L_{1i} + \sum_j L_{2j} - \sum_k L_{3k} + \cdots \tag{3-77}$$

式中　　L_{1i}——第 i 条回路的传递函数；

$\sum\limits_{i}L_{1i}$——系统中所有回路传递函数的总和；

L_{2j}——两个互不接触回路传递函数的乘积；

$\sum\limits_{j}L_{2j}$——系统中每两个互不接触回路传递函数乘积之和；

L_{3k}——三个互不接触回路传递函数的乘积；

$\sum\limits_{k}L_{3k}$——系统中每三个互不接触回路传递函数乘积之和；

Δ_n——为第 n 条前向通路特征式的余因子，即在信号流图的特征式 Δ 中，将与第 n 条前向通路相接触的回路传递函数代之以零后求得的 Δ，即为 Δ_n。

应该指出的是：上面求和的过程，是在从输入节点到输出节点的全部可能通路上进行的。

下面我们通过两个例子，说明梅逊公式的应用。

例 3-8　图 3-39 为一系统的方块图，其对应的信号流图如图 3-40 所示，试利用梅逊公式求闭环传递函数。

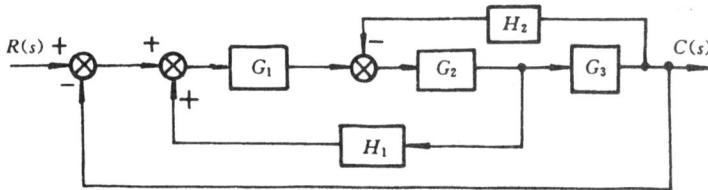

图 3-39　系统方块图（例 3-8）

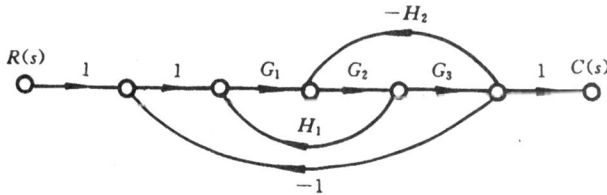

图 3-40　与图 3-39 等价的信号流图

解：　在这个系统中，输入量 $R(s)$ 和输出量 $C(s)$ 之间只有一条前向通路。前向通路的传递函数为

$$t_1 = G_1 \cdot G_2 \cdot G_3$$

从图 3-40 可以看出，这里有三个单独回路，这些回路的传递函数为

$$L_1 = G_1 \cdot G_2 \cdot H_1$$
$$L_2 = - G_2 \cdot G_3 \cdot H_2$$
$$L_3 = - G_1 \cdot G_2 \cdot G_3$$

因为所有三个回路具有一条公共支路，所以这里没有不接触的回路。因此特征式 Δ 为

$$\Delta = 1 - (L_1 + L_2 + L_3) = 1 - G_1G_2H_1 + G_2G_3H_2 + G_1G_2G_3$$

沿联接输入节点和输出节点的前向通路,特征式的余因子 Δ_1,可以通过除去与该通路接触的回路的方法而得到。因为通路与三个回路都接触,所以我们得到

$$\Delta_1 = 1$$

因此,输入量 $R(s)$ 与输出量 $C(s)$ 之间的总传递函数(即闭环传递函数)为

$$\frac{C(s)}{R(s)} = \frac{t_1 \Delta_1}{\Delta}$$

$$= \frac{G_1 G_2 G_3}{1 - G_1 G_2 H_1 + G_2 G_3 H_2 + G_1 G_2 G_3}$$

例 3-9 图 3-41 为系统的信号流图,应用梅逊公式求总的传递函数。

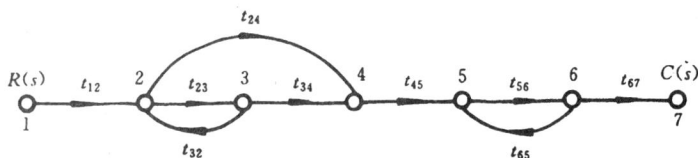

图 3-41 系统的信号流图(例 3-9)

解: 在这个系统中,输入量 $R(s)$ 和输出量 $C(s)$ 之间,有两条前向通路:t_1 表示第 1 条前向通路的总传递函数,其路径为 $1 \rightarrow 2 \rightarrow 4 \rightarrow 5 \rightarrow 6 \rightarrow 7$

$$t_1 = t_{12} \cdot t_{24} \cdot t_{45} \cdot t_{56} \cdot t_{67}$$

t_2 表示第 2 条前向通路的总传递函数,其路径为 $1 \rightarrow 2 \rightarrow 3 \rightarrow 4 \rightarrow 5 \rightarrow 6 \rightarrow 7$

$$t_2 = t_{12} \cdot t_{23} \cdot t_{34} \cdot t_{45} \cdot t_{56} \cdot t_{67}$$

前向通路特征式的余因子分别为:

$\Delta_1 = 1$(与 t_1 相接触的所有回路传递函数代之以零的 Δ 值);

$\Delta_2 = 1$(同上)。

系统有二个单独回路:

$$L_1 = t_{23} \cdot t_{32} \qquad L_2 = t_{56} \cdot t_{65}$$

二个回路互不接触,则

$$L_{2j} = t_{23} \cdot t_{32} \cdot t_{56} \cdot t_{65}$$

因此信号流图的特征式为

$$\Delta = 1 - t_{23} \cdot t_{32} - t_{56} \cdot t_{65} + t_{23} \cdot t_{32} \cdot t_{56} \cdot t_{65}$$

系统的传递函数为

$$\frac{C(s)}{R(s)} = \frac{t_1 \Delta_1 + t_2 \Delta_2}{\Delta}$$

$$= \frac{(t_{12} t_{45} t_{56} t_{67})(t_{23} t_{34} + t_{24})}{1 - t_{23} t_{32} - t_{56} t_{65} + t_{23} t_{32} t_{56} t_{65}}$$

3-6 机、电系统的传递函数

在学习建立系统数学模型的基本原理和方法的基础上,本节列出一些动态网络或系统的

传递函数,另外介绍了几个实例,进一步说明如何用解析的方法,推导机、电系统的传递函数。

1. 机械网络的传递函数

现将各种机械网络示意图及相应的传递函数列于表 3-2。

表 3-2　机械网络的传递函数

机械网络示意图	传 递 函 数
1.	$$\frac{Y}{X}=\frac{Ts}{1+Ts}$$ $$T=\frac{B}{k}(T\text{ 为时间常数,以下同})$$
2.	$$\frac{Y}{X}=\frac{1}{1+Ts}$$ $$T=\frac{B}{k}$$
3.	$$\frac{Y}{X}=\frac{T_2}{T_1}\cdot\frac{1+T_1s}{1+T_2s}$$ $$T_1=\frac{B}{k_1}\qquad T_2=\frac{B}{k_1+k_2}$$
4.	$$\frac{Y}{X}=\frac{k_1}{k_1+k_2}\cdot\frac{1}{1+Ts}$$ $$T=\frac{B_2}{k_1+k_2}$$
5.	$$\frac{Y}{X}=\frac{1+T_2s}{1+T_1s}$$ $$T_1=\frac{B_1+B_2}{k_1}\qquad T_2=\frac{B_1}{k_1}$$
6.	$$\frac{Y}{X}=\frac{T_1s}{1+T_2s}$$ $$T_1=\frac{B_1}{k_2}\qquad T_2=\frac{B_1+B_2}{k_2}$$
7.	$$\frac{Y}{X}=\frac{1+T_2s}{1+T_1s}$$ $$T_1=\frac{B_1}{k_1}+\frac{B_1}{k_2}\qquad T_2=\frac{B_1}{k_2}$$

机械网络示意图	传 递 函 数
8.	$$\frac{Y}{X} = \frac{T_1 s}{1 + T_2 s}$$ $$T_1 = \frac{B_1}{k_2} \qquad T_2 = \frac{B_1}{k_1} + \frac{B_1}{k_2}$$
9.	$$\frac{Y}{X} = \frac{T_2}{T_1} \cdot \frac{1 + T_1 s}{1 + T_2 s}$$ $$T_1 = \frac{B_2}{k_2} \qquad T_2 = \frac{B_1 B_2}{k_2(B_1 + B_2)}$$
10.	$$\frac{Y}{X} = \frac{B_1}{B_1 + B_2} \cdot \frac{1}{1 + T s}$$ $$T = \frac{B_1 B_2}{k_1(B_1 + B_2)}$$
11.	$$\frac{Y}{X} = \frac{B_1}{B_1 + B_2} \cdot \frac{1 + T_1 s}{1 + T_2 s}$$ $$T_1 = \frac{B_2}{k_2} \qquad T_2 = \frac{(k_1 + k_2)B_1 B_2}{k_1 \cdot k_2(B_1 + B_2)}$$
12.	$$\frac{Y}{X} = \frac{k_1}{k_1 + k_2} \cdot \frac{1 + T_1 s}{1 + T_2 s}$$ $$T_1 = \frac{B_1}{k_1} \qquad T_2 = \frac{B_1 + B_2}{k_1 + k_2}$$
13.	近似：$\dfrac{Y}{X} = \dfrac{T_2 s}{(1 + T_1 s)(1 + T_2 s)}$ （当 $T_1 \gg T_2$） 精确：$\dfrac{Y}{X} = \dfrac{T_3 s}{1 + (T_1 + T_4)s + T_1 T_2 s^2}$ $T_1 = B_1\left(\dfrac{1}{k_1} + \dfrac{1}{k_2}\right) \qquad T_2 = \dfrac{B_2}{k_1 + k_2} \qquad T_3 = \dfrac{B_1}{k_2} \qquad T_4 = \dfrac{B_2}{k_2}$
14.	近似：$\dfrac{y}{X} = \dfrac{(1 + T_1 s) \cdot (1 + T_2 s)}{(1 + T_3 s) \cdot (1 + T_4 s)}$ （当 $T_3 \gg T_2$） $T_1 = \dfrac{B_1}{k_1} \qquad T_2 = \dfrac{B_2}{k_2} \qquad T_3 = \dfrac{B_1 + B_2}{k_2} \qquad T_4 = \dfrac{B_1 B_2}{(B_1 + B_2)k_2}$

2. 电网络及电气系统的传递函数

表 3-3 列出了一些电网络及电气系统的传递函数。

表 3-3　电网络及电气系统的传递函数

电网络、电气系统示意图	传递函数
1. 积分电路 R, $U_i(s)$, C, $U_o(s)$	$\dfrac{U_o(s)}{U_i(s)} = \dfrac{1}{RCs+1}$
2. 微分电路 C, $U_i(s)$, R, $U_o(s)$	$\dfrac{U_o(s)}{U_i(s)} = \dfrac{RCs}{RCs+1}$
3. 微分电路 C, R_1, $U_i(s)$, R_2, $U_o(s)$	$\dfrac{U_o(s)}{U_i(s)} = \dfrac{s+1/R_1C}{s+(R_1+R_2)/R_1R_2C}$
4. 超前-滞后滤波电路 C_1, R_1, $U_i(s)$, R_2, $U_o(s)$, C_2 $T_{ab}=RC_2$, $\quad T_1T_2=T_aT_b$ $T_a=R_1C_1$, $T_b=R_2C_2$ $T_1+T_2=T_a+T_b+T_{ab}$	$\dfrac{U_o(s)}{U_i(s)} = \dfrac{(1+T_as)(1+T_bs)}{T_aT_bs^2+(T_a+T_b+T_{ab})s+1}$ $= \dfrac{(1+T_as)(1+T_bs)}{(1+T_1s)(1+T_2s)}$
5. 磁场控制直流电机 R_f, i_a, $U_f(s)$, L_f, J,B, i_f, θ,ω	$\dfrac{\Theta(s)}{U_f(s)} = \dfrac{k}{s(Js+B)(L_fs+R_f)}$
6. 电枢控制直流电机 R_a, L_a, i_f, $U_a(s)$, e_b, J,B, i_a, θ,ω	$\dfrac{\Theta(s)}{U_a(s)} = \dfrac{k}{s[(L_as+R_a)(Js+B)+k_bk]}$

电网络、电气系统示意图	传递函数
7. 两相磁场控制交流电机 	$$\frac{\Theta(s)}{U_c(s)}=\frac{k_m}{s(Ts+1)}$$ $T=J/B \qquad K_m$ ——电机增益
8. 电位计 	$$\frac{U_o(s)}{U_i(s)}=\frac{R_2}{R}=\frac{R_2}{R_1+R_2}$$ $$\frac{R_2}{R}=\frac{\theta}{\theta_{max}}$$
9. 测速计 	$$U_o(s)=K_b\omega(s)=K_b s\,\Theta(s)$$ $K_b=$常数
10. 直流放大器 	$$\frac{U_o(s)}{U_i(s)}=\frac{K_a}{Ts+1}\approx K_a$$ $R_0=$输出电阻 $C_0=$输出电容 $T=R_0 C_0 \ll 1$ （伺服机放大器，通常忽略 T）

3. 加速度计的传递函数

图 3-42 为加速计的原理图，它用于测量一个运动物体的加速度，如将加速度信号转换为电信号，对该信号进行积分，还可用于测量速度和位移。下面分析其测量加速度的原理。

设加速度计壳体相对于某固定参照物（地球）的位移为 x，并设 $x_i=\ddot{x}$（壳体的加速度）为输入信号；

质量 m 相对于壳体的位移为 y，为输出信号。

x,y 的正方向如图中所示。

因为 y 是相对壳体度量的，所以质量 m 相对于地球的位移是 $(y+x)$，于是该系统的运动微分方程为

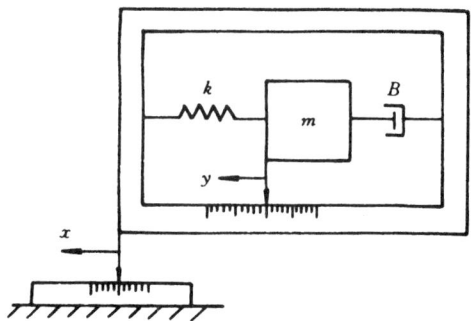

图 3-42 加速度计

$$m(\ddot{y} + \ddot{x}) + B\dot{y} + ky = 0 \qquad (3\text{-}78)$$

则
$$m\ddot{y} + B\dot{y} + ky = -m\ddot{x}_i \qquad (3\text{-}79)$$

对式(3-79)取拉氏变换,得

$$(ms^2 + Bs + k)Y(s) = -mX_i(s)$$

则输入量为壳体加速度 $X_i(s)$,输出量为质量位置 $Y(s)$,传递函数为

$$\frac{Y(s)}{X_i(s)} = \frac{-m}{ms^2 + Bs + k} = \frac{-1}{s^2 + \dfrac{B}{m}s + \dfrac{k}{m}} \qquad (3\text{-}80)$$

将式(3-80)分子、分母同除以 $s^2 + \dfrac{B}{m}s$,得

$$\frac{Y(s)}{X_i(s)} = \frac{-\dfrac{1}{s^2 + Bs/m}}{1 + \dfrac{k}{m}\dfrac{1}{s^2 + Bs/m}} \qquad (3\text{-}81)$$

若式(3-81)中使得

$$\left| \frac{k}{m} \frac{1}{s^2 + \dfrac{B}{m}s} \right| \gg 1,$$

则
$$\frac{Y(s)}{X_i(s)} \approx \frac{-\dfrac{1}{s^2 + Bs/m}}{\dfrac{k}{m}\dfrac{1}{s^2 + Bs/m}} = -\frac{m}{k} \qquad (3\text{-}82)$$

加速度 $X_i(s) = \dfrac{-k}{m}Y(s)$

即
$$x_i = -\frac{k}{m}y \qquad (3\text{-}83)$$

式(3-83)表明,加速度计中质量 m 的稳态输出位移 y 正比于输入加速度 x_i,因此可用 y 值来衡量其加速度的大小(说明:在一定条件下,加速度计壳体加速度与质量 m 位移间的关系是一个比例环节)。

4. 直流伺服电机驱动的进给系统传递函数

数控机床及机器人中广泛采用直流电机伺服系统,图 3-43 为半闭环数控进给系统简图,

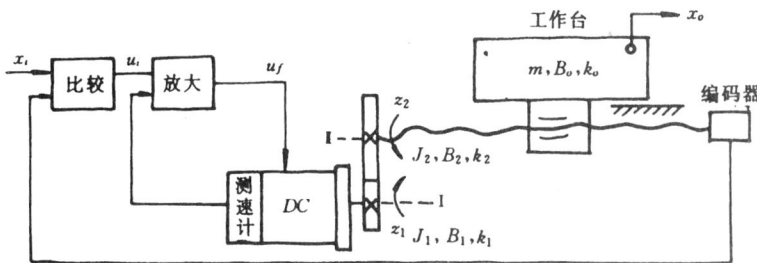

图 3-43　直流伺服电机驱动的进给系统

该系统由以下主要部分组成：

① 驱动装置:包括放大器、直流电机和测速计;

② 机械传动装置:包括一对减速齿轮、一副滚珠丝杠螺母和工作台;

③ 检测装置:用编码器检测工作台的位置,并将信号进行反馈;

④ 计数与比较、转换装置:将输入指令与反馈信号进行比较,并将比较后的数字信号转换为电压信号。

下面分别推导各部分的传递函数:

(1)驱动装置

典型的驱动装置的组成框图如图 3-44 所示。

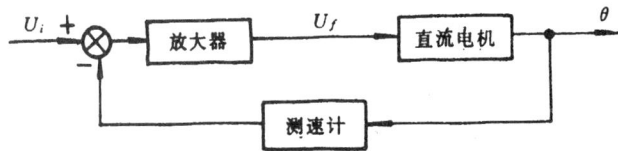

图 3-44　驱动装置

图中直流电机为磁场控制式,其驱动原理图如图 3-45 所示。u_f 为磁场电压,是输入信号;θ 为电机轴转角,是输出信号。图中 i_a 为电枢电流,u_f,i_f,R_f,L_f 分别为磁场绕组的电压、电流、电阻和电感,M 和 θ 分别为电机扭矩和转角,J,B 分别为折算到电机轴上的等效转动惯量和等效阻尼。忽略弹性变形,即不计等效刚度。

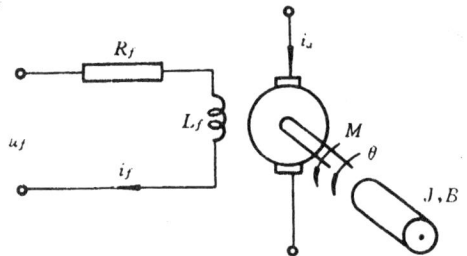

图 3-45　磁场控制直流电机

当电枢绕组内阻较大时,i_a 可视为常数,这时 M 与 i_f 成正比,故有

$$M = Ki_f \tag{3-84}$$

式中 K 为电机转矩常数。电机轴的运动平衡方程为

$$J\ddot{\theta} + B\dot{\theta} = M \tag{3-85}$$

磁场回路方程为

$$L_f \dot{i}_f + R_f i_f = u_f \tag{3-86}$$

将式(3-84)代入式(3-85),并对式(3-85),(3-86)取拉氏变换

$$(Js^2 + Bs)\Theta(s) = KI_f(s)$$

$$(L_f s + R_f)I_f(s) = U_f(s)$$

求得直流电机的传递函数为

$$G_m(s) = \frac{\Theta(s)}{U_f(s)} = \frac{K}{s(L_f s + R_f)(Js + B)}$$

$$= \frac{K_m}{s(T_f s + 1)(T_m s + 1)} \tag{3-87}$$

式中　$K_m = K/(R_f \cdot B)$,为电机增益;

$T_f = L_f/R_f$，为磁场电路时间常数；

$T_m = J/B$，为电枢机械旋转时间常数。

若不计磁场回路中的电感，传递函数可简化为

$$G_m(s) = \frac{\Theta(s)}{U_f(s)} = \frac{K_m}{s(T_m s + 1)} \tag{3-88}$$

在图 3-44 中，设放大器增益为 K_a，测速计常数为 K_b，则驱动装置的方块图如图 3-46 所示，也可表示为如图 3-47 所示的形式。

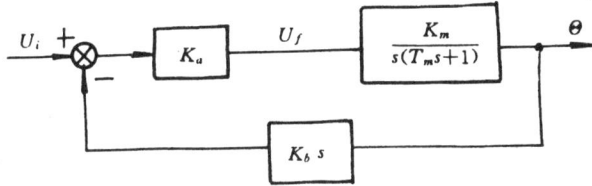

图 3-46　驱动装置方块图

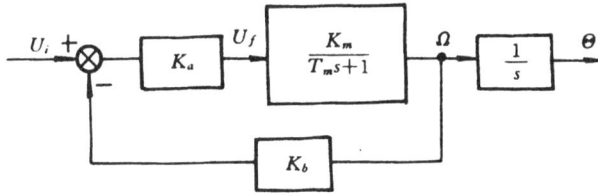

图 3-47　驱动装置方块图的另一种画法

（2）机械传动装置

在图 3-43 中：设电机转角 θ 为输入信号；工作台轴向位移 X_0 为输出信号。为推导传递函数，设 I，II 轴分别为电机轴和丝杠轴；J_1，J_2 分别为 I，II 轴的转动惯量；K_1，K_2 分别为 I，II 轴扭转刚度系数；m 为工作台质量；B_0，K_0 分别为工作台直线运动阻尼系数和轴向刚度系数。

在推导传递函数时，可用本章 3-2 中的例 3-3 的方法，列各轴的平衡方程，最后推出一个等效系统的微分方程，求出等效的惯量、阻尼系数、刚度系数。这里用另一种方法，分别先求出等效参数，顺便介绍求等效惯量、阻尼、刚度的一般算法，然后列微分方程，最后推出传递函数。

设机械传动装置，折算到电机轴（I 轴）上的等效转动惯量、等效回转阻尼系数、等效扭转刚度系数分别为 J，B，k。

① 等效转动惯量 J 的计算

根据能量守恒原理，系统中各转动件、移动件的总能量等于折算到某特定轴上的等效能量，本系统中有两个转动件和一个移动件的总能量 E 为

$$E = \frac{1}{2}J_1\dot{\theta}_1^2 + \frac{1}{2}J_2\dot{\theta}_2^2 + \frac{1}{2}m\dot{x}_0^2 \tag{3-89}$$

折算到电机轴（即 I 轴）上的等效能量

$$E = \frac{1}{2}J\dot{\theta}_1^2 \tag{3-90}$$

将式(3-90)代入(3-89),得等效转动惯量 J 为

$$J = J_1 + J_2 \left(\frac{\dot{\theta}_2}{\dot{\theta}_1} \right)^2 + m \left(\frac{\dot{x}_0}{\dot{\theta}_1} \right)^2$$

$$= J_1 + J_2 \left(\frac{z_1}{z_2} \right)^2 + \frac{mL^2}{4\pi^2} \left(\frac{z_1}{z_2} \right)^2 \tag{3-91}$$

式中 L 为丝杠导程,且 $L = \frac{\dot{x}_0}{n_2}$;$n_2$ 为 Ⅱ 轴的转速。

② 等效阻尼系数的计算

可根据阻尼损耗能量相等的原理进行折算。本例中只计工作台和导轨间的直线阻尼,其它回转轴的阻尼忽略不计。工作台移动阻尼损耗能为

$$E = \frac{1}{2} B_0 \dot{x}_0^2 \tag{3-92}$$

折算到 Ⅰ 轴上的等效回转阻尼损耗能为

$$E = \frac{1}{2} B \dot{\theta}_1^2 \tag{3-93}$$

解得等效回转阻尼系数

$$B = B_0 \left(\frac{\dot{x}_0}{\dot{\theta}_1} \right)^2 = B_0 \left(\frac{z_1}{z_2} \cdot \frac{L}{2\pi} \right)^2 \tag{3-94}$$

③ 等效刚度系数的计算

根据弹性变形产生的位能相等的原理计算等效刚度系数。分别将工作台轴向刚度和 Ⅱ 轴的回转刚度均折算到电机轴上,加上电机轴原有的刚度,相当于三个弹簧串联,串联弹簧总的等效刚度系数 k 为

$$k = \frac{1}{\frac{1}{k_1} + \frac{1}{k_2^1} + \frac{1}{k_0^1}} \tag{3-95}$$

式中 k_1 为 Ⅰ 轴本身刚度系数,k_2^1 和 k_0^1 分别为轴 Ⅱ 和工作台折算到 Ⅰ 轴的刚度系数。

工作台轴向弹性变形能为 $E = \frac{1}{2} k_0 \cdot \Delta x_0^2$。折算到 Ⅰ 轴的等效扭转变形能为

$$E = \frac{1}{2} k_0^1 \cdot \Delta \theta_1^2$$

从而得到

$$k_0^1 = \left(\frac{\Delta X_0}{\Delta \theta_1} \right)^2 \cdot k_0 = \left(\frac{z_1}{z_2} \cdot \frac{L}{2\pi} \right)^2 k_0$$

同理,将 Ⅱ 轴的刚度系数 k_2,折算到 Ⅰ 轴,其等效值为

$$k_2^1 = \left(\frac{\Delta \theta_2}{\Delta \theta_1} \right)^2 \cdot k_2 = \left(\frac{z_1}{z_2} \right)^2 k_2$$

Ⅰ 轴上总的等效刚度系数 k 为

$$k = \frac{1}{\frac{1}{k_1} + \frac{1}{\left(\frac{z_1}{z_2} \right)^2 k_2} + \frac{1}{\left(\frac{z_1}{z_2} \frac{L}{2\pi} \right)^2 k_0}} \tag{3-96}$$

经过等效变换后,机械传动装置可简化为图 3-48 系统。电机驱动转矩为 M,电机输入转角

为 θ,电机轴在负载作用下的实际转角为 θ_1。

列平衡方程

$$M = k(\theta - \theta_1) \qquad (3\text{-}97)$$

$$M = J\ddot{\theta}_1 + B\dot{\theta}_1 \qquad (3\text{-}98)$$

所以

$$k(\theta - \theta_1) = J\ddot{\theta}_1 + B\dot{\theta}_1 \qquad (3\text{-}99)$$

又因

$$\theta_1 = \frac{z_2}{z_1} \cdot \frac{2\pi}{L} x_0 \qquad (3\text{-}100)$$

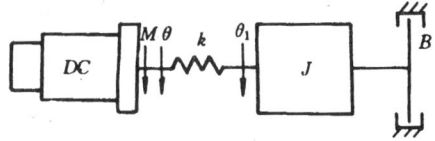
图 3-48 等效机械传动装置简图

将式(3-100)代入式(3-99),并对式(3-99)进行拉氏变换

$$(JS^2 + BS + k)\frac{z_2}{z_1}\frac{2\pi}{L}X_0(s) = k\Theta(s)$$

输入转角到工作台位移间的传递函数为

$$\frac{X_0(S)}{\Theta(S)} = \frac{\left(\dfrac{z_1}{z_2} \cdot \dfrac{L}{2\pi}\right)k}{JS^2 + BS + k}$$

$$= \frac{z_1}{z_2}\frac{L}{2\pi}\frac{\omega_n^2}{S^2 + 2\zeta\omega_n S + \omega_n^2} \qquad (3\text{-}101)$$

式中 $\omega_n = \sqrt{\dfrac{k}{J}}$,为机械系统的无阻尼自然频率;

$\zeta = \dfrac{B}{2\sqrt{Jk}}$,为机械系统的阻尼比。

从传递函数看,机械系统为一振荡环节。

（3）检测装置

将编码器测得的实际位移量,以脉冲数直接反馈到输入端,设传递函数 $k_e = 1$。

（4）计数、比较、转换装置

将指令脉冲和反馈脉冲进行比较,脉冲差值通过 D/A 转换,变为电压量 u_a。该环节为比例环节,增益为 K_c。整个进给系统的方块图如图 3 49 所示。

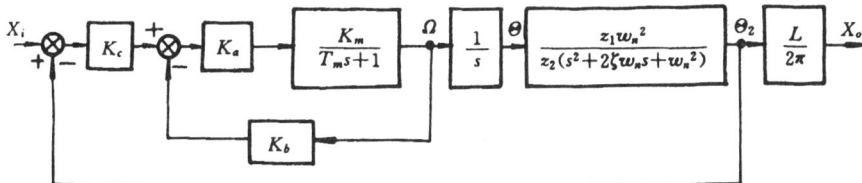
图 3-49 直流伺服电机驱动的进给系统方块图

在前面所述的驱动电机传递函数的推导中,忽略了弹性负载,即不计轴的弹性变形。这是由于考虑电机实际工作在转速经常变化、频繁起动和制动的条件下,电机的时间常数是很重要的性能指标,因此和时间常数有关的惯性负载和阻尼负载首先必须考虑;为简化推导过程,且系统有一定刚性,因此忽略了弹性负载。但在推导机械传动部件的传递函数中,不仅考虑到等

效惯量和等效阻尼,而且考虑了等效刚度。这是因为惯量和刚度直接决定了机械部件的固有频率,该固有频率关系到整个伺服系统的刚性和工作稳定性,阻尼特性则和系统的定位精度和工作稳定性有关。

3-7. 系统的状态空间描述

60 年代发展起来的现代控制理论,采用时域状态变量(状态空间)方法来描述和研究系统的动态行为。这种研究方法可在任何初始条件下揭示系统的动态行为,它不仅能描述系统输入输出之间的关系,而且能揭示系统内部的动态行为。

以状态空间方法为基础形成的现代控制理论不仅适用于单输入、单输出系统,也适用于多输入、多输出系统。

状态空间方法是用向量微分方程来描述系统,这种描述方法可以使系统的数学表达式简洁明了,并且易于用计算机求解。

1. 状态空间基本概念

① 状态 系统状态是指能完全描述系统动态行为(运动状态)的最少的一组变量,它是时间的函数。

② 状态变量 状态变量是指能完全描述系统行为的最少的一组变量的每一个变量。

③ 状态向量 若完全描述一个给定系统的动态行为,需要 n 个状态变量 $x_1, x_2, \cdots, x_n$,用这 n 个状态变量作为分量所构成的向量,就称为该系统的状态向量。

④ 状态空间 以各状态变量 $x_1, x_2, \cdots, x_n$ 为坐标轴所组成的 n 维空间称为状态空间。状态向量可用状态空间中的一个点来表示。

2. 状态空间表达式

在用状态空间描述系统的动态行为时,所采用的数学模型是状态空间表达式。它是输入-状态-输出之间关系的数学表达式,包括状态方程和输出方程。

(1) 状态方程

系统输入引起状态变化,这是一个运动过程,描述这个运动过程的是状态方程。

设系统具有 n 个状态变量 $x_1, x_2, \cdots, x_n$,r 个输入变量 $u_1, u_2, \cdots, u_r$。对线性定常系统的状态方程可写成如下形式:

$$\dot{x}_1 = a_{11}x_1 + a_{12}x_2 + \cdots + a_{1n}x_n + b_{11}u_1 + b_{12}u_2 + \cdots + b_{1r}u_r$$
$$\dot{x}_2 = a_{21}x_1 + a_{22}x_2 + \cdots + a_{2n}x_n + b_{21}u_1 + b_{22}u_2 + \cdots + b_{2r}u_r$$
$$\vdots$$
$$\dot{x}_n = a_{n1}x_1 + a_{n2}x_2 + \cdots + a_{nn}x_n + b_{n1}u_1 + b_{n2}u_2 + \cdots + b_{nr}u_r \tag{3-102}$$

为了方程表达的简洁和今后处理问题的方便,将上式(3-102)写成向量矩阵形式,即

$$
\begin{bmatrix} \dot{x}_1 \\ \dot{x}_2 \\ \vdots \\ \dot{x}_n \end{bmatrix} = \begin{bmatrix} a_{11} & a_{12} & \cdots & a_{1n} \\ a_{21} & a_{22} & \cdots & a_{2n} \\ \vdots & \vdots & & \vdots \\ a_{n1} & a_{n2} & \cdots & a_{nn} \end{bmatrix} \begin{bmatrix} x_1 \\ x_2 \\ \vdots \\ x_n \end{bmatrix} + \begin{bmatrix} b_{11} & b_{12} & \cdots & b_{1r} \\ b_{21} & b_{22} & \cdots & b_{2r} \\ \vdots & \vdots & & \vdots \\ b_{n1} & b_{n2} & \cdots & b_{nr} \end{bmatrix} \begin{bmatrix} u_1 \\ u_2 \\ \vdots \\ u_r \end{bmatrix} \tag{3-103}
$$

或写成为

$$\dot{X} = AX + BU \qquad (3\text{-}104)$$

式中

$$X = \begin{bmatrix} x_1 \\ x_2 \\ \vdots \\ x_n \end{bmatrix} \qquad n \times 1 \text{ 维状态向量}$$

$$U = \begin{bmatrix} u_1 \\ u_2 \\ \vdots \\ u_r \end{bmatrix} \qquad r \times 1 \text{ 维输入向量}$$

$$A = \begin{bmatrix} a_{11} & a_{12} & \cdots & a_{1n} \\ a_{21} & a_{22} & \cdots & a_{2n} \\ \vdots & \vdots & & \vdots \\ a_{n1} & a_{n2} & \cdots & a_{nn} \end{bmatrix} \qquad n \times n \text{ 维系统矩阵}$$

$$B = \begin{bmatrix} b_{11} & b_{12} & \cdots & b_{1r} \\ b_{21} & b_{22} & \cdots & b_{2r} \\ \vdots & \vdots & & \vdots \\ b_{n1} & b_{n2} & \cdots & b_{nr} \end{bmatrix} \qquad n \times r \text{ 维输入矩阵}$$

通过式(3-104)可以求得状态的时间响应,即能决定系统状态的行为,所以称它为状态方程。

（2）输出方程

输出方程是在指定输出变量的情况下,该输出变量与状态变量以及输入变量之间的函数关系。

仍设系统有 n 个状态变量 $x_1, x_2, \cdots, x_n$；r 个输入变量 $u_1, u_2, \cdots, u_r$；并有 m 个输出变量 $y_1, y_2, \cdots, y_m$。对线性定常系统的输出方程可写成如下形式：

$$y_1 = c_{11}x_1 + c_{12}x_2 + \cdots + c_{1n}x_n + d_{11}u_1 + d_{12}u_2 + \cdots + d_{1r}u_r$$
$$y_2 = c_{21}x_1 + c_{22}x_2 + \cdots + c_{2n}x_n + d_{21}u_1 + d_{22}u_2 + \cdots + d_{2r}u_r$$
$$\vdots$$
$$y_m = c_{m1}x_1 + c_{m2}x_2 + \cdots + c_{mn}x_n + d_{m1}u_1 + d_{m2}u_2 + \cdots + d_{mr}u_r \qquad (3\text{-}105)$$

上式写成向量和矩阵形式

$$Y = CX + DU \qquad (3\text{-}106)$$

式中

$$Y = \begin{bmatrix} y_1 \\ y_2 \\ \vdots \\ y_m \end{bmatrix} \qquad m \times 1 \text{ 维输出向量}$$

$$C = \begin{bmatrix} c_{11} & c_{12} & \cdots & c_{1n} \\ c_{21} & c_{22} & \cdots & c_{2n} \\ \vdots & \vdots & & \vdots \\ c_{m1} & c_{m2} & \cdots & c_{mn} \end{bmatrix} \qquad m \times n \text{ 维输出矩阵}$$

$$D = \begin{bmatrix} d_{11} & d_{12} & \cdots & d_{1r} \\ d_{21} & d_{22} & \cdots & d_{2r} \\ \vdots & \vdots & & \vdots \\ d_{m1} & d_{m2} & \cdots & d_{mr} \end{bmatrix} \qquad m \times r \text{ 维直联矩阵}$$

输出矩阵 C 表示了状态变量与输出变量间的作用关系；直联矩阵 D 表示输入变量通过它直接能转移到输出，对大多数实际系统 $D=0$。

（3）状态空间表达式

状态方程和输出方程结合起来，构成对一个系统动态的完整描述，称为系统状态空间表达式（或称动态方程）。

对多输入多输出系统用向量矩阵表示的状态空间表达式为

$$\begin{cases} \dot{X} = AX + BU \\ Y = C\dot{X} + DU \end{cases} \tag{3-107}$$

或

$$\begin{cases} \dot{X} = AX + BU \\ Y = CX \qquad (D = 0 \text{ 情况}) \end{cases} \tag{3-108}$$

对单输入、单输出系统，输入量 u 和输出量 y 均变为标量，输入矩阵 B 变为列向量 B，输出矩阵 C 变为行向量 C，直联矩阵 D 也变为标量 d。因此，单输入、单输出系统的状态空间表达式写成

$$\begin{cases} \dot{X} = AX + Bu \\ y = CX + \mathrm{d}u \end{cases} \tag{3-109}$$

或

$$\begin{cases} \dot{X} = AX + Bu \\ y = CX \end{cases} \tag{3-110}$$

（4）状态变量图

状态方程和输出方程可直观而清晰地用状态变量图来表示，如图 3-50 所示。图 3-50(a)表示相加；图 3-50(b)表示相乘，图 3-50(c)表示积分关系。

例 3-10 设有如图 3-51 所示质量-弹簧-阻尼组成的机械动力学系统，其输入量为外作用力 $f(t)$，输出量为质量块的位移 $y(t)$。试写出该系统的状态空间表达式。

解： 应用达朗贝尔原理，该系统的运动方程为

$$m\ddot{y} + B\dot{y} + ky = f(t) \tag{3-111}$$

选取位移 y 和速度 $\dot{y}$ 分别为状态变量 x_1 和 x_2，外作用力 $f(t)$ 为输入 u，即

$$x_1 = y, \qquad x_2 = \dot{y}, \qquad u = f$$

则由式(3-111)可得系统状态方程

$$y = \sum_{i=1}^{n} x_i$$

(a)

$$y = Cx$$

(b)

$$x = \int_0^t \dot{x}\,\mathrm{d}t$$

(c)

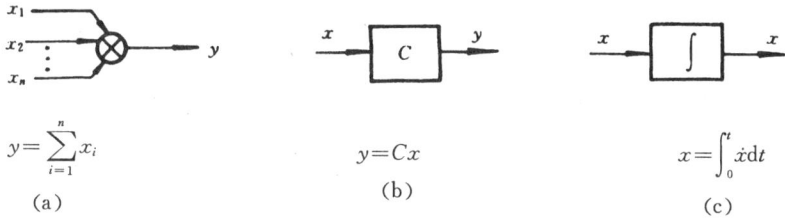

图 3-50 状态变量图

$$\begin{cases} \dot{x}_1 = x_2 \\ \dot{x}_2 = -\dfrac{k}{m}x_1 - \dfrac{B}{m}x_2 + \dfrac{1}{m}u \end{cases} \qquad (3\text{-}112)$$

将 3-112 写成矩阵形式,有

$$\begin{bmatrix} \dot{x}_1 \\ \dot{x}_2 \end{bmatrix} = \begin{bmatrix} 0 & 1 \\ -\dfrac{k}{m} & -\dfrac{B}{m} \end{bmatrix} \begin{bmatrix} x_1 \\ x_2 \end{bmatrix} + \begin{bmatrix} 0 \\ \dfrac{1}{m} \end{bmatrix} u \qquad (3\text{-}113)$$

指定位移为系统的输出变量,则系统的输出方程为

$$y = x_1$$

写成矩阵形式,有

$$y = \begin{bmatrix} 1 & 0 \end{bmatrix} \begin{bmatrix} x_1 \\ x_2 \end{bmatrix} \qquad (3\text{-}114)$$

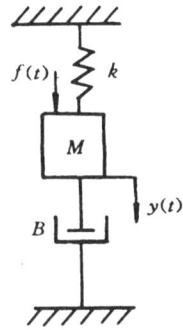

图 3-51 质量-弹簧-阻尼系统

式(3-113)的状态方程和式(3-114)的输出方程结合起来,构成了该系统的状态空间表达式。图 3-52 是该系统的状态变量图。

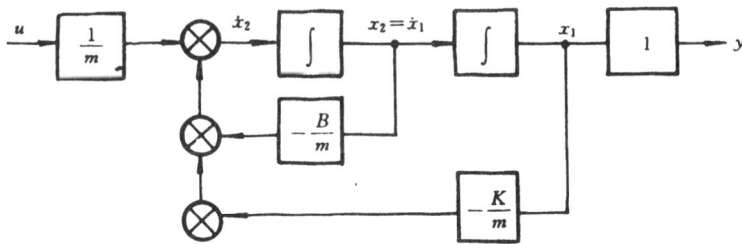

图 3-52 状态变量图

3. 状态空间表达式的建立

(1) 由微分方程写出状态方程

研究系统的动态行为,一般是首先根据它的物理本质(力学的、电学的、热学的等)写出系统的运动微分方程式。在系统的微分方程式列出后,需要将它写成状态方程。

设系统微分方程式有如下的形式:

$$y^{(n)} + a_{n-1}y^{(n-1)} + \cdots + a_1 y^{(1)} + a_0 y = b_0 u \qquad (3\text{-}115)$$

式(3-115)中 u 和 y 是系统的输入变量和输出变量。系统的状态变量可根据系统分析的需要来确定。在一般情况下,常选择输出变量 y 及其各阶导数作为状态变量。这样的选择在数学处理上较为方便;在低阶系统中,它的物理含义较为明确,例如在机械系统中,如果 y 是系统的位移,则状态变量是位移、速度、加速度等,易于用相应传感器检测出来。

设状态变量 $x_i(i=1,2,\cdots,n)$ 为

$$x_1 = y$$
$$x_2 = \dot{y}$$
$$\vdots$$
$$x_n = y^{(n-1)}$$

则方程式(3-115)可写成如下所示的一阶微分方程组:

$$\dot{x}_1 = x_2$$
$$\dot{x}_2 = x_3$$
$$\vdots \qquad\qquad\qquad\qquad\qquad\qquad (3\text{-}116)$$
$$\dot{x}_n = -a_0 x_1 - a_1 x_2 - \cdots - a_{n-1} x_n + b_0 u$$

用向量和矩阵写成如下形式的状态方程

$$\begin{bmatrix} \dot{x}_1 \\ \dot{x}_2 \\ \vdots \\ \dot{x}_n \end{bmatrix} = \begin{bmatrix} 0 & 1 & 0 & \cdots & 0 \\ 0 & 0 & 1 & \cdots & 0 \\ \vdots & \vdots & \vdots & & \vdots \\ -a_0 & -a_1 & -a_2 & \cdots & -a_{n-1} \end{bmatrix} \begin{bmatrix} x_1 \\ x_2 \\ \vdots \\ x_n \end{bmatrix} + \begin{bmatrix} 0 \\ 0 \\ \vdots \\ b_0 \end{bmatrix} u \qquad (3\text{-}117)$$

和输出方程

$$y = \begin{bmatrix} 1 & 0 & \cdots & 0 \end{bmatrix} \begin{bmatrix} x_1 \\ x_2 \\ \vdots \\ x_n \end{bmatrix} \qquad\qquad (3\text{-}118)$$

或用符号写成如下形式

$$\dot{X} = AX + Bu \qquad\qquad\qquad (3\text{-}119)$$
$$y = CX$$

式中

$$X = \begin{bmatrix} x_1 \\ x_2 \\ \vdots \\ x_n \end{bmatrix} \quad A = \begin{bmatrix} 0 & 1 & 0 & \cdots & 0 \\ 0 & 0 & 1 & \cdots & 0 \\ \vdots & \vdots & \vdots & & \vdots \\ -a_0 & -a_1 & -a_2 & \cdots & -a_{n-1} \end{bmatrix} \quad B = \begin{bmatrix} 0 \\ 0 \\ \vdots \\ b_0 \end{bmatrix} \quad C = \begin{bmatrix} 1 & 0 & \cdots & 0 \end{bmatrix}$$

从上面的方法可以看出,一个 n 阶常微分方程,选择 n 个状态变量,便可得到 n 个一阶微分方程,从而组成一个 n 维状态方程。

例 3-11 系统微分方程式为

$$\dddot{y} + 6\ddot{y} + 41\dot{y} + 7y = 6u$$

求此系统的状态空间表达式。

解: 系统的输入和输出变量为 u 和 y。原方程式是三阶的,选三个状态变量 x_1, x_2 和 x_3,分别为 $y, \dot{y}$ 和 $\ddot{y}$。由式(3-116)或(3-117)及(3-118)得此系统的状态方程和输出方程为

$$\begin{bmatrix} \dot{x}_1 \\ \dot{x}_2 \\ \dot{x}_3 \end{bmatrix} = \begin{bmatrix} 0 & 1 & 0 \\ 0 & 0 & 1 \\ -7 & -41 & -6 \end{bmatrix} \begin{bmatrix} x_1 \\ x_2 \\ x_3 \end{bmatrix} + \begin{bmatrix} 0 \\ 0 \\ 6 \end{bmatrix} u$$

$$y = \begin{bmatrix} 1 & 0 & 0 \end{bmatrix} \begin{bmatrix} x_1 \\ x_2 \\ x_3 \end{bmatrix}$$

(2) 由传递函数写出状态空间表达式

由系统传递函数求其相应的状态空间表达式,称为"实现"问题。实现问题是现代控制理论中的一个重要问题,这是因为:第一,许多设备的传递函数往往容易通过实验获得,为了用状态空间方法研究系统,就必须把传递函数化为状态空间表达式;第二,对复杂系统的设计往往要利用仿真技术,将其传递函数化为状态空间描述后再进行仿真,是仿真的重要方法之一;第三,从传递函数中一旦获得了状态空间表达式,便可以采用运算放大器等电路构造一个具有该传递函数的实际系统,这也就是取名"实现"的原因所在。这里仅讨论单输入、单输出系统的实现,对多输入多输出系统的实现可参阅有关书籍。

设系统传递函数为

$$\frac{Y(s)}{U(s)} = \frac{b_n s^n + b_{n-1} s^{n-1} + \cdots + b_1 s + b_0}{s^n + a_{n-1} s^{n-1} + \cdots + a_1 s + a_0} \tag{3-120}$$

上式分子分母阶次相同,称为正常型。如果分子阶次低于分母阶次,则称为严格正常型,大多数实际系统为这种情况。

式(3-120)的分子分母相除后可写成如下形式:

$$\frac{Y(s)}{U(s)} = \frac{b'_{n-1} s^{n-1} + b'_{n-2} s^{n-2} + \cdots + b'_1 s + b'_0}{s^n + a_{n-1} s^{n-1} + \cdots + a_1 s + a_0} + b_n \tag{3-121}$$

式中

$$b'_{n-1} = b_{n-1} - b_n a_{n-1}, \quad b'_{n-2} = b_{n-2} - b_n a_{n-2}, \quad \cdots, \quad b'_1 = b_1 - b_n a_1, \quad b'_0 = b_0 - b_n a_0$$

令式(3-121)中分数部分为

$$\frac{Z(s)}{U(s)} = \frac{b'_{n-1} s^{n-1} + b'_{n-2} s^{n-2} + \cdots + b'_1 s + b'_0}{s^n + a_{n-1} s^{n-1} + \cdots + a_1 s + a_0} \tag{3-122}$$

上式为严格正常型传递函数,将式(3-122)代入式(3-121)得

$$Y(s) = Z(s) + b_n U(s) \tag{3-123}$$

对严格正常型传递函数式(3-122)的实现可如下求得。引入一个中间变量 $X_1(s)$,使

$$\frac{Z(s)}{U(s)} = \frac{Z(s)}{X_1(s)} \cdot \frac{X_1(s)}{U(s)}$$

令

$$\frac{Z(s)}{X_1(s)} = b'_{n-1} s^{n-1} + b'_{n-2} s^{n-2} + \cdots + b'_1 s + b'_0 \tag{3-124}$$

$$\frac{X_1(s)}{U(s)} = \frac{1}{s^n + a_{n-1} s^{n-1} + \cdots + a_1 s + a_0} \tag{3-125}$$

从式(3-124)和(3-125)可得两个微分方程

$$z = b'_{n-1}x_1^{(n-1)} + b'_{n-2}x_1^{n-2} + \cdots + b'_1 x_1^{(1)} + b'_0 x_1 \tag{3-126}$$

$$x_1^{(n)} + a_{n-1}x_1^{(n-1)} + \cdots + a_1 x_1^{(1)} + a_0 x_1 = u \tag{3-127}$$

选取 n 个状态变量 $x_i(i=1,2,\cdots,n)$ 为:

$$x_1 = x_1, \quad x_2 = \dot{x}_1, \quad x_3 = \ddot{x}_1, \quad \cdots, \quad x_n = x_1^{(n-1)}$$

则可得系统状态方程为

$$
\begin{aligned}
\dot{x}_1 &= x_2 \\
\dot{x}_2 &= x_3 \\
&\vdots \\
\dot{x}_{n-1} &= x_n \\
\dot{x}_n &= -a_0 x_1 - a_1 x_2 - \cdots - a_{n-1}x_n + u
\end{aligned}
\tag{3-128}
$$

由式(3-123)和式(3-126),得输出方程

$$y = b'_0 x_1 + b'_1 x_2 + \cdots + b'_{n-1}x_n + b_n u \tag{3-129}$$

写成向量-矩阵形式为

$$
\dot{X} = AX + BU
$$
$$
y = CX + Du \tag{3-130}
$$

其中

$$
X = \begin{bmatrix} x_1 \\ x_2 \\ \vdots \\ x_n \end{bmatrix}
\quad
A = \begin{bmatrix} 0 & 1 & 0 & \cdots & 0 \\ 0 & 0 & 1 & \cdots & \\ \vdots & \vdots & \vdots & & \vdots \\ -a_0 & -a_1 & -a_2 & \cdots & -a_{n-1} \end{bmatrix}
\quad
B = \begin{bmatrix} 0 \\ 0 \\ \vdots \\ 1 \end{bmatrix}
$$

$$
C = \begin{bmatrix} b'_0 & b'_1 & \cdots & b'_{n-1} \end{bmatrix}
\quad
D = b_n
$$

例 3-12 系统传递函数为

$$\frac{Y(s)}{U(s)} = \frac{2s + 6}{s^3 + 2s^2 + 3s + 4}$$

写出它的状态空间表达式。

解: 与式(3-121)比较,得

$$n = 3, \quad a_0 = 4, \quad a_1 = 3, \quad a_2 = 2$$

$$b'_0 = b_0 = 6, \quad b'_1 = b_1 = 2, \quad b_2 = b_3 = 0$$

代入式(3-130)得状态空间表达式为

$$
\dot{X} = \begin{bmatrix} \dot{x}_1 \\ \dot{x}_2 \\ \dot{x}_3 \end{bmatrix} = \begin{bmatrix} 0 & 1 & 0 \\ 0 & 0 & 1 \\ -4 & -3 & -2 \end{bmatrix} \begin{bmatrix} x_1 \\ x_2 \\ x_3 \end{bmatrix} + \begin{bmatrix} 0 \\ 0 \\ 1 \end{bmatrix} u
$$

$$
y = \begin{bmatrix} 6 & 2 & 0 \end{bmatrix} \begin{bmatrix} x_1 \\ x_2 \\ x_3 \end{bmatrix}
$$

复 习 思 考 题

1. 什么是数学模型？
2. 线性系统的特点是什么？
3. 传递函数的定义和特点是什么？
4. 传递函数的典型环节有哪些？它们的表达式是什么？
5. 如何计算串联、并联及反馈联结所构成系统的传递函数？
6. 方块图的简化法则主要有哪些？如何应用这些法则进行简化并计算系统的传递函数？
7. 如何推导一些简单机电系统的传递函数？
8. 信号流图的概念及梅逊公式的应用。
9. 状态空间基本概念。
10. 如何从高阶微分方程推出状态方程？如何由传递函数推出状态方程？

习　　题

3-1　列出图题 3-1 所示各种机械系统的运动微分方程式（图中未注明 $x(t)$ 均为输入位移，
　　　$y(t)$ 为输出位移）。

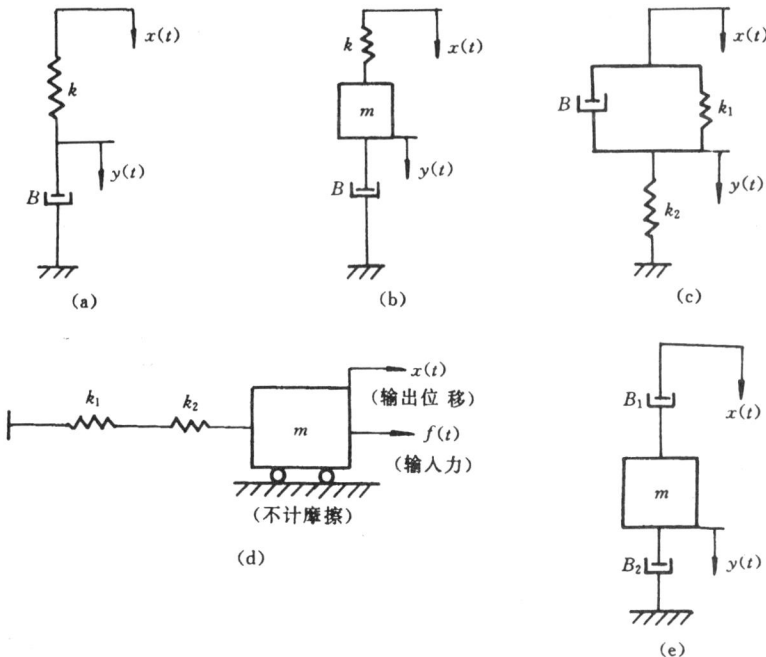

图题 3-1

3-2　列出图题 3-2 所示系统的运动微分方程式，并求输入轴上的等效转动惯量 J 和等效阻尼
　　　系数 B。图中 T_1、θ_1 为输入转矩及转角，T_L 为输出转矩。

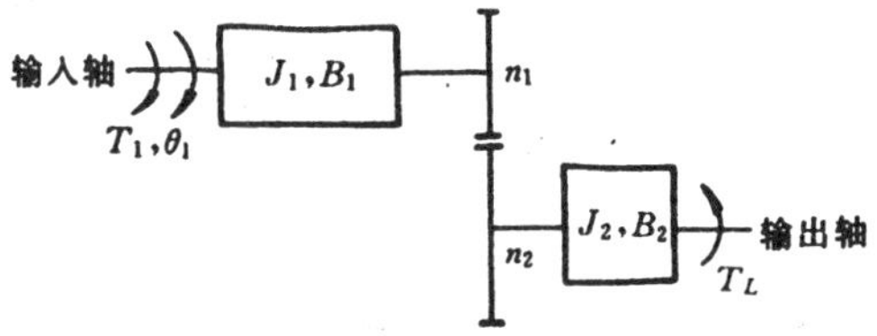

图题 3-2

3-3 求图题 3-3 所示各电气网络输入和输出量间关系的微分方程式,图中 u_i 为输入电压,u_0 为输出电压。

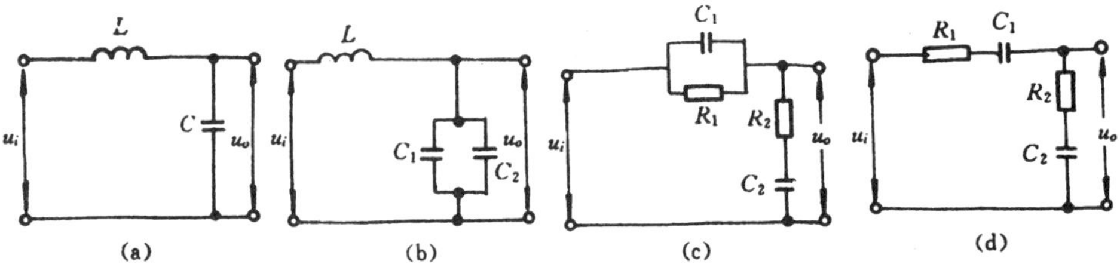

图题 3-3

3-4 列出图题 3-4 所示机械系统的作用力 $f(t)$ 与位移 $x(t)$ 之间关系的微分方程。

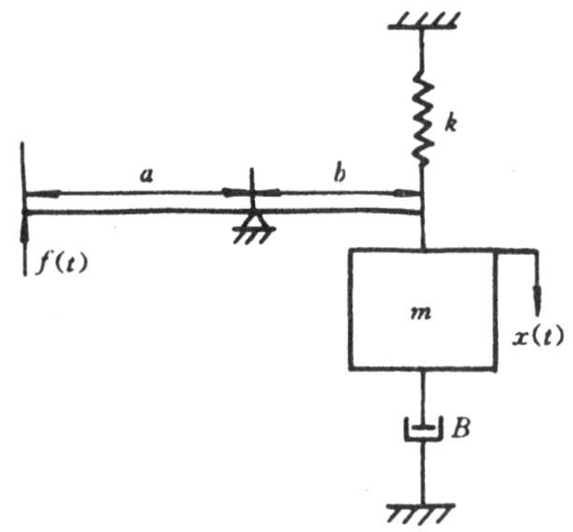

图题 3-4

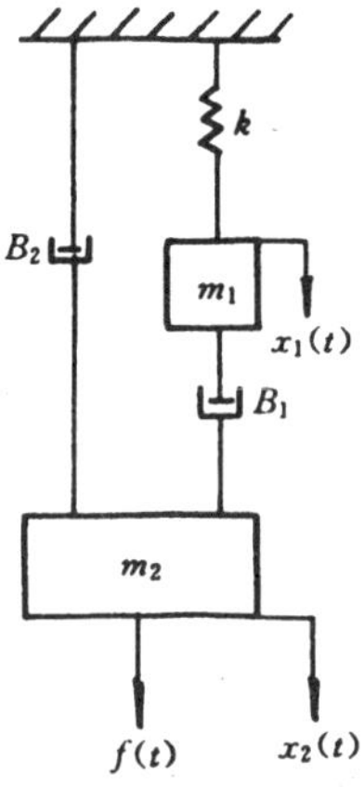

图题 3-5

3-5 如图题 3-5 所示的系统,当外力 $f(t)$ 作用于系统时,m_1 和 m_2 有不同的位移输出 $x_1(t)$ 和 $x_2(t)$,试求 $f(t)$ 与 $x_2(t)$ 的关系,列出微分方程式。

3-6 求图题 3-6 所示的各机械系统的传递函数。

3-7 图题 3-7 所示 $f(t)$ 为输入力,系统的弹簧刚度为 k,轴的转动惯量为 J,阻尼系数为 B,系统的输出为轴的转角 $\theta(t)$,轴的半径为 r,求系统的传递函数。

3-8 证明图题 3-8(a) 和 (b) 所示的系统是相似系统。

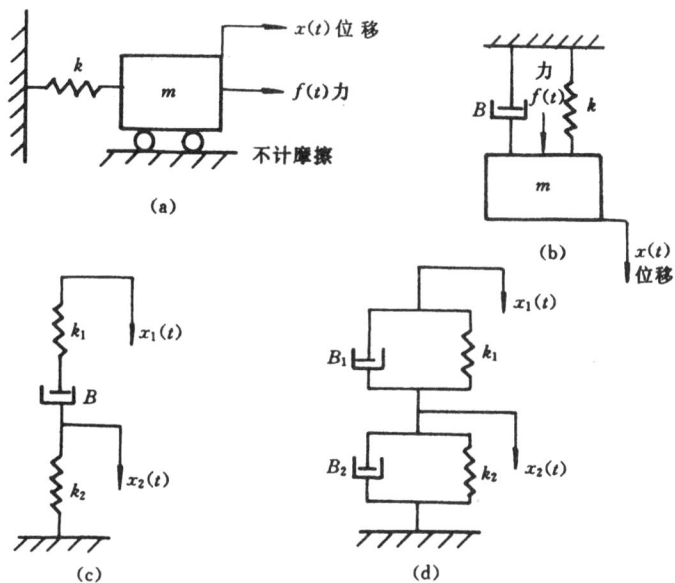

图题 3-6(a),(b)中:$f(t)$—输入,$x(t)$—输出

(c),(d)中:$x_1(t)$—输入,$x_2(t)$—输出

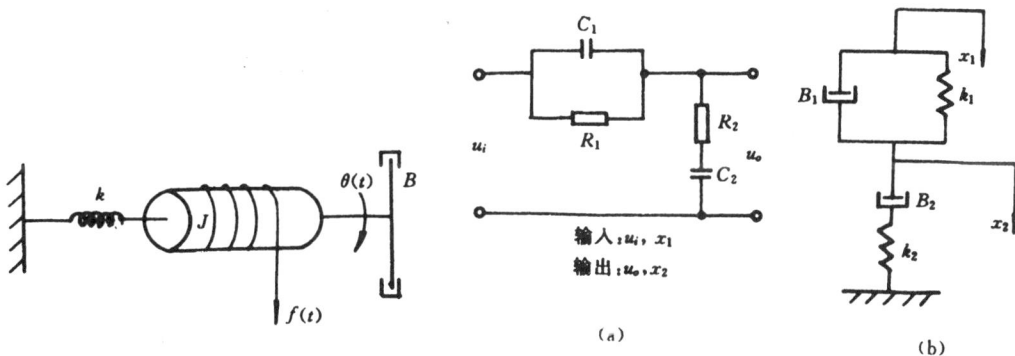

图题 3-7   图题 3-8

3-9　若某系统在阶跃输入 $x(t)=1(t)$ 作用时,系统的输出响应为 $y(t)=1-e^{-2t}+e^{-t}$,试求系统的传递函数和脉冲响应函数。

3-10　运用方块图简化法则,求图题 3-10 各系统的传递函数。

3-11　画出图题 3-11 所示系统的方块图,并写出其传递函数。

3-12　画出图题 3-12 所示系统的方块图,该系统在开始时处于静止状态,系统的输入为外力 $f(t)$,输出为位移 $x(t)$,并写出系统的传递函数。

3-13　求图题 3-13 所示系统的传递函数。

3-14　图题 3-14 所示为发动机速度控制系统的方块图。发动机速度由转速测量装置进行测量,试画出该系统的信号流图。

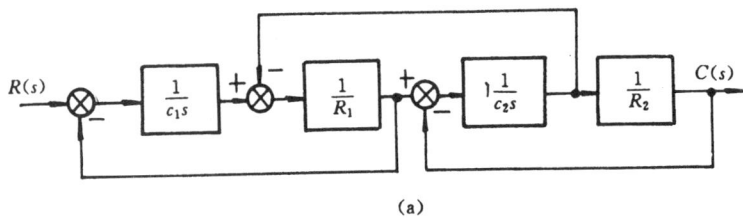

(a)

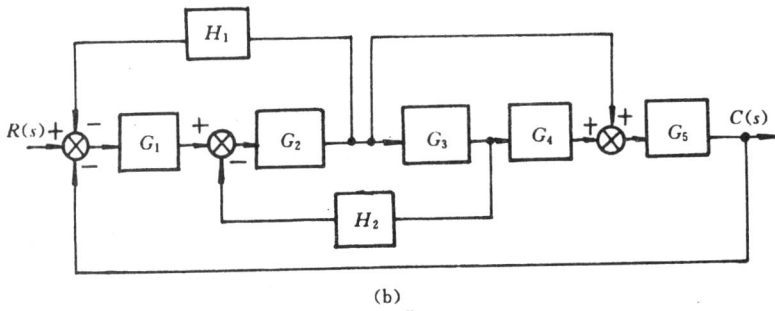

(b)

图题 3-10

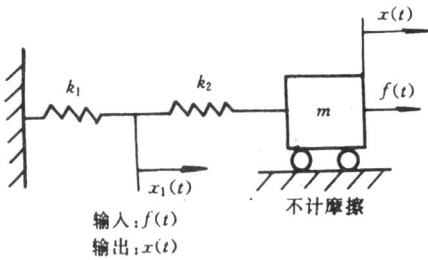

输入：$f(t)$
输出：$x(t)$

不计摩擦

图题 3-11

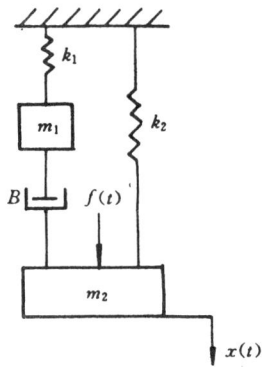

图题 3-12

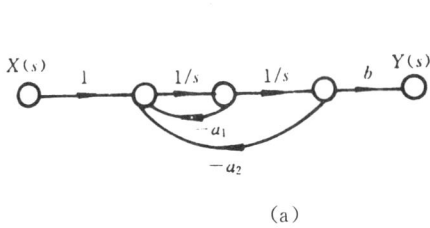

(a)

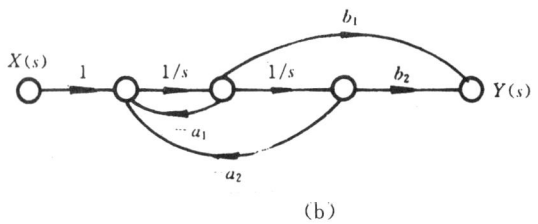

(b)

图题 3-13

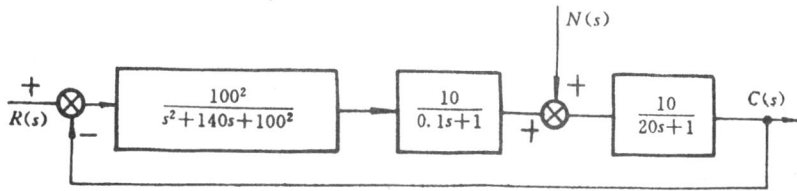

图题 3-14

3-15 对传递函数

$$\frac{Y(s)}{U(s)} = G(s) = \frac{s^2 + 6s + 8}{s^2 + 4s + 3}$$

试推导对应的状态方程表达式。

3-16 图题 3-16 所示系统,以图中所标记的 x_1, x_2, x_3 为状态变量,推导其状态空间表达式。u、y 分别为输入、输出,α_1、α_2、α_3 是标量。

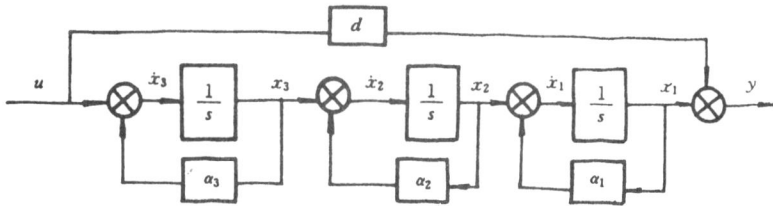

图题 3-16

3-17 设系统的微分方程为

$$\dddot{y} + 7\ddot{y} + 14\dot{y} + 8y = 3u$$

试求系统的状态空间表达式。

3-18 给定系统传递函数为

$$\frac{Y(s)}{U(s)} = G(s) = \frac{s^2 + 2s + 3}{2s^3 + 4s^2 + 6s + 10}$$

试写出它的状态空间表达式。

第 4 章　系统的瞬态响应与误差分析

一个实际的系统,在建立系统的数学模型(包括微分方程和传递函数)之后,就可以采用不同的方法来分析和研究系统的动态性能。时域分析是重要的方法之一。

时域分析法是一种直接分析法,它是根据所描述系统的微分方程式或传递函数,求出系统的输出量随时间的变化规律,并由此来确定系统的性能。

本章首先介绍系统的时间响应及其组成,对时域中描述系统动态性能的脉冲响应函数 $g(t)$(或称权函数)进行讨论。接着对一阶、二阶系统的典型时间响应进行分析,讨论高阶系统的时间响应以及主导极点的概念,最后介绍系统的误差与稳态误差的概念以及它们与系统型次的关系。

4-1　时间响应

1. 时间响应的概念

机械工程系统在外加作用激励下,其输出量随时间变化的函数关系称之为系统的时间响应,通过对时间响应的分析可揭示系统本身的动态特性。

在分析和设计系统时,我们需要有一个对各种系统性能进行比较的基础,这种基础就是预先规定一些具有特殊形式的试验信号作为系统的输入,然后比较各种系统对这些输入信号的响应。在时域分析法中,常采用的典型输入信号有阶跃函数、脉冲函数、斜坡函数和加速度函数等。这些都是简单的时间函数。不同的系统或参数不同的同一系统,它们对同一典型输入信号的时间响应不同,反映出各种系统动态性能的差异,从而可定出相应的性能指标对系统的性能予以评定。

线性动力系统可用微分方程来描述,系统时间响应的数学表达式就是微分方程式的解。任一系统的时间响应都是由瞬态响应和稳态响应两部分组成。

瞬态响应:系统受到外加作用激励后,从初始状态到最终状态的响应过程称为瞬态响应。如图 4-1 所示,当系统在单位阶跃信号激励下在 0 到 t_1 时间内的响应过程为瞬态响应。当 $t > t_1$ 时,则系统趋于稳定。

稳态响应:时间趋于无穷大时,系统的输出状态称为稳态响应。如图 4-1 中,当 $t \to \infty$ 时的稳态输出 $c(t)$。

当 $t \to \infty$ 时,$c(t) \to$ 稳态值,则系统是稳定的;若 $c(t)$ 呈等幅振荡或发散,则系统不稳定。瞬态响应反映了系统动态性能,而稳态响应偏离系统希望值的程度可用来衡量系统的精确程度。

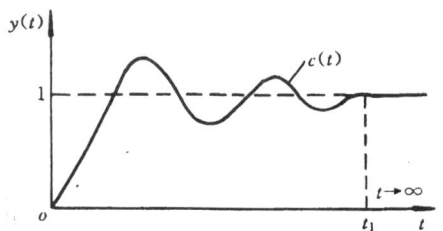

图 4-1　单位阶跃信号作用下的时间响应

2. 脉冲响应函数(或权函数)

传递函数 $G(s)$ 是在 s 域或频域中描述一个系统,但是在很多情况下,常常要求在时域中描述一个系统的输入与输出的动态因果关系,这就是系统的脉冲响应函数 $g(t)$。顾名思义,当一个系统受到一个单位脉冲激励(输入)时,它所产生的反应或响应(输出)定义为脉冲响应函数。如图 4-2 所示,当系统输入 $x(t)=\delta(t)$ 时,则输出 $y(t)=g(t)$,$\delta(t)$ 为单位脉冲函数。

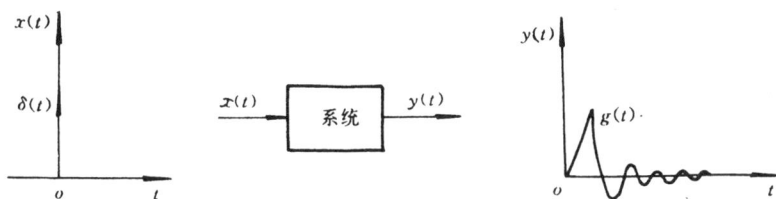

图 4-2　单位脉冲响应函数

因而一个系统可用图 4-3 的方块图来表示。

由图 4-2,对系统输入 $x(t)=\delta(t)$,输出 $y(t)=g(t)$ 进行拉氏变换,并注意到 $L[\delta(t)]=1$,则

$$\begin{cases} X(s) = L[x(t)] = L[\delta(t)] = 1 \\ Y(s) = L[y(t)] = L[g(t)] \end{cases} \qquad (4\text{-}1)$$

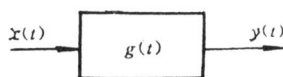

图 4-3　系统方块图

由传递函数的定义

$$Y(s) = G(s)X(s) \qquad (4\text{-}2)$$

得

$$L[g(t)] = G(s) \qquad (4\text{-}3)$$

或

$$g(t) = L^{-1}[G(s)] \qquad (4\text{-}4)$$

式(4-3)、(4-4)说明,系统传递函数 $G(s)$ 即为其脉冲响应函数 $g(t)$ 的象函数。

当线性系统输入为一任意时间函数 $x(t)$ 时(如图 4-4),在 0 到 t_1 时刻内,将连续信号 $x(t)$ 分割成 n 小段,$\Delta\tau=t/n$。当 $n\to\infty$,则 $\Delta\tau\to0$,$x(t)$ 可以近似看作 n 个脉冲叠加而成,每个脉冲的面积为 $x(\tau_k)\Delta\tau$。

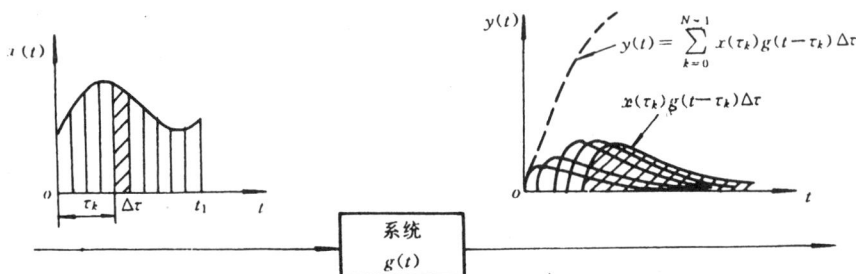

图 4-4　任意输入作用下的响应

如前所述,对于单位脉冲 $\delta(t)$,面积为 1,作用在 $t=0$ 的时刻,其输出为脉冲响应函数 $g(t)$,而对于面积为 $x(\tau_k)\Delta\tau$,作用时刻为 τ_k 的各个脉冲的输出响应,按比例和时间平移的方法,可得 τ_k 时刻的响应为 $x(\tau_k)\Delta\tau g(t-\tau_k)$。根据线性叠加的原理,将 0 到 t 的各个时刻的脉冲响应叠加,就得到了任意函数 $x(t)$ 在 t 时的时间响应函数 $y(t)$。

$$y(t) = \lim_{n \to \infty} \sum_{k=0}^{n} x(\tau_k) g(t - \tau_k) \Delta\tau = \int_0^t x(\tau) g(t - \tau) d\tau \qquad (4\text{-}5)$$

由此,已知系统的脉冲响应函数,就可以通过式(4-5)的卷积分,求得系统对任意时间函数 $x(t)$ 的时间响应函数 $y(t)$。由式(4-5)可知,系统在受输入激励作用后,t 时刻的输出 $y(t)$ 为 t 时刻及 t 时刻以前各输入 $x(\tau)$ 乘以相应时刻的权函数 $g(t-\tau)$ 所产生的输出累积,$-\infty < \tau \leqslant t$。因此,脉冲响应函数 $g(t)$ 又称为权函数,可以把式(4-5)开拓成

$$y(t) = \int_{-\infty}^{t} x(\tau) g(t - \tau) d\tau \qquad (4\text{-}6)$$

并注意,对于任何实际可实现的系统

当 $\tau > t$ 时

$$g(t - \tau) = 0 \qquad (4\text{-}7)$$

这是因为 τ 时刻以后的输入,不可能对 t 时刻的输出 $y(t)$ 产生作用。

脉冲响应函数 $g(t)$ 不仅是在时域中描述系统动态特性的重要数学工具,同时也提供了一个极为简单而重要的利用实验方法来建立系统数学模型的理论及实验基础。对于机械结构来说,采用锤击法来施加脉冲激励作用是很方便的,早在本世纪 20 年代就已经用于飞机结构的建模和参数识别。

4-2 一阶系统的时间响应

1. 一阶系统的数学模型

能用一阶微分方程描述的系统称为一阶系统,如图 4-5 的 RC 电路。

系统的传递函数为

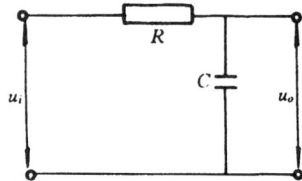

$$\frac{U_o(s)}{U_i(s)} = \frac{1}{RCs + 1} \qquad (4\text{-}8)$$

图 4-6 的机械转动系统,系统的传递函数为

$$\frac{\omega(s)}{M(s)} = \frac{1}{Js + B} \qquad (4\text{-}9)$$

图 4-5 阻容电路

图 4-7 为不计质量的弹簧—阻尼系统,系统的传递函数为

$$\frac{Y(s)}{P(s)} = \frac{A}{Bs + k} \qquad (4\text{-}10)$$

因此一阶系统传递函数的一般形式为

$$\frac{C(s)}{R(s)} = \frac{K}{Ts + 1} \qquad (4\text{-}11)$$

式中 K——系统增益;

T——时间常数。

当 $K=1$,典型一阶系统的方块图及其简化形式如图 4-8(a),(b)所示。

2. 一阶系统的单位阶跃响应

当输入为单位阶跃函数

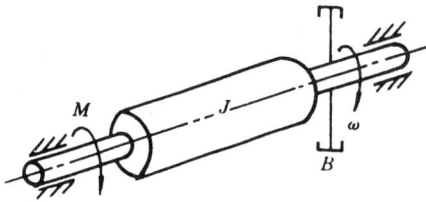

图 4-6 转动环节

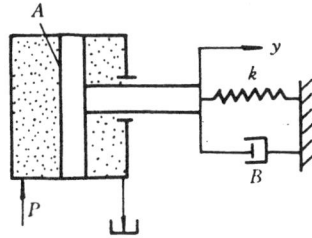

图4-7 略去质量的弹簧-阻尼系统

P—输入油压；y—输出位移；

k—弹簧常数；B—粘性阻尼系统；

A—活塞面积

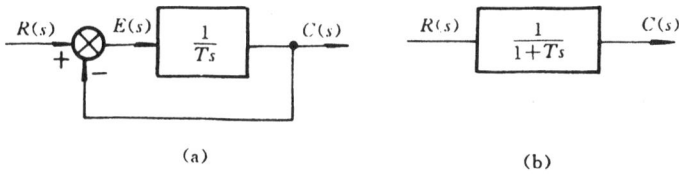

(a)

(b)

图 4-8 一阶系统方块图

$$R(s) = \frac{1}{s}$$

所以

$$C(s) = \frac{1}{Ts+1} \frac{1}{s} = \frac{1}{s} - \frac{T}{Ts+1} = \frac{1}{s} - \frac{1}{s + \frac{1}{T}}$$

对上式进行拉氏反变换

$$c(t) = 1 - e^{-\frac{t}{T}} \tag{4-12}$$

时间响应曲线示于图 4-9。

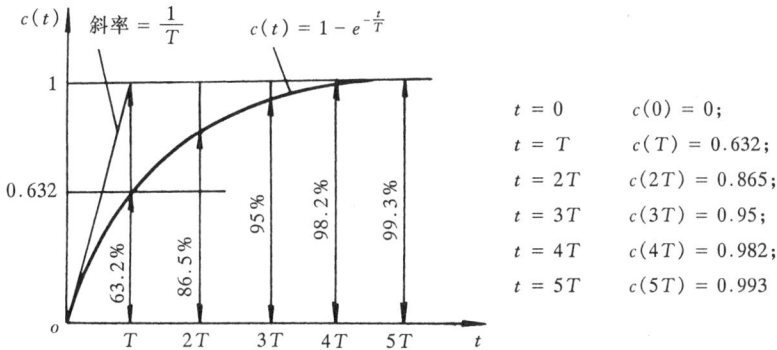

$t = 0$	$c(0) = 0$;
$t = T$	$c(T) = 0.632$;
$t = 2T$	$c(2T) = 0.865$;
$t = 3T$	$c(3T) = 0.95$;
$t = 4T$	$c(4T) = 0.982$;
$t = 5T$	$c(5T) = 0.993$

图 4-9 典型一阶系统的单位阶跃响应曲线

在 $t=0$ 时刻，响应曲线的斜率为

$$\frac{\mathrm{d}c(t)}{\mathrm{d}t}\bigg|_{t=0} = \frac{1}{T}e^{-\frac{t}{T}}\bigg|_{t=0} = \frac{1}{T} \tag{4-13}$$

一阶系统的时间常数 T 是重要的特征参数,它表征了系统过渡过程的品质,T 愈小,则系统响应愈快,即很快达到稳定值。在前面所述 RC 电路中,时间常数 $T=RC$,在回转机械系统中 $T=\dfrac{J}{B}$;在油缸-弹簧-阻尼系统中 $T=\dfrac{B}{k}$,和 T 有关的系统各参数均和系统动态品质有关。

3. 一阶系统的脉冲响应

当系统的输入为单位脉冲函数 $\delta(t)$ 时,输出为系统的脉冲响应函数 $g(t)$ 或称权函数。因此,当 $r(t)=\delta(t)$ 时,有

$$R(s)=1$$

所以 $$C(s)=\frac{1}{Ts+1}=\frac{1}{T}\cdot\frac{1}{s+\dfrac{1}{T}}$$

经拉氏反变换

$$g(t)=c(t)=\frac{1}{T}e^{-\frac{t}{T}} \quad (t\geqslant 0) \quad (4\text{-}14)$$

一阶系统的单位脉冲响应曲线示于图 4-10。

对于输入函数,因为单位脉冲是单位阶跃函数的导数,则

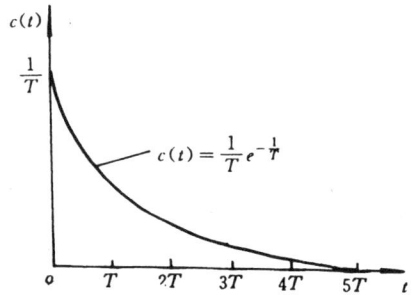

图 4-10 一阶系统的单位脉冲响应曲线

$$\delta(t)=\frac{\mathrm{d}}{\mathrm{d}t}\times 1(t)$$

它们的输出,也有如下关系:

$$C_{脉冲}(t)=\frac{\mathrm{d}}{\mathrm{d}t}C_{阶跃}(t)=\frac{\mathrm{d}}{\mathrm{d}t}(1-e^{-\frac{t}{T}})=\frac{1}{T}e^{-\frac{t}{T}} \quad (4\text{-}15)$$

这说明,系统对输入信号导数的响应,等于系统对该输入信号响应的导数,或者说,系统对输入信号积分的响应,等于系统对该输入信号响应的积分。这是线性定常系统的重要特性,但不适用于线性时变系统及非线性系统。

4. 一阶系统的单位斜坡响应

当输入为单位斜坡函数时,有

$$R(s)=\frac{1}{s^2}$$

所以 $$C(s)=\frac{1}{Ts+1}\cdot\frac{1}{s^2}=\frac{1}{s^2}-\frac{T}{s}+\frac{T^2}{Ts+1}$$

$$=\frac{1}{s^2}-T\left(\frac{1}{s}\right)+T\left(\frac{1}{s+1/T}\right) \quad (4\text{-}16)$$

对上式进行拉氏反变换

$$c(t)=t-T+Te^{-t/T} \quad (4\text{-}17)$$

时间响应曲线示于图 4-11。

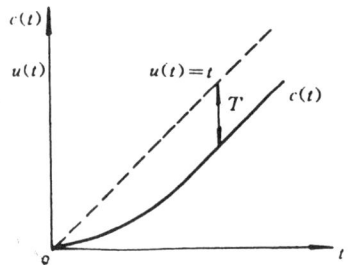

图 4-11 一阶系统的单位斜坡响应曲线

4-3 二阶系统的时间响应

1. 二阶系统的数学模型

二阶系统是用二阶微分方程描述的系统。图 4-12 所示弹簧-质量-阻尼系统即为二阶系统,其运动微分方程为

$$m\frac{d^2y}{dt^2} + B\frac{dy}{dt} + ky = x \tag{4-18}$$

系统的传递函数为

$$G(s) = \frac{Y(s)}{X(s)} = \frac{1}{ms^2 + Bs + k} \tag{4-19}$$

为使研究结果具有普遍意义,引入新的参变量

$$\omega_n^2 = \frac{k}{m}, \omega_n = \sqrt{\frac{k}{m}} \tag{4-20}$$

$$2\zeta\omega_n = \frac{B}{m}$$

图 4-12 弹簧-质量-阻尼系统

式中 ω_n——无阻尼自然频率;

   ζ——阻尼比。

$$\zeta = \frac{\text{粘性阻尼系数}}{\text{临界阻尼系数}} = \frac{B}{B_c} = \frac{B}{2\sqrt{mk}} \tag{4-21}$$

式中临界阻尼系数 B_c 是根据二阶系统特征方程的特征根在临界状态下求得。

由式(4-19),系统特征方程为

$$ms^2 + Bs + k = 0$$

特征根为

$$s_{1,2} = \frac{-B \pm \sqrt{B^2 - 4mk}}{2m}$$

在临界阻尼状态

$$B_c^2 = 4mk$$

故临界阻尼系数为

$$B_c = 2\sqrt{mk}$$

引入新参量后,式(4-19)可改写为

$$G(s) = \frac{1}{k} \cdot \frac{\omega_n^2}{s^2 + 2\zeta\omega_n s + \omega_n^2} \tag{4-22}$$

式中 $1/k$ 为系统增益,$\omega_n^2/(s^2 + 2\zeta\omega_n s + \omega_n^2)$ 为典型二阶系统的传递函数。

下面仅讨论此二阶系统的典型形式,分析参数,ζ,ω_n 对系统动态性能的影响,典型二阶系统的方块图及其简化形式示于图 4-13(a),(b)。

2. 二阶系统的单位阶跃响应

图 4-13 所示二阶系统的特征方程为

$$s^2 + 2\zeta\omega_n s + \omega_n^2 = 0 \tag{4-23}$$

特征根为

$$s_{1,2} = -\zeta\omega_n \pm \omega_n\sqrt{\zeta^2 - 1} \tag{4-24}$$

根有三种情况,以下将分别予以说明。

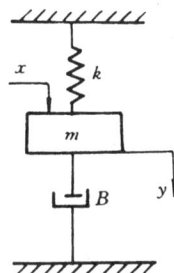

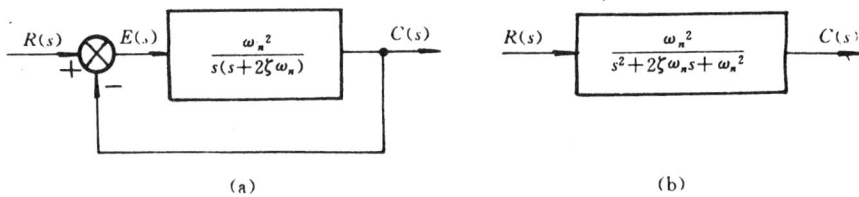

图 4-13 典型二阶系统方块图

（1）欠阻尼情况（$0<\zeta<1$）

由式（4-24）可知，此时二阶系统有一对共轭复根

$$s_{1,2} = -\zeta\omega_n \pm j\omega_n \sqrt{1-\zeta^2} = -\zeta\omega_n \pm j\omega_d \qquad (4-25)$$

式中 $\omega_d = \omega_n \sqrt{1-\zeta^2}$ 为阻尼自然频率，特征根在[s]平面上的分布情况见图 4-14(a)。这时

$$\frac{C(s)}{R(s)} = \frac{\omega_n^2}{(s+\zeta\omega_n+j\omega_d)(s+\zeta\omega_n-j\omega_d)} \qquad (4-26)$$

当 $R(s)=1/s$，即输入为单位阶跃函数

$$C(s) = \frac{\omega_n^2}{(s+\zeta\omega_n+j\omega_d)(s+\zeta\omega_n-j\omega_d)\cdot s} \qquad (4-27)$$

对式（4-27）进行拉氏反变换，可得系统的单位阶跃响应为

$$c(t) = 1 - \frac{e^{-\zeta\omega_n t}}{\sqrt{1-\zeta^2}}\sin\left(\omega_d t + \arctan\frac{\sqrt{1-\zeta^2}}{\zeta}\right) \quad (t \geqslant 0) \qquad (4-28)$$

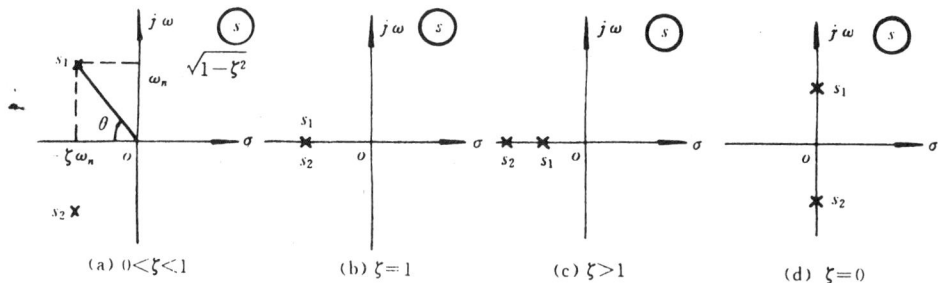

图 4-14　[s]平面上二阶系统的闭环极点分布图

由式（4-28）可以看出，在欠阻尼情况下，二阶系统对单位阶跃输入的响应为衰减的振荡，其振荡角频率等于阻尼自然频率 ω_d，振幅按指数衰减，它们均与阻尼比 ζ 有关。ζ 愈小则 ω_d 愈接近于 ω_n，同时振幅衰减得慢；ζ 愈大则阻尼愈大，ω_d 将减小，振荡幅值衰减也愈快。若 $\zeta=0$ 系统有一对共轭虚根 $s_{1,2}=\pm j\omega_n$，特征根在[s]平面上的分布见图 4-14(d)，系统在零阻尼下的单位阶跃响应为

$$c(t) = 1 - \cos\omega_n t \quad (t \geqslant 0) \qquad (4-29)$$

此时系统以无阻尼自然频率 ω_n 作等幅振荡。

（2）临界阻尼情况（$\zeta=1$）

系统有一对相等的负实根

$$s_{1,2} = -\zeta\omega_n$$

特征根在[s]平面上的分布见图 4-14(b)，这时，式(4-27)改写为

$$C(s) = \frac{\omega_n^2}{s(s+\omega_n)^2}$$

对上式进行拉氏反变换

$$c(t) = 1 - e^{-\omega_n t}(1 + \omega_n t) \quad (t \geqslant 0) \tag{4-30}$$

显然，由式(4-28)，令 $\zeta \rightarrow 1$ 取极限也能得到相同的结果。这时达到衰减振荡的极限，系统不再振荡，称作临界阻尼情况。

（3）过阻尼情况($\zeta > 1$)

系统有两个不相等的负实根

$$s_{1,2} = -\zeta\omega_n \pm \omega_n\sqrt{\zeta^2 - 1}$$

特征根在[s]平面上的分布见图 4-14(c)。

对单位阶跃输入，系统输出的拉氏变换式为

$$C(s) = \frac{\omega_n^2}{(s+\zeta\omega_n - \omega_n\sqrt{\zeta^2-1})(s+\zeta\omega_n + \omega_n\sqrt{\zeta^2-1})} \cdot \frac{1}{s}$$

经拉氏反变换，得

$$c(t) = 1 + \frac{\omega_n}{2\sqrt{\zeta^2-1}}\left(\frac{e^{-s_1 t}}{s_1} - \frac{e^{-s_2 t}}{s_2}\right) \tag{4-31}$$

式中　$s_1 = (\zeta + \sqrt{\zeta^2-1})\omega_n$；

　　　　$s_2 = (\zeta - \sqrt{\zeta^2-1})\omega_n$。

式(4-31)中包含了两个指数衰减项：$e^{-s_1 t}$ 和 $e^{-s_2 t}$；如果 $\zeta \gg 1$，则 $|s_1| \gg |s_2|$，故式(4-31)括号中的第一项远较第二项衰减得快，因而可忽略第一项。这时，二阶系统蜕化为一阶系统。

上述三种情况系统对单位阶跃函数的响应曲线示于图 4-15。根据式(4-28)，(4-29)，(4-30)，(4-31)作出一簇在不同 ζ 下的响应曲线 $c(t)$，如图 4-16 所示，其横坐标为无量纲变量 $\omega_n t$，输入信号为单位阶跃函数。

3. 二阶系统的单位脉冲响应

输入为单位脉冲

$$R(s) = 1$$

$$C(s) = \frac{\omega_n^2}{s^2 + 2\zeta\omega_n s + \omega_n^2} \tag{4-32}$$

根据 ζ 的值有不同的输出

（1）欠阻尼情况($0 < \zeta < 1$)

$$C(s) = \frac{\omega_n^2}{(s+\zeta\omega_n + j\omega_d)(s+\zeta\omega_n - j\omega_d)} \tag{4-33}$$

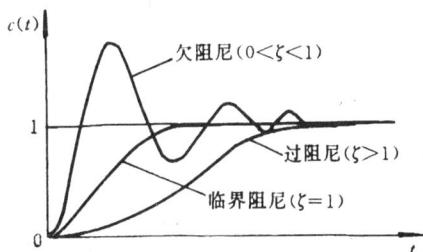

图 4-15　不同极点分布的阶跃响应

对(4-33)进行拉氏反变换，可得系统的单位脉冲响应为

$$c(t) = \frac{\omega_n}{\sqrt{(1-\zeta^2)}}e^{-\zeta\omega_n t}\sin\omega_d t \tag{4-34}$$

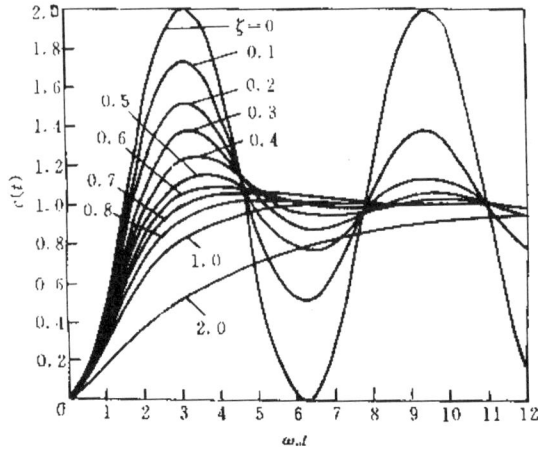

图 4-16 不同 ζ 下二阶系统的单位阶跃响应曲线

（2）临界阻尼情况（$\zeta=1$）

$$C(s) = \frac{\omega_n^2}{(s + \omega_n)^2} \qquad (4\text{-}35)$$

对上式进行拉氏反变换

$$c(t) = \omega_n^2 t e^{-\omega_n t} \qquad (4\text{-}36)$$

（3）过阻尼情况（$\zeta>1$）

$$C(s) = \frac{\omega_n^2}{(s + \zeta\omega_n - \omega_n\sqrt{\zeta^2 - 1})(s + \zeta\omega_n + \omega_n\sqrt{\zeta^2 - 1})} \qquad (4\text{-}37)$$

对上式经拉氏反变换

$$c(t) = \frac{\omega_n}{2\sqrt{\zeta^2 - 1}}(e^{-p_1 t} - e^{-p_2 t}) \qquad (4\text{-}38)$$

式中　$p_1 = \omega_n(\zeta + \sqrt{\zeta^2 - 1}), p_2 = \omega_n(\zeta - \sqrt{\zeta^2 - 1})$

如果 $\zeta\gg1$，则 $|p_1|\gg|p_2|$ 故上式第一项远较第二项衰减得快，因而可忽略第一项。这时，二阶系统蜕化为一阶系统。

当输入为单位斜坡时，读者可以应用上述原理，求出不同 ζ 值时的输出，这里就不再推导了。

4-4　高阶系统动态分析

三阶以上的系统称为高阶系统，高阶系统的分析较为复杂。这里，我们的目的是引出闭环主导极点这一概念，使高阶系统在一定条件下简化为有一对闭环主导极点的二阶系统以便进行分析研究。

1. 三阶系统
三阶系统的闭环传递函数为

$$W(s) = \frac{C(s)}{R(s)} = \frac{\omega_n^2 \lambda}{(s^2 + 2\zeta\omega_n s + \omega_n^2)(s + \lambda)} \qquad (0 < \zeta < 1) \qquad (4\text{-}39)$$

可求得系统单位阶跃响应为

$$c(t)=1-\frac{e^{-\zeta\omega_n t}}{\beta\zeta^2(\beta-2)+1}\left\{\beta\zeta^2(\beta-2)\cos(\sqrt{1-\zeta^2}\omega_n t)\right.$$

$$\left.+\frac{\beta\zeta[\zeta^2(\beta-2)+1]}{\sqrt{1-\zeta^2}}\sin(\sqrt{1-\zeta^2}\omega_n t)\right\}$$

$$-\frac{1}{\beta\zeta^2(\beta-2)+1}e^{-\lambda t}\qquad(t\geqslant0)\qquad\qquad(4\text{-}40)$$

式中的 $\beta=\lambda/(\zeta\omega_n)$ 是实数极点与共轭复数极点的实部之比。

图 4-17 所示为该三阶系统在 $\zeta=0.5$ 时的单位阶跃响应曲线,比值 $\beta=\lambda/(\zeta\omega_n)$ 是曲线簇中的参变量。若实数极点位于共轭复数极点的右侧,且距原点很近,如图 4-18(a)所示。则系统响应表现出明显的惯性环节特性,共轭复数极点只能增加系统响应曲线初始段的波动。若实数极点远离共轭复数极点,位于它们的左侧较远处,如图 4-18(b)所示,则此时实数极点对系统动态响应较小,系统响应特性主要由共轭复数极点决定。特别是,当 $\lambda\to\infty$ 即 $\beta\to\infty$ 时,实数极点(-λ)的作用消失,三阶系统退化为一个欠阻尼二阶系统。

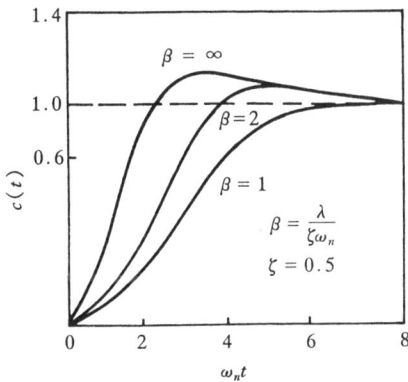

图 4-17 单位阶跃响应曲线　　　　图 4-18 极点位置

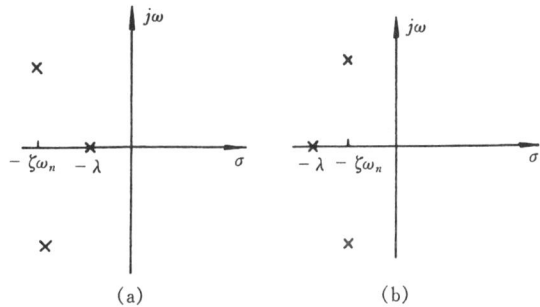

综上所述,三阶系统的响应特性主要决定于距离虚轴较近的闭环极点。这样的闭环极点,就称为系统的闭环主导极点。

2. 高阶系统

主导极点的概念更多地用于一般高阶系统的动态响应分析之中。

一般地说,所谓主导极点是指在系统的所有闭环极点中,距离虚轴最近且周围没有闭环零点的极点,而所有其它极点都远离虚轴。主导极点对系统响应起主导作用,其它极点的影响在近似分析中则可忽略不计。考虑到控制工程实践中通常要求控制系统既具有较高的反应速度,又具有较好的平稳性,往往将控制系统设计成具有衰减振荡的响应特性。因此,闭环主导极点通常总是以共轭复数极点的形式出现。

设高阶系统的闭环传递函数可写成如下形式:

$$W(s)=\frac{C(s)}{R(s)}=\frac{M(s)}{D(s)}=\frac{K\displaystyle\prod_{j=1}^{m}(s+z_j)}{\displaystyle\prod_{i=1}^{n}(s+p_i)}\qquad\qquad(4\text{-}41)$$

式中$(-z_j)$是系统的闭环零点;$(-p_i)$是系统的闭环极点;K是增益参数。

若在系统的所有闭环极点中,包含q个实数极点$(-p_i)(i=1,2,\cdots,q)$和r对共轭复数极点$(-\zeta_k\omega_k\pm j\sqrt{1-\zeta_k^2}\omega_k)(k=1,2,\cdots,r)$,则在单位阶跃信号作用下,可以求得高阶系统的时间响应为

$$c(t)=1+\sum_{i=1}^{q}A_ie^{-p_it}+\sum_{k=1}^{r}B_ke^{-\zeta_k\omega_kt}\sin(\sqrt{1-\zeta_k^2}\omega_kt+C_k)\qquad(t\geqslant 0)\qquad(4-42)$$

式中各系数$A_i(i=1,\cdots,q)$和B_k、$C_k(k=1,\cdots,r)$是与系统参数有关的常数。

式(4-42)表明,高阶系统的单位阶跃响应曲线包含指数函数分量和衰减正弦函数分量。若系统具有一对共轭复数主导极点

$$-p_{1,2}=-\zeta\omega_n\pm j\sqrt{1-\zeta^2}\omega_n=-\sigma\pm j\omega_d$$

而其余闭环零、极点都相对地远离虚轴,则由式(4-42)可以看出,距虚轴较远的非主导极点,相应的动态响应分量衰减较快,对系统的过渡过程影响不大,而距虚轴最近的主导极点,对应的动态响应分量衰减最慢,在决定过渡过程形式方面起主导作用。因此,高阶系统的时间响应可以由这一对共轭复数主导极点所确定的二阶系统的时间响应来近似,用二阶系统的动态性能指标来估计高阶系统的动态性能。但是,高阶系统毕竟不是二阶系统,因而在用二阶系统对高阶系统进行近似估计时,还需要考虑其它非主导极点与零点的影响。

4-5 瞬态响应的性能指标

一般对机械工程系统有三方面的性能要求,即稳定性、准确性及灵敏性。有关稳定性将在第6章介绍;系统的准确性则以本章论述的误差来衡量;系统的瞬态响应反映了系统本身的动态性能,表征系统的相对稳定性和灵敏度。

1. 瞬态响应的性能指标

通常,在以下假设前提下来定义系统瞬态响应(也称过渡过程)的性能指标:

① 系统在单位阶跃信号作用下的瞬态响应;

② 初始条件为零,即在单位阶跃输入作用前,系统处于静止状态,输出量及其各阶导数均等于零。

因为阶跃输入对于系统来说,工作状态较为恶劣,如果系统在阶跃信号作用下有良好的性能指标,则对其它各种形式输入就能满足使用要求。为便于对系统的性能进行分析比较,因而在上述假定条件下定义系统的性能指标。

常用的瞬态响应性能指标,如图4-19所示,并定义如下:

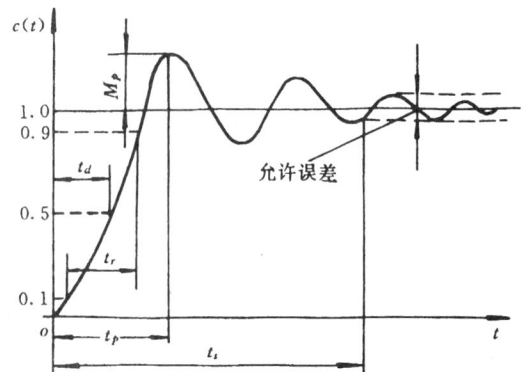

图4-19 单位阶跃响应的性能指标

① 延迟时间 t_d：单位阶跃响应 $c(t)$ 达到其稳态值的 50% 所需的时间，称作延迟时间。

② 上升时间 t_r：单位阶跃响应 $c(t)$，定义为从稳态值的 10% 上升到 90%（通常用于过阻尼系统），或从 0 上升到 100% 所需的时间（通常用于欠阻尼系统），称作上升时间。

③ 峰值时间 t_p：单位阶跃响应 $c(t)$ 超过其稳态值而达到第一个峰值所需要的时间，定义为峰值时间。

④ 超调量 M_p：单位阶跃响应第一次越过稳态值而达到峰值时，对稳态值的偏差与稳态值之比的百分数，定义为超调量，即

$$M_p = \frac{c(t_p) - c(\infty)}{c(\infty)} \times 100\%$$

式中 $c(\infty)$ 表示稳态值。当 $c(\infty) = 1$，则 $M_p = [c(t_p) - 1] 100\%$。

⑤ 调整时间 t_s：单位阶跃响应与稳态值之差进入允许的误差范围所需的时间称作调整时间。允许的误差用达到稳态值的百分数来表示，通常取 5% 或 2%。

在上述指标中，M_p 表征了系统的相对稳定性，t_d，t_r 及 t_s 表征了系统的灵敏性。

2. 二阶系统的瞬态响应指标

从系统的单位阶跃响应曲线上确定上述各性能指标是较容易的，但对高阶系统，要推导出各性能指标的解析式是较困难的，现仅推导二阶系统的上述各种性能指标的计算公式，它们均为 ζ 和 ω_n 的函数。

（1）上升时间 t_r

由式（4-28），当 $t = t_r$ 时，$c(t_r) = 1$

所以
$$c(t_r) = 1 - \frac{e^{-\zeta \omega_n t_r}}{\sqrt{1 - \zeta^2}} \sin\left(\omega_d t_r + \text{arc tan} \frac{\sqrt{1 - \zeta^2}}{\zeta}\right) = 1$$

又
$$1 - e^{-\zeta \omega_n t_r}\left(\cos\omega_d t_r + \frac{\zeta}{\sqrt{1 - \zeta^2}}\sin\omega_d t_r\right) = 1$$

因为
$$e^{-\zeta \omega_n t_r} \neq 0$$

所以
$$\cos\omega_d t_r + \frac{\zeta}{\sqrt{1 - \zeta^2}}\sin\omega_d t_r = 0$$

即
$$\tan\omega_d t_r = -\frac{\sqrt{1 - \zeta^2}}{\zeta}$$

令
$$\beta = \text{arc tan} \frac{\sqrt{1 - \zeta^2}}{\zeta}$$

得
$$\omega_d t_r = \pi - \beta, 2\pi - \beta, 3\pi - \beta, \cdots$$

因为上升时间 t_r，是 $c(t)$ 第一次到达输出稳态值的时间，故取 $\omega_d t_r = \pi - \beta$，即

$$t_r = \frac{\pi - \beta}{\omega_d} \tag{4-43}$$

（2）峰值时间 t_p

由式（4-28）将 $c(t)$ 对时间微分，并令其等于零，即

$$\frac{dc(t)}{dt}\bigg|_{t=t_p} = (\sin\omega_d t_p) \cdot \frac{\omega_n}{\sqrt{1 - \zeta^2}} e^{-\zeta \omega_n t_p} = 0$$

所以
$$\sin\omega_d t_p = 0$$

解得
$$t_p = \frac{n\pi}{\omega_d} \quad (n = 0,1,2,\cdots)$$

因为是第一次超调时间,故 $n=1$

$$t_p = \frac{\pi}{\omega_d} \tag{4-44}$$

由式(4-28)可知,系统的阻尼振荡周期 $T = 2\pi/\omega_d$,故峰值时间 t_p 等于阻尼振荡周期 T 的一半。

(3) 超调量 M_p

已知 t_p,可很容易地求得 M_p

$$M_p = c(t_p) - 1 = -e^{-\zeta\omega_n(\pi/\omega_d)}(\cos\pi + \frac{\zeta}{\sqrt{1-\zeta^2}}\sin\pi)$$

$$= e^{-\zeta\omega_n(\pi/\omega_d)} = e^{-\frac{\zeta\pi}{\sqrt{1-\zeta^2}}} \tag{4-45}$$

超调量的百分比为 $e^{-\frac{\zeta\pi}{\sqrt{1-\zeta^2}}} \times 100\%$,可看出,超调量 M_p 只与系统的阻尼比 ζ 有关。

(4) 调整时间 t_s

调整时间 t_s 的表达式难以确切求出,可用近似的方法计算,对于欠阻尼二阶系统,瞬态响应为

$$c(t) = 1 - \frac{e^{-\zeta\omega_n t}}{\sqrt{1-\zeta^2}}\sin(\omega_d t + \arctan\frac{\sqrt{1-\zeta^2}}{\zeta}) \quad (t \geqslant 0)$$

为衰减的振荡,曲线 $1 \pm e^{-\zeta\omega_n t}/\sqrt{1-\zeta^2}$ 是该瞬态响应曲线的包络线,如图 4-20 所示,包络线的时间常数为 $1/\zeta\omega_n$,瞬态响应的衰减速度,取决于时间常数 $1/\zeta\omega_n$ 的值。为求调整时间 t_s,设允许误差范围为 $\delta\%$,即响应曲线和稳态值之差达到此误差范围的时间,即为调整时间

$$c(t_s) - 1 = \frac{\delta}{100}$$

用包络线近似地取代响应曲线,便可得

$$\frac{e^{-\zeta\omega_n t_s}}{\sqrt{1-\zeta^2}} = \frac{\delta}{100}$$

两边取自然对数

$$\zeta\omega_n t_s = \ln 100 - \ln\delta - \ln\sqrt{1-\zeta^2}$$

所以

$$t_s = \frac{\ln 100 - \ln\delta - \ln\sqrt{1-\zeta^2}}{\zeta\omega_n}$$

可近似地取为

$$t_s = \frac{\ln 100 - \ln\delta}{\zeta\omega_n} \tag{4-46}$$

当 $\delta = 5$,则

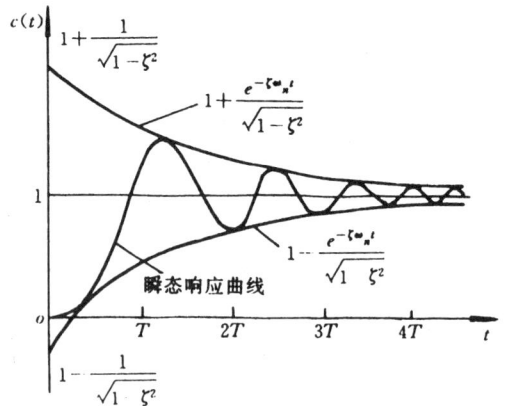

图 4-20 单位阶跃响应曲线的一对包络线

$$t_s = \frac{\ln 100 - \ln 5}{\zeta \omega_n} = \frac{3}{\zeta \omega_n} \tag{4-47}$$

当 $\delta = 2$，则

$$t_s = \frac{\ln 100 - \ln 2}{\zeta \omega_n} = \frac{4}{\zeta \omega_n} \tag{4-48}$$

调整时间 t_s 与系统的无阻尼自然频率 ω_n 及阻尼比 ζ 成反比。

归纳参量 ζ, ω_n 与各性能指标间的关系：

① 若保持 ζ 不变而增大 ω_n 则不影响超调量 M_p，但延迟时间 t_d，峰值时间 t_p 及调整时间 t_s 均会减小，有利于提高系统的灵敏性，也可以说系统的快速性好，故增大系统无阻尼自然频率对提高系统性能是有利的。

② 若保持 ω_n 不变而改变 ζ，减少 ζ，虽然 t_d, t_r 和 t_p 均会减小，但超调量 M_p 和调整时间 t_s（在 $\zeta < 0.7$ 范围内）却会增大，灵敏性好但相对稳定性差，ζ 过于大，$\zeta > 1$，则 t_r, t_s 均会增大，系统不灵敏。因此要适当选择 ζ，通常 ζ 取在 $0.4 \sim 0.8$ 之间，使二阶系统有较好的瞬态响应性能，这时 M_p 在 $25\% \sim 2.5\%$ 之间，若 $\zeta < 0.4$，系统则严重超调，$\zeta > 0.8$，系统较为迟钝，反应不灵敏。

③ 当 $\zeta = 0.7$ 时，M_p, t_s 均小，这时 $M_p = 4.6\%$，$\zeta = 0.7$ 为最佳阻尼比。

例 4-1　设系统如图 4-21 所示，其中 $\zeta = 0.6$，$\omega_n = 5 \mathrm{rad/s}$，当有一单位阶跃输入信号作用于系统时，求最大超调量 M_p，上升时间 t_r，峰值时间 t_p 和调整时间 t_s。

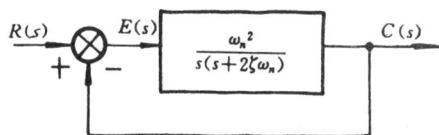

图 4-21　系统方块图

解：　(1) 求 M_p

由式(4-45)

$$M_p = e^{-\frac{\zeta \pi}{\sqrt{1 - \zeta^2}}} = e^{-\left(\frac{0.6 \times 3.14}{0.8}\right)} = 0.095 = 9.5\%$$

(2) 求 t_r

由式(4-43)

$$t_r = \frac{\pi - \beta}{\omega_d}$$

式中　$\beta = \arctan \frac{\sqrt{1 - \zeta^2}}{\zeta} = 0.93(\mathrm{rad})$

得

$$t_r = \frac{3.14 - 0.93}{4} = 0.55(\mathrm{s})$$

(3) 求 t_p

由式(4-44)

$$t_p = \frac{\pi}{\omega_d} = \frac{3.14}{4} = 0.785(\mathrm{s})$$

(4) 求 t_s

由式(4-46)的近似式取误差范围为 5% 时

$$t_s = \frac{3}{\zeta \omega_n} = 1(\mathrm{s})$$

取误差范围为2%时

$$t_s = \frac{4}{\zeta \omega_n} = 1.33(\text{s})$$

例 4-2 如图 4-22(a)所示的机械系统,在质量块 m 上施加 $F=3(\text{N})$ 阶跃力后,质量块 m 的时间响应 $x(t)$ 如图 4-22(b)所示。根据这个响应曲线,确定原质量 m、粘性阻尼系数 B 和弹簧刚度系数 k 的值。

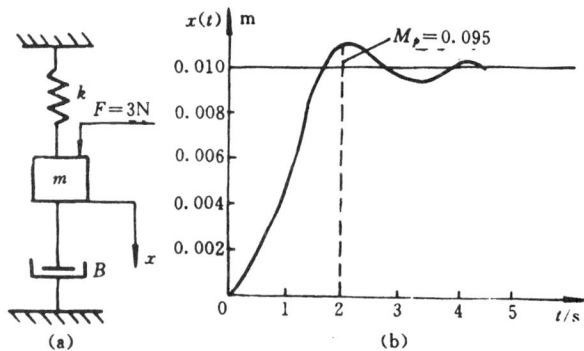

图 4-22 机械振动系统

解: (1)列写系统的传递函数

$$\frac{X(s)}{F(s)} = \frac{1}{ms^2 + Bs + k}$$

(2)求 k

由拉氏变换的终值定理可知

$$x(\infty) = \lim_{t \to \infty} x(t) = \lim_{s \to 0} s \cdot X(s)$$

$$= \lim_{s \to 0} s \cdot \frac{1}{ms^2 + Bs + k} \cdot \frac{3}{s} = \frac{3}{k}$$

由图 4-22(b)可知 $x(\infty) = 0.01(\text{m})$

因此 $k = 300(\text{N/m})$

(3)求 m 和 B

由式(4-45)得

$$M_p = 0.095 = e^{-\frac{\zeta \pi}{\sqrt{1-\zeta^2}}}$$

两边取对数解出 $\zeta = 0.6$,由式(4-44)

$$t_p = 2 = \frac{\pi}{\omega_d} = \frac{\pi}{\omega_n \sqrt{1-\zeta^2}}$$

得 $\omega_n = 1.96(\text{rad/s})$

与式(4-19)相比较

$$\omega_n^2 = \frac{k}{m}$$

得
$$m = \frac{k}{\omega_n^2} = \frac{300}{1.96^2} = 78.09 (\text{kg})$$

又
$$2\zeta\omega_n = \frac{B}{m}$$

得
$$B = 2\zeta\omega_n m = 183.5 (\text{N} \cdot \text{s/m})$$

例 4-3 有一位置随动系统,其方块图如图 4-23(a)所示。当系统输入单位阶跃函数时,要求 $M_p \leqslant 5\%$,试

(1) 校核该系统的各参数是否满足要求;

(2) 在原系统中增加一微分负反馈如图 4-23(b)所示。求满足要求时的微分反馈时间常数 τ。

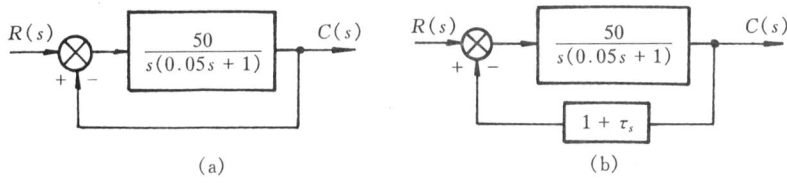

图 4-23　随动系统方块图

解: (1) 将系统的闭环传递函数写成如式(4-22)所示的形式

$$\frac{C(s)}{R(s)} = \frac{50}{0.05s^2 + s + 50} = \frac{(31.62)^2}{s^2 + 2 \times 0.316 \times 31.62s + (31.62)^2}$$

可知此二阶系统的 $\zeta = 0.316$ 和 $\omega_n = 31.62 (\text{rad/s})$

将 ζ 值代入式(4-45)得

$$M_p = 35\% \; (> 5\%)$$

因此该系统不满足本题要求。

(2) 由图 4-23(b)所示系统的闭环传递函数为

$$\frac{C(s)}{R(s)} = \frac{50}{0.05s^2 + (1 + 50\tau)s + 50}$$

$$= \frac{(31.62)^2}{s^2 + 20(1 + 50\tau)s + (31.62)^2}$$

为了满足题目要求,$M_p \leqslant 5\%$。由式(4-45)可算得 $\zeta = 0.69$,而系统 $\omega_n = 31.62$,由

$$20(1 + 50\tau) = 2\zeta\omega_n$$

可求得

$$\tau = 0.023\,6 (\text{s})$$

从本题可以看出,当系统加入负反馈时,相当于增大了系统的阻尼比 ζ,改善了系统的相对稳定性,即减小了 M_p,但并没有改变系统的无阻尼自然频率 ω_n。

4-6　系统误差分析

系统在输入信号作用下,时间响应的瞬态分量可反映系统的动态性能。对于一个稳定的系统,随着时间的推移,时间响应趋于一稳态值,即稳态分量;由于系统结构的不同,输入信号的

不同,输出稳态值可能偏离输入值,也就是说有误差存在。另方面,在突加的外来干扰作用下,也可能使系统偏离原来平衡位置。此外,由于系统中存在摩擦、间隙、零件的变形、不灵敏区等因素,也会造成系统的稳态误差,故稳态误差表征了系统的精度及抗干扰的能力。是系统重要的性能指标之一。

1. 误差与稳态误差的概念

(1) 误差的定义

如图 4-24 所示控制系统,其目的是希望使被控对象的输出与输入一致,或具有一定的对应关系。当输入信号 $R(s)$ 与反馈信号 $B(s)$ 不相等时,比较装置就有误差信号 $E(s)$,即

$$E(s) = R(s) - B(s) = R(s) - H(s) \cdot C(s) \tag{4-49}$$

系统在误差信号 $E(s)$ 作用下,使输出量趋于希望值。一般情况下,将误差信号 $E(s)$ 定义为系统的误差,这样定义的误差信号,在实际系统中便于量测,因而有实际意义。这种定义方法也可叙述为:如图 4-25 所示的单位反馈系统,即 $H(s)=1$ 时,输入信号与输出信号之差定义为系统的误差,$E'(s)=R(s)-C(s)$。注意,只有在单位反馈情况下,上述两种叙述方法是完全一致的,即 $E(s)=E'(s)$。若 $H(s) \neq 1$,显然 $E(s) \neq E'(s)$。用输入信号与输出信号之差来定义系统的误差,也就是输出希望值与实际值之差,这种定义的方法在性能指标中虽也经常用到,但因为 $R(s)$ 和 $C(s)$ 往往量纲不同不便比较,一般只具有数学上的意义。本章的误差分析均用前一种定义方法,即用输入信号与反馈信号之差来定义系统的误差。它直接或间接地反映了系统输出希望值与实际值之差,从而反映系统精度。

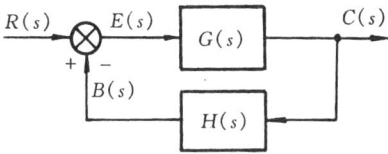

图 4-24　系统方块图　　　　　　　　图 4-25　单位反馈系统方块图

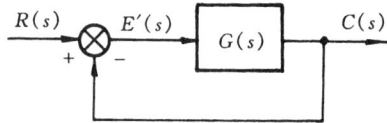

(2) 稳态误差

在时域中,误差是时间的函数用 $e(t)$ 表示。所谓稳态误差是误差信号的稳态分量,用 e_{ss} 表示。当 $t \to \infty$ 时,$e(t)$ 有极限存在,则稳态误差定义为

$$e_{ss} = \lim_{t \to \infty} e(t)$$

可用终值定理求系统的稳态误差,由图 4-24 可知

$$E(s) = R(s) - C(s) \cdot H(s)$$
$$C(s) = E(s) \cdot G(s)$$

所以

$$E(s) = R(s) - E(s) \cdot G(s) \cdot H(s)$$

$$E(s) = \frac{R(s)}{1 + G(s) \cdot H(s)}$$

$$e_{ss} = \lim_{t \to \infty} e(t) = \lim_{s \to 0} s \cdot E(s) = \lim_{s \to 0} \frac{s \cdot R(s)}{1 + G(s) \cdot H(s)} \tag{4-50}$$

稳态误差与开环传递函数的结构和输入信号的形式有关,当输入信号一定,稳态误差取决于由开环传递函数所描述的系统结构。下面介绍系统的结构类型。

2. 系统的类型

开环传递函数 $G(s) \cdot H(s)$，一般可写为

$$G(s) \cdot H(s) = \frac{K(T_a s + 1)(T_b s + 1)\cdots(T_m s + 1)}{s^{\lambda}(T_1 s + 1)(T_2 s + 1)\cdots(T_p s + 1)} \qquad (4-51)$$

式中 K 为开环增益，$T_a, \cdots, T_m; T_1, \cdots, T_p$ 分别为时间常数。s^{λ} 表示原点处有 λ 重极点，也就是说开环传递函数有 λ 个积分环节，$\lambda = 0, 1, 2, \cdots, n$，按系统拥有积分环节的个数将系统进行分类：

$\lambda = 0$，无积分环节，称为 0 型系统；

$\lambda = 1$，有一个积分环节，称为 I 型系统；

$\lambda = 2$，有两个积分环节，称为 II 型系统。

依次类推，一般 $\lambda > 2$ 的系统难以稳定，实际上很少见。

注意，系统的类型与系统的阶次是完全不同的两个概念。例如

$$G(s) \cdot H(s) = \frac{K(1 + 0.5s)}{s(1 + s)(1 + 2s)}$$

由于 $\lambda = 1$，有一个积分环节，故为 I 型系统，但就其阶次而言，由分母部分可知是属于三阶系统。

稳态误差与开环传递函数中的时间常数 T_m, T_p 均无关，这从下面的分析可以看出。(4-51)式可改写成如下形式

$$G(s) \cdot H(s) = \frac{K}{s^{\lambda}} G_0(s) \cdot H_0(s) \qquad (4-52)$$

式中　$G_0(s) \cdot H_0(s) = \frac{(T_a s + 1)(T_b s + 1)\cdots(T_m s + 1)}{(T_1 s + 1)(T_2 s + 1)\cdots(T_p s + 1)}$

当 $s \to 0$ 时，$G_0(s) \cdot H_0(s) \to 1$，故式(4-50)所表示的稳态误差可表达为

$$e_{ss} = \lim_{s \to 0} s \cdot E(s) = \lim_{s \to 0} \frac{s \cdot R(s)}{1 + G(s) \cdot H(s)}$$

$$= \lim_{s \to 0} \frac{s \cdot R(s)}{1 + \dfrac{K}{s^{\lambda}}} = \lim_{s \to 0} \frac{s^{\lambda+1} \cdot R(s)}{s^{\lambda} + K} \qquad (4-53)$$

由式(4-53)可见，和系统稳态误差有关的因素为系统的类型 λ、开环增益 K 和输入信号 $R(s)$。下面进一步讨论不同类型的系统，在不同输入信号作用下的静态误差系数与稳态误差。

3. 静态误差系数与稳态误差

按输入信号的不同来定义各种静态误差系数，并求相应的稳态误差。

(1) 静态位置误差系数 K_p

系统对单位阶跃输入 $R(s) = 1/s$ 的稳态误差称为位置误差，即

$$e_{ss} = \lim_{s \to 0} = \frac{s}{1 + G(s) \cdot H(s)} \cdot \frac{1}{s} = \lim_{s \to 0} \frac{1}{1 + G(s) \cdot H(s)}$$

静态位置误差系数 K_p 定义为

$$K_p = \lim_{s \to 0} G(s) \cdot H(s) = G(0) \cdot H(0) \qquad (4-54)$$

位置误差为

$$e_{ss} = \frac{1}{1 + K_p}$$

对于 0 型系统($\lambda = 0$)

$$K_p = \lim_{s \to 0} \frac{K(T_a s + 1)(T_b s + 1)\cdots(T_m s + 1)}{(T_1 s + 1)(T_2 s + 1)\cdots(T_p s + 1)} = K$$

相应的位置误差 $\qquad e_{ss} = \frac{1}{1 + K}$

对于 I 型或高于 I 型的系统

$$K_p = \lim_{s \to 0} \frac{K(T_a s + 1)(T_b s + 1)\cdots(T_m s + 2)}{s^\lambda (T_1 s + 1)(T_2 s + 1)\cdots(T_p s + 1)} = \infty$$

相应的位置误差 $\qquad e_{ss} = \frac{1}{1 + K_p} = 0$

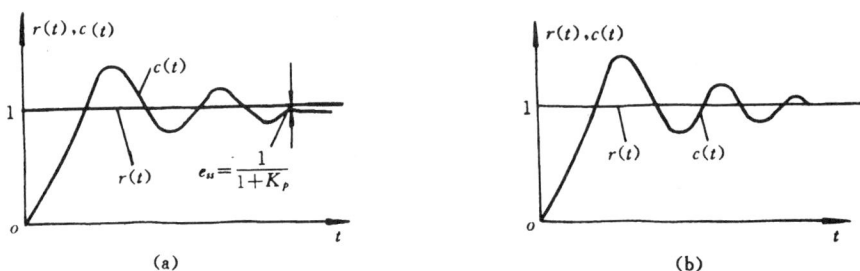

图 4-26　单位阶跃响应曲线

图 4-25 的单位反馈系统,对单位阶跃的响应如图 4-26 所示。图 4-26(a)为 0 型系统,是稳态有差的;图 4-26(b)为 $\lambda \geqslant 1$ 的 I 型及高于 I 型的系统,是稳态无差的。

(2)静态速度误差系数 K_v

系统对单位斜坡输入 $R(s) = \frac{1}{s^2}$ 的稳态误差称为速度误差,即

$$e_{ss} = \lim_{s \to 0} \frac{s}{1 + G(s) \cdot H(s)} \cdot \frac{1}{s^2} = \lim_{s \to 0} \frac{1}{s G(s) H(s)}$$

静态速度误差系数 K_v 定义为

$$K_v = \lim_{s \to 0} s \cdot G(S) \cdot H(s) \qquad\qquad (4\text{-}55)$$

相应的速度误差为

$$e_{ss} = \frac{1}{K_v}$$

对于 0 型系统

$$K_v = \lim_{s \to 0} \frac{s \cdot K \cdot (T_a s + 1)(T_b s + 1)\cdots(T_m s + 1)}{(T_1 s + 1)(T_2 s + 1)\cdots(T_p s + 1)} = 0$$

其速度误差为

$$e_{ss} = \frac{1}{K_v} = \infty$$

对于 I 型系统

$$K_v = \lim_{s \to 0} \frac{s \cdot K(T_a s + 1)(T_b s + 1)\cdots(T_m s + 1)}{s(T_1 s + 1)(T_2 s + 1)\cdots(T_p s + 1)} = K$$

其速度误差为

$$e_{ss} = \frac{1}{K}$$

对于 II 型及高于 II 型的系统 $(\lambda \geqslant 2)$

$$K_v = \lim_{s \to 0} \frac{s \cdot K(T_a s + 1)(T_b s + 1) \cdots (T_m s + 1)}{s^\lambda (T_1 s + 1)(T_2 s + 1) \cdots (T_p s + 1)} = \infty$$

速度误差为

$$e_{ss} = \frac{1}{K_v} = 0$$

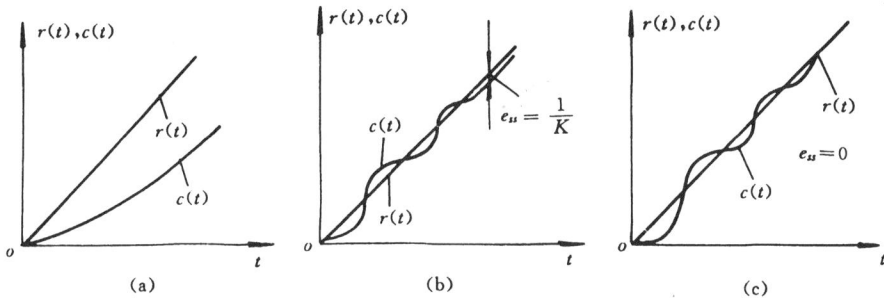

图 4-27 单位斜坡的响应曲线

图 4-25 的单位反馈系统,对单位斜坡输入的响应示于图 4-27,其中(a),(b),(c)分别为 0 型,I 型,II 型及高于 II 型系统的单位斜坡响应曲线及稳态误差。

（3）静态加速度误差系数 K_a

系统对单位加速度输入 $R(s) = 1/s^3$ 的稳态误差称为加速度误差,即

$$e_{ss} = \lim_{s \to 0} \frac{s}{1 + G(s) \cdot H(s)} \cdot \frac{1}{s^3} = \lim_{s \to 0} \frac{1}{s^2 \cdot G(s) \cdot H(s)}$$

静态加速度误差系数 K_a 定义为

$$K_a = \lim_{s \to 0} s^2 \cdot G(s) \cdot H(s) \tag{4-56}$$

加速度误差为

$$e_{ss} = \frac{1}{K_a}$$

对于 0 型和 I 型系统 $(\lambda = 0, 1)$

$$K_a = \lim_{s \to 0} \frac{s^2 K(T_a s + 1)(T_b s + 1) \cdots (T_m s + 1)}{s^\lambda (T_1 s + 1)(T_2 s + 1) \cdots (T_p s + 1)} = 0$$

相应的加速度误差

$$e_{ss} = \frac{1}{K_a} = \infty$$

对于 II 型系统

$$K_a = \lim_{s \to 0} \frac{s^2 K(T_a s + 1)(T_b s + 1) \cdots (T_m s + 1)}{s^2 (T_1 s + 1)(T_2 s + 1) \cdots (T_p s + 1)} = K$$

相应的加速度误差

$$e_{ss} = \frac{1}{K}$$

对于Ⅱ型以上系统($\lambda \geqslant 3$)

$$K_a = \lim_{s \to 0} \frac{s^2 K(T_a s + 1)(T_b s + 1) \cdots (T_m s + 1)}{s^\lambda (T_1 s + 1)(T_2 s + 1) \cdots (T_p s + 1)} = \infty$$

加速度误差为

$$e_{ss} = \frac{1}{K_a} = 0$$

图 4-28 为Ⅱ型单位反馈系统,对单位加速度输入的响应曲线及加速度误差。

注意,上述位置误差、速度误差、加速度误差,是指在单位阶跃、斜坡和加速度输入时系统在位置上的误差。

现将各种类型系统对三种不同输入信号的稳态误差列于表 4-1。

从表中可看出,在主对角线上,稳态误差是有值的,在对角线以上,稳态误差为无穷大,在对角线以下,稳态误差为零。

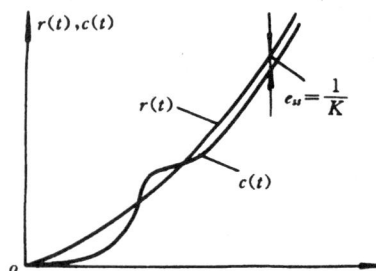

图 4-28　单位加速度响应曲线

表 4-1　各种类型系统对三种输入信号的稳态误差

系统类型	输 入 函 数		
	阶跃 $r(t) = 1$	斜坡 $r(t) = t$	加速度 $r(t) = \dfrac{t^2}{2}$
0 型	$\dfrac{1}{1+K}$	∞	∞
Ⅰ 型	0	$\dfrac{1}{K}$	∞
Ⅱ 型	0	0	$\dfrac{1}{K}$

静态误差系数 K_p、K_v 和 K_a 描述了系统减小稳态误差的能力。因此,它们也是稳态特性的一种表示方法。显然,系统开环增益 K 对误差大小起着重要作用,它的增大,有利于减小 0 型、Ⅰ型和Ⅱ型的开环系统在分别受到阶跃、恒速、恒加速输入时的稳态误差。

4. 扰动作用下的稳态误差

前面论述了系统在输入信号作用下的稳态误差,它表征了系统的准确度。系统除承受输入信号作用外,还经常会受到各种干扰的作用,如负载的突变、温度的变化、电源的波动等,系统在扰动作用下的稳态误差,反映了系统抗干扰的能力,显然,我们希望扰动引起的稳态误差愈小愈好,理想情况误差为零。

我们所研究的是线性系统,若系统同时受到输入信号和扰动信号的作用,系统的总误差则等于输入信号和扰动信号分别作用时稳态误差的代数和。如图 4-29 所示系统,分别受到输入

信号 $R(s)$ 和扰动信号 $N(s)$ 的作用,它们所引起的稳态误差,均要在输入端度量并叠加,总误差为 $E(s)$。欲求总的稳态误差 e_{ss},可分别求出 $R(s)$ 和 $N(s)$ 所引起的稳态误差 e_{ss1} 和 e_{ss2}。

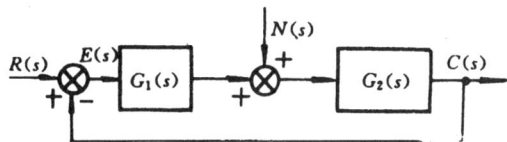

图 4-29 系统方块图　　　　　　　图 4-30 扰动作用下的系统方块图

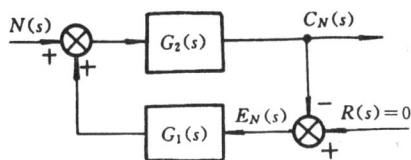

首先令 $N(s)=0$,求由 $R(s)$ 引起的误差 $E_R(s)$ 和稳态误差 e_{ss1}

$$E_R(s) = \frac{R(s)}{1 + G_1(s) \cdot G_2(s)}$$

所以

$$e_{ss1} = \lim_{s \to 0} s \cdot E_R(s) = \lim_{s \to 0} s \cdot \frac{R(s)}{1 + G_1(s) \cdot G_2(s)} \tag{4-57}$$

再令 $R(s)=0$,求由 $N(s)$ 引起的误差 $E_N(s)$ 和稳态误差 e_{ss2},为方便求解,将图 4-29 作如下变动,先求扰动引起的输入 $C_N(s)$ 及输出对扰动间的传递函数 $G_N(s)$,见图 4-30。

$$\frac{C_N(s)}{N(s)} = \frac{G_2(s)}{1 + G_1(s)G_2(s)}$$

所以

$$C_N(s) = \frac{G_2(s)}{1 + G_1(s)G_2(s)} \cdot N(s)$$

$$E_N(s) = R(s) - C_N(s) = 0 - C_N(s) = -C_N(s)$$

$$= -\frac{G_2(s)}{1 + G_1(s) \cdot G_2(s)} \cdot N(s)$$

所以

$$e_{ss2} = \lim_{s \to 0} s \cdot E_N(s) = \lim_{s \to 0}\left[-s \cdot \frac{G_2(s)}{1 + G_1(s)G_2(s)} \cdot N(s) \right]$$

总误差　　$E(s) = E_R(s) + E_N(s) = \dfrac{R(s) - G_2(s)N(s)}{1 + G_1(s)G_2(s)}$

总的稳态误差

$$e_{ss} = e_{ss1} + e_{ss2}$$

例 4-4　一反馈控制系统如图 4-31 所示,试分别确定 $H_0=0.1$ 和 $H_0=1$ 时,系统在单位阶跃信号作用下的稳态误差。

解：　由图可知,系统的开环传递函数为

$$G(s)H(s) = \frac{10H_0}{s + 1}$$

$\lambda=0$,系统为 0 型系统,系统的开环增益为 K $=10H_0$。所以系统对阶跃输入的稳态误差为

$$e_{ss} = \frac{1}{1 + 10H_0}$$

图 4-31 控制系统方块图

当 $H_0=0.1$ 时,$e_{ss} = \dfrac{1}{1 + 10 \times 0.1} = 0.5$

当 $H_0=1$ 时,　$e_{ss} = \dfrac{1}{1 + 10 \times 1} = \dfrac{1}{11}$

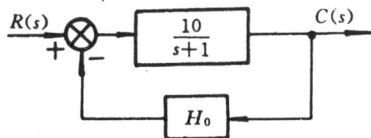

例 4-5 系统的负载变化往往是系统的主要干扰,已知系统如图 4-32 所示,试分析 $N(s)$ 对系统稳态误差的影响。

解: 由系统方框图得到系统输出为

$$C(s) = N(s) + E(s)G(s)$$
$$= N(s) + [R(s) - H(s)C(s)]G(s)$$

整理后得

$$C(s) = \frac{N(s)}{1 + G(s)H(s)} + \frac{G(s)}{1 + G(s)H(s)}R(s)$$

图 4-32 扰动作用下的系统方块图

式中第一项即为扰动对输出的影响,第二项即为输入对输出的影响。由于现在研究扰动 $N(s)$ 对系统的影响,故设 $R(s)=0$,则

$$C(s) = \frac{N(s)}{1 + G(s)H(s)}$$

而系统的误差为

$$E(s) = R(s) - H(s) \cdot C(s) = -H(s)C(s)$$
$$= \frac{-H(s)}{1 + G(s)H(s)}N(s)$$

则稳态误差为

$$e_{ss} = \lim_{s \to 0} sE(s) = \lim_{s \to 0} \frac{-H(s)}{1 + G(s)H(s)} \cdot s \cdot N(s)$$

若扰动为单位阶跃函数,即 $N(s)=1/s$,上式可表示为

$$e_{ss} = \lim_{s \to 0} \frac{-H(s)}{1 + G(s)H(s)} \cdot s \cdot \frac{1}{s} = \frac{-H(0)}{1 + G(0)H(0)}$$

如果系统 $G(0)H(0) \gg 1$,
则

$$e_{ss} \approx \frac{-1}{G(0)}$$

式中

$$G(0) = \lim_{s \to 0} G(s)$$

显然,扰动作用点前的系统前向传递函数 $G(0)$ 的值越大,由扰动引起的稳态误差就越小。所以,为了降低由扰动引起的稳态误差,我们可以增大扰动作用点前的前向通路传递函数 $G(0)$ 的值或者在扰动作用点以前引入积分环节,但是这样对系统的稳定性是不利的。

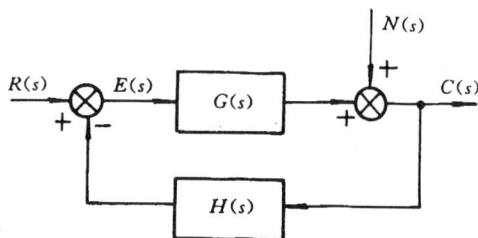

复 习 思 考 题

1. 时间响应由哪两部分组成,它们的含义是什么?

2. 脉冲响应函数的定义及如何利用脉冲响应函数来求系统对任意时间函数输入时的输出时间响应?

3. 一阶系统的脉冲响应、阶跃响应的定义及其曲线形状。

4. 如何描述二阶系统的阶跃响应及其时域性能指标。

5. 试分析二阶系统 ω_n 和 ζ 对系统性能的影响。

6. 试分析二阶系统特征根的位置及阶跃响应曲线之间的关系。

7. 误差和稳态误差的定义以及与系统哪些因素有关。

8. 如何计算干扰作用下的稳态误差。

习　　题

4-1　设单位反馈系统的开环传递函数为

$$G(s) = \frac{4}{s(s+5)}$$

求这个系统的单位阶跃响应。

4-2　设单位反馈控制系统的开环传递函数为

$$G(s) = \frac{1}{s(s+1)}$$

试求系统的上升时间、峰值时间、最大超调量和调整时间。

4-3　设有一闭环系统的传递函数为

$$\frac{Y(s)}{X(s)} = \frac{\omega_n^2}{s^2 + 2\zeta\omega_n s + \omega_n^2}$$

为了使系统对阶跃输入的响应,有约 5% 的超调量和 2s 的调整时间,试求 ζ 和 ω_n 的值应等于多大。

4-4　图题 4-4 所示系统,当输入 $r(t)=10t$ 和 $r(t)=4+6t+3t^2$ 时,求系统的稳态误差。

4-5　设题 4-4 中的前向传递函数变为

$$G(s) = \frac{10}{s(s+1)(10s+1)}$$

输入分别为 $r(t)=10t$,$r(t)=4+6t+3t^2$ 和
$r(t)=4+6t+3t^2+1.8t^3$ 时,求系统的稳态误差。

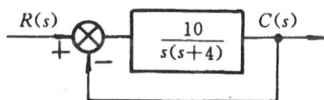

图题 4-4

4-6　图题 4-6 为由穿孔纸带输入的数控机床的位置控制系统方块图,试求:

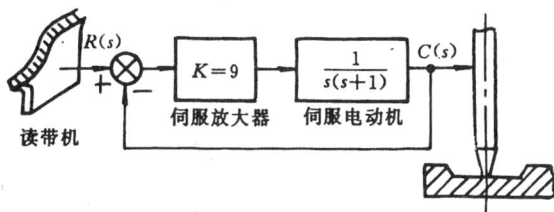

图题 4-6

(1) 系统的无阻尼自然频率 ω_n 和阻尼比 ζ。

(2) 单位阶跃输入下的超调量 M_p 和上升时间 t_r。

(3) 单位阶跃输入下的稳态误差。

(4) 单位斜坡输入下的稳态误差。

4-7 求图题 4-7 所示带有速度控制的控制系统的无阻尼自然频率 ω_n,阻尼比 ζ 及最大超调量 M_p(取 $K=1500,\tau_d=0.01(s)$)。

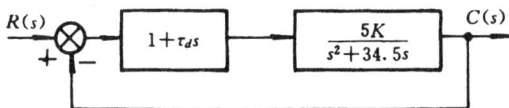 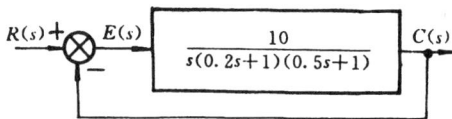

图题 4-7   图题 4-8

4-8 求图题 4-8 所示系统的静态误差系数 K_p,K_v,K_a,当输入是 $40t$ 时,稳态速度误差等于多少?

4-9 控制系统的结构如题 4-9 所示。

(1) 试求在单位阶跃输入信号 $1(t)$ 作用下系统的稳态误差。

(2) 试求外部扰动 $N_1(s)$ 和 $N_2(s)$ 分别单独作用时系统的稳态误差。

(3) 假设 $R(s)=0,N_2(s)=0,F(s)=\dfrac{1}{Js}$ 和 $G(s)=K_p+\dfrac{K}{s}$,试求出外部扰动 $N_1(s)$ 为单位阶跃函数时系统的稳态误差。

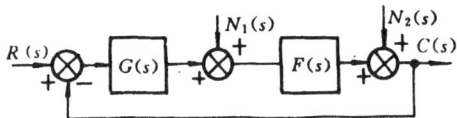 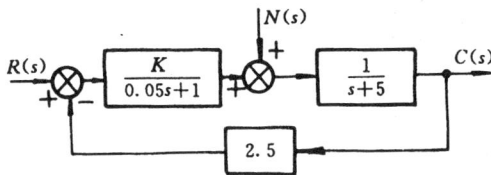

图题 4-9   图题 4-10

4-10 已知系统如图题 4-10 所示。在输入信号为单位阶跃 $r(t)=1(t)$ 和干扰信号亦为阶跃信号 $n(t)=2\times1(t)$ 作用下,试求:

(1) 当 $K=40$ 和 $K=20$ 时,系统的稳态误差。

(2) 若在扰动作用点之前的前向通道中引入积分环节 $1/s$,对稳态误差有什么影响?在扰动作用点之后引入积分环节 $1/s$,结果又将如何?

第 5 章　系统的频率特性

前一章讨论了系统的时域特性,即以微分方程及其解的性质来确定系统的动态性能及稳态精度,但表征系统的特性并不仅限于时域特性。以拉氏变换为工具将时域转换为频域,研究系统对正弦输入的稳态响应即频率响应,对于控制系统的分析和设计是十分重要的。在机械工程科学中,有许多问题需要研究系统与过程在不同频率的输入信号作用下的响应特性。例如,机械振动学主要研究机械结构在受到不同频率的作用力时产生的强迫振动和由系统本身内在反馈所引起的自激振动,以及与其有关的共振频率、机械阻抗、动刚度、抗振稳定性等概念。这实质上就是机械系统的频率特性。应用控制理论中的频率响应方法进行分析,可以很清晰地建立这些概念。特别是近年来,在机械工程中显得十分重要的"随机振动"问题、"机械振动的主动控制"问题等,这些都需要应用频率响应方法进行分析和研究。此外,在机械加工过程中,例如金属切削加工或锻压成形加工过程中,产品的加工精度、表面质量及加工过程中自激振动,都与加工过程及其工艺装备所构成的机械系统的频率特性密切相关。因此,频率响应方法对于机械系统或过程的动态设计,综合与校正以及稳定性分析都是一个十分重要的基本方法。对于一些复杂的机械系统或过程,难以从理论上列写系统微分方程或难以确定其参数,可通过频率响应实验的方法,即所谓系统辨识的方法,确定系统的传递函数。频率响应方法对于机械系统及过程的分析和设计是一个强有力的重要工具。

本章介绍频率响应的概念及其图解表示方法,重点介绍频率特性的对数坐标图、极坐标图和对数幅-相图,还介绍闭环频率特性及频域性能指标,最后介绍频域中系统辨识方法。

5-1　频率特性

1. 频率特性的概念

频率响应是系统对正弦输入的稳态响应。就是说,给线性系统输入某一频率的正弦波,经过充分长的时间后,系统的输出响应仍是同频率的正弦波,而且输出与输入的正弦幅值之比,以及输出与输入的相位之差,对于一定的系统来讲是完全确定的。然而,仅仅在某个特定频率时幅值比和相位差不能完整说明系统的特性。当不断改变输入正弦的频率(由 0 变化到 ∞)时,该幅值比和相位差的变化情况即称为系统的频率特性。

如图 5-1 所示线性系统,当输入一正弦信号

$$r(t) = A\sin\omega t$$

可以证明,该系统的稳态输出为同频率的正弦信号

$$C(t) = B\sin(\omega t + \varphi)$$

而且,输出与输入的正弦幅值之比为

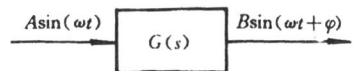

图 5-1　系统输入正弦信号

$$\frac{B}{A} = |G(j\omega)| \tag{5-1}$$

输出与输入的正弦信号的相位差 φ 为

$$\varphi = \angle G(j\omega) \tag{5-2}$$

式中 $G(j\omega)$ 是在系统传递函数 $G(s)$ 中令 $s=j\omega$ 得来，$G(j\omega)$ 就称为系统的频率特性，$|G(j\omega)|$ 表示频率特性的幅值比，$\angle G(j\omega)$ 表示频率特性的相位差，当 ω 从 0 变化到 ∞ 时，$|G(j\omega)|$ 和 $\angle G(j\omega)$ 的变化情况，分别称为系统的幅频特性和相频特性，总称为系统的频率特性。以上结论证明如下。

对于图 5-1 所示系统，当系统输入 $r(t) = A\sin\omega t$ 时，则系统输入输出的拉氏变换分别为

$$R(s) = L[r(t)] = L[A\sin\omega t] = \frac{A\omega}{s^2 + \omega^2}$$

$$C(s) = R(s)G(s) = \frac{A\omega}{s^2 + \omega^2}G(s) \tag{5-3}$$

设系统的传递函数 $G(s)$ 为

$$G(s) = \frac{B(s)}{A(s)} = \frac{B(s)}{(s - p_1)(s - p_2)\cdots(s - p_n)} \tag{5-4}$$

式(5-4)分母多项式 $A(s)$ 中，若包含有互不相同的单极点 $p_i(i=1,2,\cdots,n)$，其实部均为负值，将式(5-4)代入式(5-3)，并化为部分分式

$$C(s) = \frac{a}{s + j\omega} + \frac{\bar{a}}{s - j\omega} + \frac{b_1}{s - p_1} + \frac{b_2}{s - p_2} + \cdots + \frac{b_n}{s - p_n} \tag{5-5}$$

式中 $a,\bar{a}$ 为待定的共轭复数，$b_i(i=1,2,\cdots,n)$ 为待定常数，对式(5-5)进行拉氏反变换，可得

$$C(t) = ae^{-j\omega t} + \bar{a}e^{j\omega t} + b_1 e^{p_1 t} + b_2 e^{p_2 t} + \cdots + b_n e^{p_n t}$$

当 $t\to\infty$ 时，对于稳定的系统(p_i 的实部均为负值)，式中 $e^{p_1 t}, e^{p_2 t}, \cdots, e^{p_n t}$ 均趋于零，得

$$C(t)_{t\to\infty} = ae^{-j\omega t} + \bar{a}e^{j\omega t} \tag{5-6}$$

对于式(5-6)的系数 a 及 $\bar{a}$，可由式(5-3)和式(5-5)，根据第 2 章的部分分式法求得。即

$$a = G(s)\frac{A\omega}{s^2 + \omega^2}(s + j\omega)\bigg|_{s=-j\omega} = -\frac{A * G(-j\omega)}{2j}$$

$$\bar{a} = G(s)\frac{A\omega}{s^2 + \omega^2}(s - j\omega)\bigg|_{s=j\omega} = \frac{A * G(j\omega)}{2j}$$

式中

$$G(j\omega) = |G(j\omega)|e^{j\varphi}$$

$$G(-j\omega) = |G(-j\omega)|e^{-j\varphi} = |G(j\omega)|e^{-j\varphi}$$

其中

$$\varphi = \angle G(j\omega) = \arctan\frac{\text{Im}[G(j\omega)]}{\text{Re}[G(j\omega)]}$$

$\text{Im}[G(j\omega)]$ 和 $\text{Re}[G(j\omega)]$ 分别表示 $G(j\omega)$ 的虚部和实部，将 a 及 $\bar{a}$ 分别代入式(5-6)得

$$C(t)_{t\to\infty} = A|G(j\omega)|\frac{e^{j(\omega t + \varphi)} - e^{-j(\omega t + \varphi)}}{2j}$$

$$= A|G(j\omega)|\sin(\omega t + \varphi)$$

$$= B\sin(\omega t + \varphi) \tag{5-7}$$

式中 $B = A|G(j\omega)|$ 即为输出正弦信号的幅值，从而证明了前述的结论。图 5-2 表示了正弦输入信号与其稳态输出的关系。

系统的频率特性 $G(j\omega)$ 和系统的传递函数 $G(s)$ 有密切的联系。令 $G(s)$ 中的 $s=j\omega$，当 ω 从

0 到∞范围变化时,就可求出系统的频率特性。

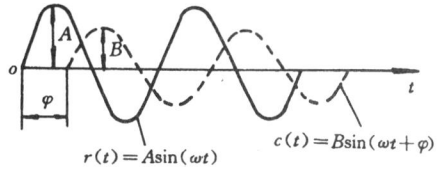

图 5-2 正弦输入及稳态输出

2. 频率特性的含义及特点

(1) 与时域分析不同,频率特性分析是通过分析不同谐波输入时系统的稳态响应来表示系统的动态特性。

通过以下分析,可看出频率特性的深入含义。

如前所述:

$$G(j\omega) = G(s)\big|_{s=j\omega}$$

传递函数 $G(s)$ 是输出 $C(t)$ 与输入 $r(t)$ 的拉氏变换之比,故

$$G(j\omega) = \frac{C(s)}{R(s)}\bigg|_{s=j\omega} = \frac{C(j\omega)}{R(j\omega)} \tag{5-8}$$

式中

$$C(j\omega) = L[C(t)]\big|_{s=j\omega} = \int_0^\infty C(t)e^{-st}\mathrm{d}t\bigg|_{s=j\omega}$$

$$= \int_0^\infty C(t)e^{-j\omega t}\mathrm{d}t \tag{5-9}$$

同理

$$R(j\omega) = \int_0^\infty r(t)e^{-j\omega t}\mathrm{d}t \tag{5-10}$$

式(5-9)和(5-10)分别为输出和输入在 $0 \leqslant t \leqslant \infty$ 的傅里叶变换(简称傅氏变换),因此可以说系统的频率特性为输出与输入的傅氏变换之比。这可由第 4 章介绍的系统脉冲响应函数 $g(t)$ 的卷积公式来证明:

$$C(t) = \int_{-\infty}^\infty r(\tau)g(t-\tau)\mathrm{d}\tau \tag{5-11}$$

上式中,因 $\tau > t$ 时,$g(t-\tau)=0$,对该式两边进行傅氏变换,可得

$$\int_{-\infty}^\infty C(t)e^{-j\omega t}\mathrm{d}t = \int_{-\infty}^\infty \left[\int_{-\infty}^\infty r(\tau)g(t-\tau)\mathrm{d}\tau\right]e^{-j\omega t}\mathrm{d}t$$

$$= \int_{-\infty}^\infty r(\tau)e^{-j\omega\tau}\mathrm{d}\tau \int_{-\infty}^\infty g(t-\tau)e^{-j\omega(t-\tau)}\mathrm{d}t \tag{5-12}$$

由于 $G(s)$ 为脉冲响应 $g(t)$ 的拉氏变换

$$G(s) = L[g(t)] = \int_{-\infty}^\infty g(t)e^{-st}\mathrm{d}t$$

故

$$G(j\omega) = G(s)\big|_{s=j\omega} = \int_{-\infty}^\infty g(t)e^{-j\omega t}\mathrm{d}t \tag{5-13}$$

将式(5-9)、(5-10)及(5-13)代入式(5-12)可得

$$C(j\omega) = R(j\omega) * G(j\omega) \tag{5-14}$$

上式即为表达式(5-8)。

以上证明,系统的频率特性,不仅限于单一的正弦输入 $r(t)=A\sin\omega t$,而是对任何时间函数 $r(t)$ 输入,只要 $r(t)$ 满足傅氏变换条件,$r(t)$ 都可分解成它的谐波,同样应用频率特性分析方法也是适用的。从这个意义上讲,频率特性类似电子滤波网络的阻抗特性,它将输入 $r(t)$ 的谐波成分过滤而变为输出 $C(t)$ 的谐波成分。对于机械系统而言,其频率特性反映了系统机械

阻抗的特性。

（2）系统的频率特性是系统脉冲响应函数 $g(t)$ 的傅氏变换如式（5-13）所示。

可以说，$g(t)$ 是在时域中描述系统的动态性能，$G(j\omega)$ 则是在频域中描述系统的动态性能，它仅与系统本身的参数有关。

（3）在经典控制理论范畴，频域分析法较时域分析法简单。

它不仅可以方便地研究参数变化对系统性能的影响，而且可方便地研究系统的稳定性，并可直接在频域中对系统进行校正和综合，以改善系统性能。对于外部干扰和噪声信号，可通过频率特性分析，在系统设计时，选择合适的频宽，从而有效地抑制其影响。

（4）对于高阶系统，应用频域分析方法则比较简单。

对于高阶系统，应用时域分析方法比较困难，而应用频域分析方法较为简单。这一点在系统设计及校正时尤为突出。

3. 机械系统动刚度的概念

一个典型的由质量-弹簧-阻尼构成的机械系统如第 3 章图 3-1 所示。该系统的质量块在输入力 $f(t)$ 作用下产生的输出位移为 $y(t)$，其传递函数为

$$G(s) = \frac{Y(s)}{F(s)} = \frac{1}{ms^2 + Bs + k} = \frac{1}{k} \frac{1}{\frac{s^2}{\omega_n^2} + \frac{2\zeta}{\omega_n}s + 1}$$

其中，系统阻尼比 $\zeta = \dfrac{B}{2\sqrt{mk}}$，系统无阻尼自然频率

$\omega_n = \sqrt{\dfrac{k}{m}}$。系统的频率特性为

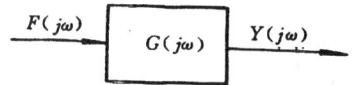

图 5-3 系统在力作用下产生变形

$$G(j\omega) = \frac{Y(j\omega)}{F(j\omega)} = \frac{1}{k} \frac{1}{(1 - \frac{\omega^2}{\omega_n^2}) + j\frac{2\zeta\omega}{\omega_n}}$$

该式反映了动态作用力 $f(t)$ 与系统动态变形 $y(t)$ 之间的关系，如图 5-3 所示。实质上 $G(j\omega)$ 表示的是机械结构的动柔度 $\lambda(j\omega)$，也就是它的动刚度 $K(j\omega)$ 的倒数：

$$G(j\omega) = \lambda(j\omega) = \frac{1}{K(j\omega)}$$

当 $\omega = 0$ 时

$$\begin{aligned} K(j\omega)\big|_{\omega=0} &= \frac{1}{G(j\omega)}\bigg|_{\omega=0} \\ &= k\left[\left(1 - \frac{\omega^2}{\omega_n^2}\right) + j\frac{2\zeta\omega}{\omega_n}\right]\bigg|_{\omega=0} \\ &= k \end{aligned}$$

即该机械结构的静刚度为 k。

当 $\omega \neq 0$ 时，我们还可以写出动刚度 $K(j\omega)$ 的幅值

$$|K(j\omega)| = \left[\left(1 - \frac{\omega^2}{\omega_n^2}\right)^2 + \left(\frac{2\zeta\omega}{\omega_n}\right)^2\right]^{\frac{1}{2}} \cdot k \tag{5-15}$$

其动刚度曲线如图 5-4 所示。对 $|K(j\omega)|$ 求偏导，并设

$$\frac{\partial |K(j\omega)|}{\partial \omega} = 0$$

可知：当 $\omega=\omega_r=\sqrt{1-2\zeta^2}\,\omega_n$ 时，$|K(j\omega)|$ 具有最小值

$$|K(j\omega)|_{\min}=2\zeta\sqrt{1-\zeta^2}\cdot k \tag{5-16}$$

ω_r 称作系统的谐振频率。由式(5-16)可知，当 $\zeta\ll 1$ 时，$\omega_r \to \omega_n$，系统的最小动刚度幅值为

$$|K(j\omega)|_{\min}\approx 2\zeta\cdot k$$

由此可以看出，增加机械结构的阻尼 ζ，能大大提高系统的动刚度。若机械结构的阻尼提高到

$$\zeta\geqslant\frac{1}{\sqrt{2}}=0.707$$

则系统不存在谐振频率，也不会发生谐振（见图5-4曲线②）。

大多数机械结构或工艺装备，如金属切削机床、锻压设备等都可以用类似第三章图(3-1)所示的质量-弹簧-阻尼系统近似描述，上述有关频率特性、机械阻尼、动刚度等概念及其分析具有普遍意义，并在工程实践中得到了应用。

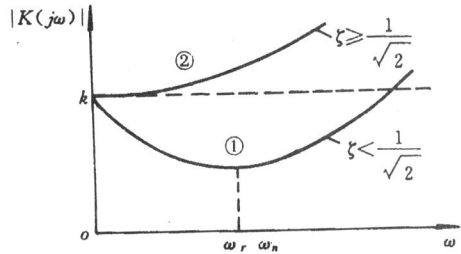

图 5-4　动刚度曲线

例 5-1　图 5-5 所示系统，其传递函数为

$$G(s)=\frac{K}{(Ts+1)}$$

求系统的频率特性及系统对正弦输入 $r(t)=A\sin\omega t$ 的稳态响应。

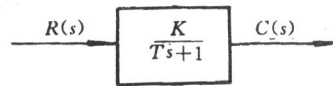

图 5-5　系统方块图

解：　令 $s=j\omega$，系统的频率特性

$$G(j\omega)=\frac{K}{j\omega T+1}$$

频率特性的幅值比为

$$|G(j\omega)|=\left|\frac{K}{j\omega T+1}\right|=\frac{K}{\sqrt{1+\omega^2 T^2}}$$

频率特性的相位为

$$\varphi=\angle G(j\omega)=-\arctan\omega T$$

系统的稳态输出响应为

$$c(t)=\frac{AK}{\sqrt{1+\omega^2 T^2}}\sin(\omega t-\arctan\omega T)$$

在上述例子中，如果输入不是正弦函数，而是一个阶跃作用信号 $r(t)=B$，那么

$$R(j\omega)=L[r(t)]\Big|_{s=j\omega}=\frac{B}{j\omega}$$

输出为

$$C(j\omega)=G(j\omega)R(j\omega)=\frac{KB}{j\omega(j\omega T+1)}$$

其幅值为　　$|C(j\omega)|=\dfrac{KB}{\omega\sqrt{1+\omega^2 T^2}}$

其相位为　　$\varphi=-\arctan\omega T-\dfrac{\pi}{2}$

稳态输出响应为

$$c(t) = L^{-1}[C(s)] = L^{-1}\left[\frac{KB}{s(Ts+1)}\right] = KB(1 - e^{-t/T})$$

可看出输出 $c(t)$ 也不是正弦函数。

4. 频率特性的表示方法

当给定系统的传递函数时,系统的频率特性在原理上即可求出。然而,为了直观表示系统在比较宽的频率范围中的频率响应,显然图形表示比函数表示要方便得多。在频率域进行系统分析和设计时,更是如此。另一方面,当必须用实验方法确定系统的传递函数时,图形表示方法更是绝对必要的。在频率特性的图形表示方法中,常用方法有如下三种:

① 对数坐标图或称伯德图;

② 极坐标图或称乃奎斯特图;

③ 对数幅-相图或称尼柯尔斯图。

5-2 频率特性的对数坐标图(伯德图)

1. 对数坐标图

对数频率特性图又称伯德图,它包括两条曲线,对数幅频图和对数相频图。它们的横坐标是按频率 ω 的以 10 为底的对数分度。表 5-1 列出了 ω 从 1~10(rad/s)的均匀分度及相应的对数值。图 5-6 表示 ω 的均匀分度与对数分度的区别,其中(a)为均匀分度,(b)为对数分度。

表 5-1　ω 的均匀分度与对数分度

ω	1	2	3	4	5	6	7	8	9	10
$\lg\omega$	0	0.301	0.477	0.602	0.699	0.778	0.845	0.903	0.954	1

在对数坐标中,频率每变化一倍,称作一倍频程,记作 oct,坐标间距为 0.301 长度单位。频率每变化 10 倍,称作 10 倍频程,记作 dec,坐标间距为一个长度单位。横坐标按频率 ω 的对数分度的优点在于:便于在较宽的频率范围内研究系统的频率特性,如频率范围为 0.1~100(rad/s),在均匀分度的横坐标上就难以精确分度,其中 1~10(rad/s) 频率范围仅占坐标长度的 1/100,而在对数坐标分度中,1~10(rad/s)可占坐标长度的 1/3。

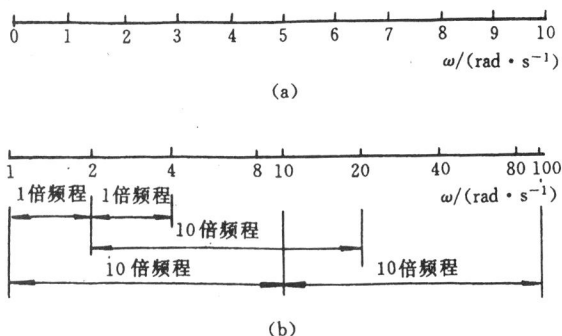

图 5-6　横坐标 ω 的两种分度方法
(a) 均匀分度; (b) 对数分度

对数幅频图中的纵坐标采用均匀分度,坐标值取 $G(j\omega)$ 幅值的对数,坐标值为 $L(\omega)=20\lg|G(j\omega)|$,其单位称作分贝,记作 dB。

对数相频图的纵坐标也是采用均匀分度,坐标值取 $G(j\omega)$ 的相位角,记作 $\varphi(\omega)=\angle G(j\omega)$,单位为度。

对数坐标图的主要优点有:

① 可以将幅值相乘转化为幅值相加,便于绘制多个环节串联组成的系统的对数频率特性图。

② 可采用渐近线近似的作图方法绘制对数幅频图,简单方便,尤其是在控制系统设计、校正及系统辨识等方面,优点更为突出。

③ 如前所述对数分度有效地扩展了频率范围,尤其是低频段的扩展,对工程系统设计具有重要意义。

2. 各种典型环节的伯德图

(1) 比例环节 K

比例常数 K 不随频率而变,对数幅频图为平行于横坐标的水平直线,其幅值 $L(\omega)=20\lg K(\text{dB})$,对数相频图亦为平行于横坐标的水平直线,其相位角 $\varphi(\omega)=0°$。因此,当改变传递函数中的 K 时,会导致传递函数的对数幅频曲线升高或降低一个相应的常值,但不影响相位角。比例常数 K 的伯德图如图 5-7 所示。

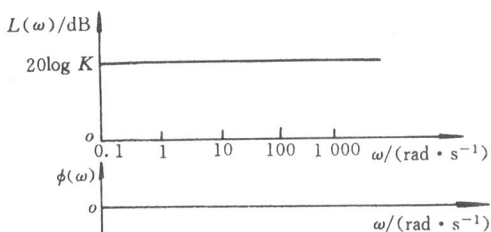

图 5-7　比例环节的伯德图

(2) 积分环节 $1/j\omega$

对数幅频特性

$$L(\omega) = 20\lg\left|\frac{1}{j\omega}\right|$$

$$= -20\lg\frac{1}{\omega} = -20\lg\omega(\text{dB}) \qquad (5\text{-}17)$$

对数相频特性

$$\varphi(\omega) = \angle 1/j\omega = \arctan\frac{-1/\omega}{0} = -90° \qquad (5\text{-}18)$$

由式(5-17)可知,积分环节的对数幅频图为一条直线,当 $\omega=1$ 时 $L(\omega)=0$,即该直线过点 $(1,0)$,其斜率若以每倍频幅值的变化计,可得

$$-20\lg 2\omega - (-20\lg\omega) = -6(\text{dB})$$

即每倍频程幅值下降 6(dB),表示为 $-6(\text{dB/oct})$,若以每 10 倍频程幅值的变化计算,则下降 20(dB),表示为 $-20(\text{dB/dec})$。积分环节的相位角与 ω 无关,$\varphi(\omega)$ 为恒等于 $-90°$ 的一条直线。

若系统包含两个积分环节,$G(j\omega)=\dfrac{1}{(j\omega)^2}$,则

$$L(\omega) = 20\lg\left|\frac{1}{(j\omega)^2}\right| = 20\lg\frac{1}{\omega^2} = -40\lg\omega(\text{dB})$$

$$\varphi(\omega) = \angle(1/j\omega)^2 = 2\times(-90°) = -180°$$

其对数幅频图为过点 $(1,0)$、斜率为 $-40(\text{dB/dec})$ 的一条直线,相位角恒等于 $-180°$。

$1/j\omega$ 和 $1/(j\omega)^2$ 的伯德图如图 5-8 所示。

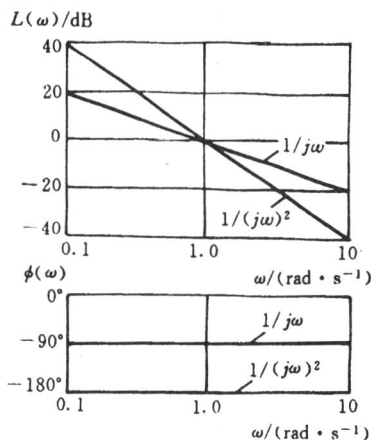

图 5-8　$1/j\omega$ 和 $1/(j\omega)^2$ 的伯德图

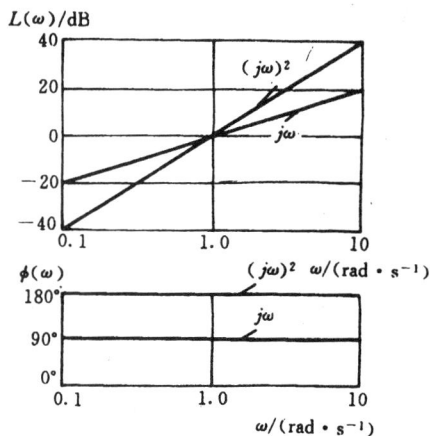

图 5-9　$j\omega$ 和 $(j\omega)^2$ 的伯德图

（3）微分环节 $j\omega$

$$L(\omega) = 20\lg|j\omega| = 20\lg\omega(\text{dB}) \tag{5-19}$$

$$\varphi(\omega) = \angle j\omega = \text{arc tan}\frac{\omega}{0} = 90° \tag{5-20}$$

上述公式与积分环节的对应式(5-17)、(5-18)相比较，仅相差一个符号。故 $j\omega$ 的对数幅频图为过点(1,0)，斜率为 20(dB/dec)的一条直线，相位角恒等于 90°。

若 $G(j\omega) = (j\omega)^2$，则

$$L(\omega) = 20\lg|(j\omega)^2| = 40\lg\omega(\text{dB})$$

$$\varphi(\omega) = \angle(j\omega)^2 = 2 \times 90° = 180°$$

$(j\omega)^2$ 的对数幅频图为过点(1,0)，斜率为 40(dB/dec)的一条直线。相位角恒等于 180°。$j\omega$ 和 $(j\omega)^2$ 的伯德图示于图 5-9。

（4）一阶惯性环节 $1/(1+j\omega T)$

$$L(\omega) = 20\lg\left|\frac{1}{1+j\omega T}\right| = -20\lg\sqrt{1+\omega^2 T^2} \tag{5-21}$$

$$\varphi(\omega) = \angle 1/(1+j\omega T) = \angle\frac{1-j\omega T}{1+\omega^2 T^2} = -\text{arc tan}\omega T \tag{5-22}$$

当 ω 从 $0 \to \infty$ 时，可计算出相应的 $L(\omega)$ 和 $\varphi(\omega)$，并可画出相应的幅频和相频曲线图。在工程上常采用近似作图法来画幅频曲线，即用渐近线近似表示，其原理如下：

令 $\omega_T = \dfrac{1}{T}$

当 $\omega \ll \omega_T$ 时，则

$$L(\omega) = -20\lg\sqrt{1+\omega^2 T^2} \approx -20\lg1 = 0(\text{dB})$$

即 $\omega \ll \omega_T$ 时，对数幅频图为一条零分贝直线。

当 $\omega \gg \omega_T$ 时，则

$$L(\omega) = -20\lg\sqrt{1+\omega^2 T^2} \approx -20\lg\omega T$$

即 $\omega \gg \omega_T$ 时，对数幅频图的渐近线为一条过点(1/T,0)，斜率为 -20(dB/dec)的直线。

上述两条渐近线交点的频率 $\omega = \omega_T = \dfrac{1}{T}$，称为转角频率。由上述两条渐近线可近似画出惯性环节的对数幅频曲线，如图 5-10 所示，图中也画出了精确的对数幅频曲线。由式(5-22)可计算出精确的相位角 $\varphi(\omega)$（见表 5-2），其对数相频曲线亦示于图 5-10。图中均以 ωT 作为横坐标。

表 5-2 惯性环节的相频关系

ωT	0.01	0.05	0.1	0.2	0.3	0.4	0.5	0.7	1.0
$\varphi(\omega)$（度）	-0.6	-2.9	-5.7	-11.3	-16.7	-21.8	-26.5	-35	-45
ωT	2.0	3.0	4.0	5.0	7.0	10	20	50	100
$\varphi(\omega)$（度）	-63.4	-71.5	-76	-78.7	-81.9	-84.3	-87.1	-88.9	-89.4

用渐近线作图简单方便，且足以接近其精确曲线，在系统进行初步设计阶段时经常采用。如果需要精确的幅频曲线，可参照图 5-11 的误差曲线对渐近线进行修正。最大误差发生在转角频率 $\omega = \omega_T = \dfrac{1}{T}$ 处，其误差值为

$$-20\lg \sqrt{1+1} - (-20\lg 1) = -3.03(\text{dB})$$

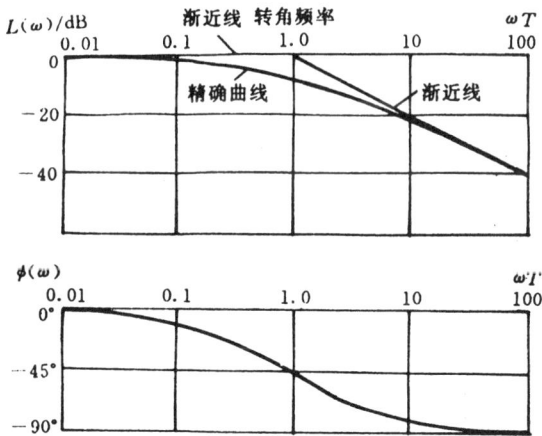

图 5-10 惯性环节的伯德图

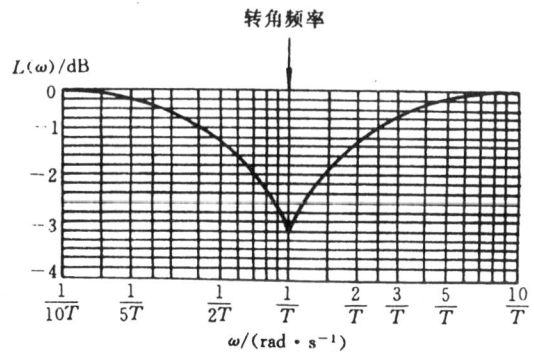

图 5-11 误差曲线

由上述幅频和相频曲线图可以看出，惯性环节具有低通滤波器的特性，对于高于 $\omega = 1/T$ 的频率，其对数幅值迅速衰减。当改变时间常数 T 时，转角频率 ω_T 发生变化，但对数幅频和相频曲线的形状仍保持不变。

(5)一阶微分环节 $1+j\omega T$

$$L(\omega) = 20\lg|1+j\omega T| = 20\lg \sqrt{1+\omega^2 T^2}(\text{dB}) \tag{5-23}$$

$$\varphi(\omega) = \angle 1+j\omega T = \text{arc}\tan\omega T \tag{5-24}$$

上述二式与惯性环节相应式(5-21)、(5-22)比较，仅相差一个符号。故其对数幅频曲线的

渐近线,在 $\omega \ll \omega_T = \dfrac{1}{T}$, $L(\omega) \approx 20 \lg 1 = 0$ (dB),为一条零分贝线,当 $\omega \gg \omega_T = \dfrac{1}{T}$,$L(\omega) \approx 20 \lg \omega T$,为一条过点 $(\dfrac{1}{T}, 0)$ 斜率为 20(dB/dec)的直线。转角频率亦是 $\omega = \omega_T = \dfrac{1}{T}$。对数相频曲线可由式(5-24)。精确计算,当 ω 从 0 变化到 ∞ 时,相位角从 $0° \rightarrow 90°$,其伯德图如图 5-12 所示。由图可看出一阶微分环节和惯性环节的对数幅频曲线对称于零分贝线,对数相频曲线对称于 $0°$ 线。

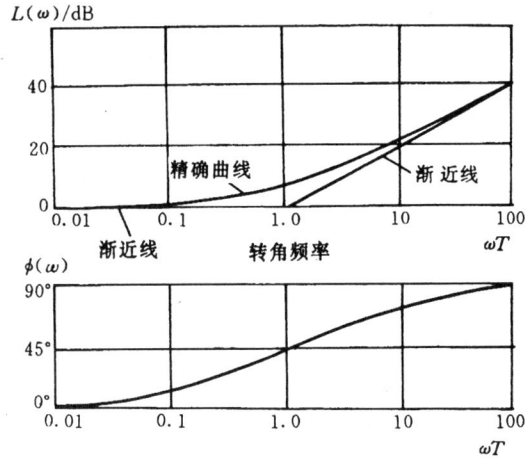

图 5-12 一阶微分环节的伯德图

(6) 振荡环节 $\dfrac{1}{1 + 2\zeta \dfrac{j\omega}{\omega_n} + \left(\dfrac{j\omega}{\omega_n}\right)^2}$

$$L(\omega) = 20 \lg \left| \frac{1}{1 + 2\zeta \dfrac{j\omega}{\omega_n} + \left(\dfrac{j\omega}{\omega_n}\right)^2} \right|$$

$$= -20 \lg \sqrt{(1 - \frac{\omega^2}{\omega_n{}^2})^2 + (2\zeta \frac{\omega}{\omega_n})^2} \quad \text{(dB)} \tag{5-25}$$

$$\varphi(\omega) = \angle \frac{1}{1 + 2\zeta \dfrac{j\omega}{\omega_n} + \left(\dfrac{j\omega}{\omega_n}\right)^2} = -\arctan \frac{2\zeta \dfrac{\omega}{\omega_n}}{1 - \left(\dfrac{\omega}{\omega_n}\right)^2} \tag{5-26}$$

由式(5-25)可求出对数幅频曲线的渐近线:

当 $\omega \ll \omega_n$ 时,则

$$L(\omega) \approx -20 \lg 1 = 0 \quad \text{(dB)}$$

即渐近线是一条零分贝线。

当 $\omega \gg \omega_n$ 时,则

$$L(\omega) \approx -20 \lg \frac{\omega^2}{\omega_n^2} = -40 \lg \frac{\omega}{\omega_n} \quad \text{(dB)}$$

即渐近线是一条过点 $(\omega_n, 0)$ 斜率为 -40(dB/dec)的直线。

上述两条渐近线的交点的频率 $\omega = \omega_n$ 称作转角频率。这两条渐近线都与阻尼比 ζ 无关,但幅值 $L(\omega)$ 的变化与 ζ 有关,当在 $\omega = \omega_n$ 附近时,若 ζ 值较小,则会产生谐振峰。振荡环节的对数幅频图以 ω/ω_n 为横坐标,其渐近线和不同 ζ 值时的精确曲线如图 5-13 所示。对于振荡环节,首先确定转角频率 ω_n 就可画出渐近线,ζ 确定后就可根据图 5-13 所示曲线簇对渐近线进行修正,并画出对数幅频曲线。

由式(5-26)可画出对数相频曲线,仍以 ω/ω_n 为横坐标,对应于不同的 ζ 值,形成一簇对数相频曲线,如图 5-13 所示。对于任何 ζ 值,当 $\omega \rightarrow 0$ 时,$\varphi(\omega) \rightarrow 0°$,当 $\omega \rightarrow \infty$ 时,$\varphi(\omega) = -180°$;当 $\omega = \omega_n$ 时,$\varphi(\omega) = -90°$。

（7）二阶微分环节 $1+2\zeta\dfrac{j\omega}{\omega_n}+\left(\dfrac{j\omega}{\omega_n}\right)^2$

$$L(\omega)=20\lg\left|1+2\zeta\dfrac{j\omega}{\omega_n}+\left(\dfrac{j\omega}{\omega_n}\right)^2\right|$$

$$=20\lg\sqrt{\left(1-\dfrac{\omega}{\omega_n}\right)^2+\left(2\zeta\dfrac{\omega}{\omega_n}\right)^2}\,\text{(dB)}$$

$$(5-27)$$

$$\varphi(\omega)=\angle\left[1+2\zeta\dfrac{j\omega}{\omega_n}+\left(\dfrac{j\omega}{\omega_n}\right)^2\right]$$

$$=\arctan\dfrac{2\zeta\omega/\omega_n}{1-\left(\dfrac{\omega}{\omega_n}\right)^2}\qquad(5-28)$$

上述二式与振荡环节对应式（5-25）及（5-26）仅相差一个符号。显然，二阶微分环节与振荡环节的对数幅频曲线对称于零分贝线，对数相频曲线对称于0°线。其伯德图如图5-14所示。

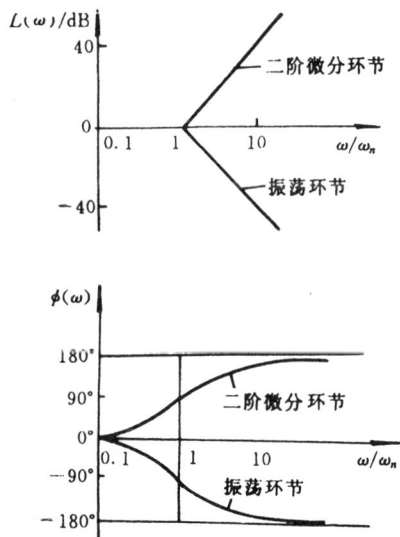

图 5-13　振荡环节的伯德图

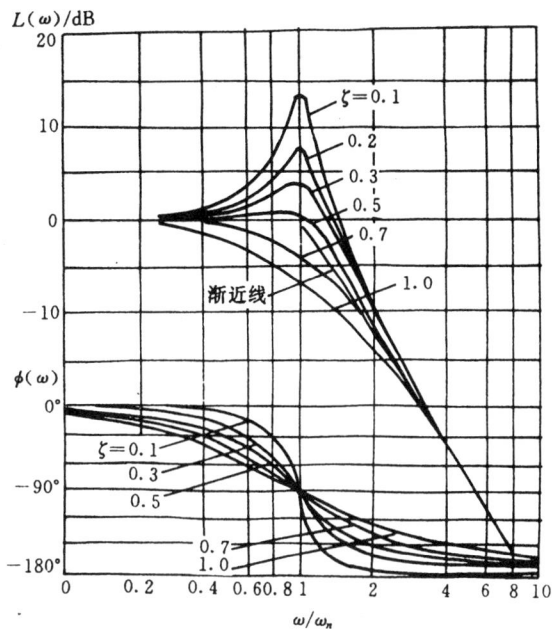

图 5-14　二阶微分与振荡环节的伯德图

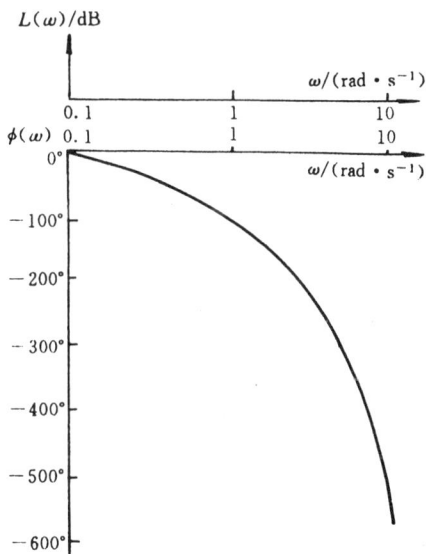

图 5-15　延时环节的伯德图

（8）延时环节 $e^{-j\omega\tau}$

$$L(\omega)=20\lg|e^{-j\omega\tau}|=0\,\text{(dB)}\qquad(5-29)$$

$$\varphi(\omega)=\angle e^{-j\omega\tau}=-\omega\tau\qquad(5-30)$$

其对数幅频曲线为一条零分贝直线。由式（5-30）可知相位角随频率 ω 成线性变化。其对数幅频曲线和相频曲线如图5-15所示。

3. 绘制系统伯德图的一般步骤

绘制系统伯德图的一般步骤为：

① 由传递函数 $G(s)$ 求出频率特性 $G(j\omega)$，并将 $G(j\omega)$ 化为若干典型环节频率特性相乘的形式；

② 求出各典型环节的转角频率、阻尼比 ζ 等参数；

③ 分别画出各典型环节的幅频曲线的渐近线和相频曲线；

④ 将各环节的对数幅频曲线的渐近线进行叠加，得到系统幅频曲线的渐近线，并对其进行修正；

⑤ 将各环节相频曲线叠加，得到系统的相频曲线。

例 5-2 已知系统传递函数为

$$G(s) = \frac{10(s+3)}{s(s+2)(s^2+s+2)}$$

画出系统的伯德图

解：（1）求系统频率特性 $G(j\omega)$ 并将其化为典型环节相乘的形式。

$$G(j\omega) = \frac{7.5\left(\dfrac{j\omega}{3}+1\right)}{j\omega\left(\dfrac{j\omega}{2}+1\right)\left[\dfrac{(j\omega)^2}{2}+\dfrac{j\omega}{2}+1\right]}$$

（2）求各典型环节的参数

① 比例环节　$K=7.5$

$L(\omega)=20\lg 7.5$

$\varphi(\omega)=0°$

② 积分环节　$\dfrac{1}{j\omega}$

$L(\omega)$ 为过 $(1,0)$ 斜率 $-20(\text{dB/dec})$ 的直线

$\varphi(\omega)=-90°$

③ 惯性环节　$\dfrac{1}{\dfrac{j\omega}{2}+1}$

转角频率　$\omega_{T_1}=\dfrac{1}{T_1}=2$

④ 一阶微分环节　$\dfrac{j\omega}{3}+1$

转角频率 $\omega_{T_2}=\dfrac{1}{T_2}=3$

⑤ 振荡环节　$\dfrac{1}{\dfrac{(j\omega)^2}{2}+\dfrac{j\omega}{2}+1}$

$\omega_n=\sqrt{2}$，　因为　$\dfrac{2\zeta}{\omega_n}=\dfrac{1}{2}$，　所以　$\zeta=0.35$

（3）分别画出各典型环节对数幅频曲线的渐近线和对数相频曲线，如图 5-16 中虚线所示。

（4）将各环节对数幅频曲线的渐近线进行叠加，并进行修正；将各环节对数相频曲线叠加，得到系统的伯德图，如图 5-16 实线所示。

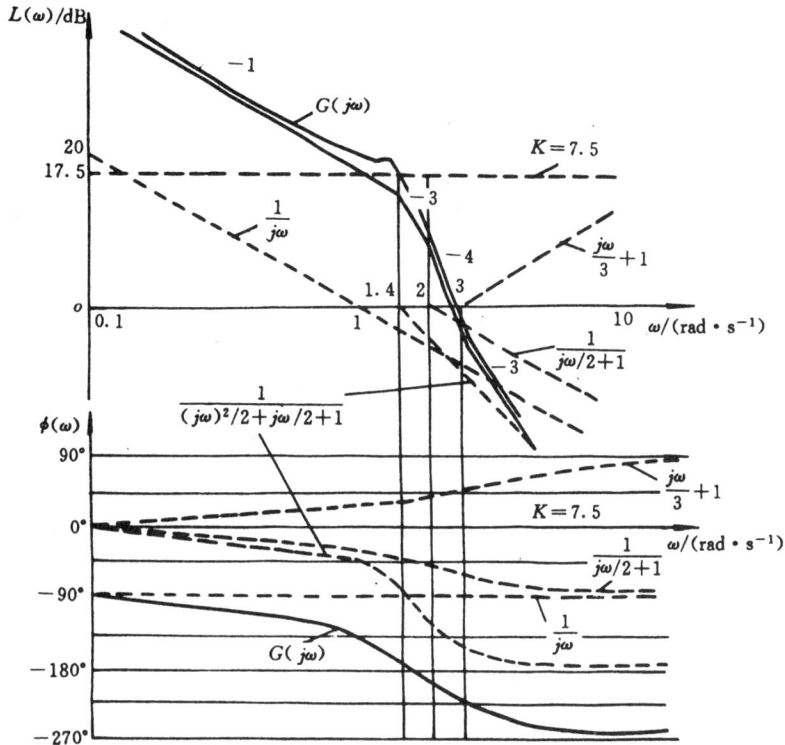

图 5-16 例 5-4 系统的伯德图

4. 系统类型和对数幅频曲线之间的关系

在第 4 章的误差分析一节中,讨论了系统类型与系统静态误差系数的关系。在频域中,系统的类型确定了系统对数幅频曲线低频段的斜率,即静态误差系数描述了系统的低频性能。根据系统的对数幅频曲线,可以确定系统的静态误差系数及系统对给定输入信号引起的误差量值。

对于由式(4-51)所描述的系统,其开环频率特性为

$$G(j\omega) \cdot H(j\omega)$$
$$= \frac{K(j\omega T_a + 1)(j\omega T_b + 1)\cdots(j\omega T_m + 1)}{(j\omega)^{\lambda}(j\omega T_1 + 1)(j\omega T_2 + 1)\cdots(j\omega T_p + 1)}$$

$$(5-31)$$

(1) 静态位置误差系数 K_p

由式(5-31)可知,对于 0 型系统,其对数幅频曲线在低频段即 $\omega \to 0$ 时,其幅值为

$$L(\omega) = \lim_{\omega \to 0} 20\lg|G(j\omega) \cdot H(j\omega)| = 20\lg K_p$$

即低频渐近线是 $20\lg K_p$ 分贝的水平线,如图 5-17 所示。

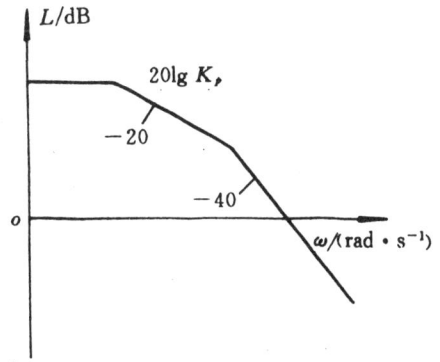

图 5-17 0 型系统对数幅频图

（2）静态速度误差系数 K_v

由式(5-31)可知,对于 I 型系统,其对数幅频曲线在低频段是一条斜率为 $-20(\mathrm{dB/dec})$ 的线段,如图 5-18 所示。

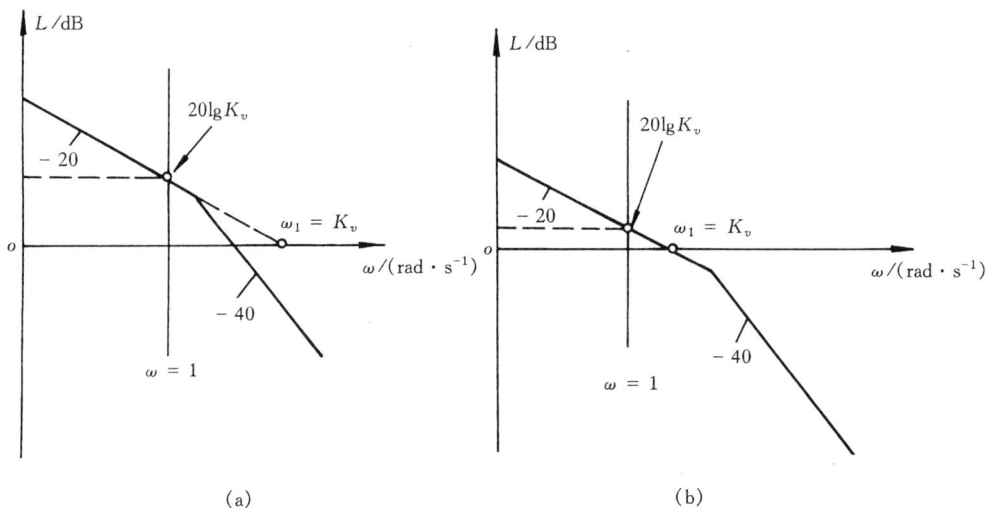

图 5-18　I 型系统对数幅频图

因此,当 $\omega=1$ 时,其幅值为

$$L(\omega) = 20\lg\left|\frac{K_v}{j\omega}\right|_{\omega=1} = 20\lg K_v$$

即速度误差系数 K_v 与对数幅频曲线低频起始线段(或其延长线)在 $\omega=1$ 时对应的幅值相等。

若该线段(或它的延长线)与零分贝线的交点频率为 ω_1,则

$$L(\omega) = 20\lg\left|\frac{K_v}{j\omega}\right|_{\omega=\omega_1} = 0$$

即 $K_V=\omega_1$,也就是说速度误差系数 K_V 在数值上等于交点频率 ω_1。

（3）静态加速度误差系数 K_a

由式(5-31)可知,对于 II 型系统,其对数幅频曲线在低频段是一条斜率为 $-40(\mathrm{dB/dec})$ 的线段,如图 5-19 所示。

当 $\omega=1$ 时,其幅值为

$$L(\omega) = 20\lg\left|\frac{K_a}{(j\omega)^2}\right|_{\omega=1} = 20\lg K_a$$

即加速度误差系数 K_a 与对数幅频曲线起始线段(或其延长线)在 $\omega=1$ 时对应的幅值相等。若该线段(或其延长线)与零分贝数的交点频率为 ω_a,则

$$L(\omega_a) = 20\lg\left|\frac{K_a}{(j\omega)^2}\right|_{\omega=\omega_a} = 0$$

即 $K_a=\omega_a^2$,也就是说加速度误差系数 K_a 数值上等于交点频率 ω_a 的平方。

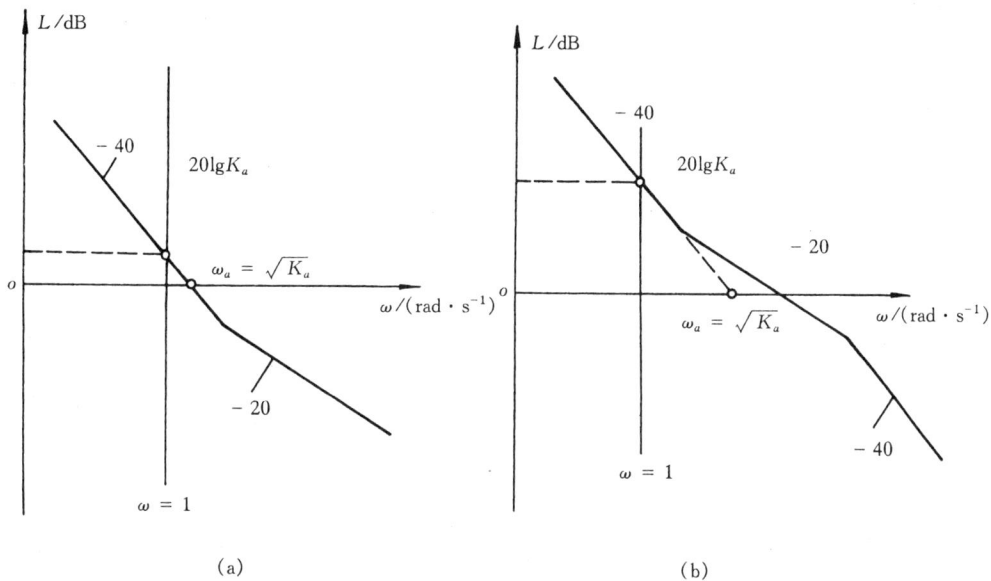

图 5-19　Ⅱ型系统对数幅频图

5-3　频率特性的极坐标图(乃奎斯特图)

1. 极坐标图

$G(j\omega)$的极坐标图是当ω从零变化到无穷大时,表示在极坐标上的$G(j\omega)$的幅值与相位角的关系图。因此,极坐标图是在复平面内用不同频率的矢量之端点轨迹来表示系统的频率特性。$G(j\omega)$在实轴和虚轴上的投影,就是$G(j\omega)$的实部和虚部。

绘制极坐标图时,必须计算出每个频率下的幅值$|G(j\omega)|$和相位角$\angle G(j\omega)$。在极坐标图中,正相位角是从正实轴开始以逆时针方向旋转定义,而负相位角则以顺时针方向旋转来定义。若系统由数个环节串联组成,假设各环节间无角载效应,在绘制该系统频率特性的极坐标图时,对于每一频率,各环节幅值相乘、相位角相加,方可求得系统在该频率下的幅值和相位角。就这点而言,不如绘制伯德图简单。

采用极坐标图的主要优点是能在一张图上表示出整个频率域中系统的频率特性,在对系统进行稳定性分析及系统校正时,应用极坐标图较方便。

2. 典型环节的极坐标图

(1)比例环节K

$$G(j\omega) = K, \quad |G(j\omega)| = K, \quad \angle G(j\omega) = 0$$

极坐标图为实轴上的一定点。如图 5-20 所示。

(2)积分环节$1/j\omega$

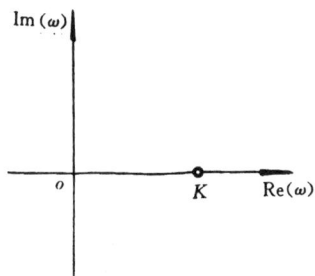

图 5-20　比例环节的极坐标图

$$G(j\omega) = \frac{1}{j\omega} = -j\frac{1}{\omega}$$

$$|G(j\omega)| = \frac{1}{\omega}$$

$$\angle G(j\omega) = \angle -j\frac{1}{\omega} = \arctan\frac{-1/\omega}{0} = -90°$$

积分环节极坐标图是负虚轴,且由负无穷远处指向原点,如图 5-21 所示。

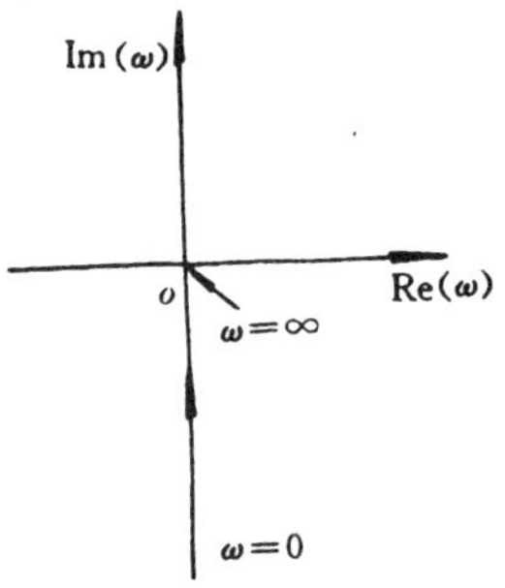

图 5-21　积分环节的极坐标图 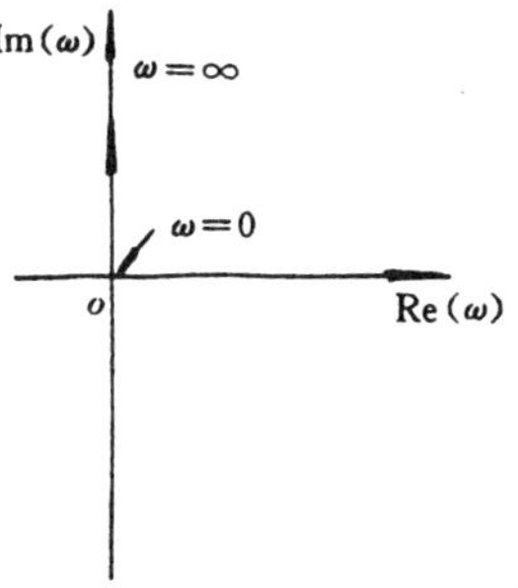　　　　图 5-22　微分环节的极坐标图

(3) 微分环节 $j\omega$

$$G(j\omega) = j\omega$$

$$|G(j\omega)| = \omega$$

$$\angle G(j\omega) = \angle j\omega = \arctan\frac{\omega}{0} = 90°$$

微分环节的极坐标图是正虚轴,且由原点指向正无穷大处,如图 5-22 所示。

(4) 惯性环节 $\frac{1}{1+j\omega T}$

$$G(j\omega) = \frac{1}{1+j\omega T} = \frac{1}{1+\omega^2 T^2} - j\frac{\omega T}{1+\omega^2 T^2}$$

可以证明,其极坐标图为一如图 5-23(a)所示的半圆。

设

$$G(j\omega) = X + jY$$

式中　$X = \dfrac{1}{1+\omega^2 T^2} = G(j\omega)$ 的实部

$Y = \dfrac{-\omega T}{1+\omega^2 T^2} = G(j\omega)$ 的虚部

则

$$\frac{Y^2}{X^2} = \omega^2 T^2$$

即

$$X = \frac{1}{1+\omega^2 T^2} = \frac{1}{1+\dfrac{Y^2}{X^2}}$$

$$X^2 + Y^2 = X$$

$$(X - \frac{1}{2})^2 + Y^2 = \left(\frac{1}{2}\right)^2$$

· 114 ·

上式表明,当 $\omega=0\sim\infty$ 时,惯性环节的极坐标图是一个圆心在 $(\frac{1}{2},0)$ 半径为 $\frac{1}{2}$ 的下半圆,如图 5-23(a)所示。图 5-23(b)中,下半圆对应的频率为 $0\leqslant\omega<\infty$,上半圆对应的频率为 $-\infty<\omega\leqslant0$。当 ω 取特殊值时,其幅值及相位角如表 5-3 所列。

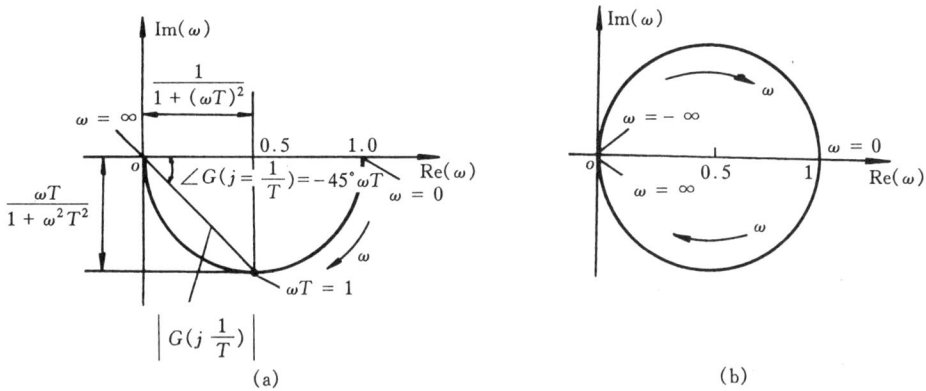

(a)　　　　　　　　　　　　(b)

图 5-23　惯性环节的极坐标图

表 5-3　惯性环节 ω 为特殊值时的幅值与相位角

ω	幅 值	相 位 角
0	1	$0°$
$\dfrac{1}{T}$	$\dfrac{1}{\sqrt{2}}$	$-45°$
∞	0	$-90°$

(5) 一阶微分环节 $1+j\omega T$

$$G(j\omega)=1+j\omega T$$

$$|G(j\omega)|=\sqrt{1+\omega^2 T^2}$$

$$\angle G(j\omega)=\angle 1+j\omega T=\arctan\omega T$$

当 $\omega=0$,幅值为 1,相位角为 $0°$,

$\omega=\infty$,幅值为 ∞,相位角为 $90°$。

一阶微分环节为过点 $(1,0)$,平行于虚轴的上半部直线,如图 5-24 所示。

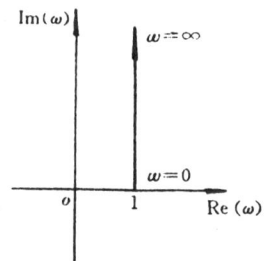

图 5-24　一阶微分环节的极坐标图

(6) 振荡环节　$\dfrac{1}{1+2\zeta\dfrac{j\omega}{\omega_n}+\left(\dfrac{j\omega}{\omega_n}\right)^2}$

$$G(j\omega)=\dfrac{1}{1+2\zeta\dfrac{j\omega}{\omega_n}+\left(\dfrac{j\omega}{\omega_n}\right)^2}$$

$$|G(j\omega)|=\dfrac{1}{\sqrt{\left(1-\dfrac{\omega^2}{\omega_n^2}\right)^2+\left(2\zeta\dfrac{\omega}{\omega_n}\right)^2}}$$

$$\angle G(j\omega) = -\arctan\frac{2\zeta\dfrac{\omega}{\omega_n}}{1-\dfrac{\omega^2}{\omega_n^2}}$$

对于 ω 的特殊值,其幅值和相位角计算值如表 5-4 所列。

表 5-4　振荡环节 ω 为特殊值时的幅值与相位角

ω	幅　值	相　位　角
0	1	0°
ω_n	$\dfrac{1}{2\zeta}$	$-90°$
∞	0	$-180°$

极坐标图与阻尼比 ζ 有关,对应于不同的 ζ 值,形成一簇极坐标曲线,如图 5-25 所示。当 $\omega=0$ 时,不论 ζ 值大小,极坐标曲线均从点 $(1,0)$ 开始,当 $\omega=\infty$ 时,到点 $(0,0)$ 结束,相位角相应由 0° 变换到 $-180°$。当 $\omega=\omega_n$ 时,极坐标曲线均交于负实轴,其相位角为 $-90°$,幅值为 $1/2\zeta$。对于欠阻尼系统 $(\zeta<1)$ 的情况,系统会出现谐振峰值,记作 M_r,该频率称谐振频率 ω_r,如图 5-26 所示。对于过阻尼系统 $(\zeta>1)$,$G(j\omega)$ 极坐标图接近一个半圆,这是因为 ζ 很大时,其特征方程根全为实根,而起主导作用是靠近原点的实根,此时系统已接近为一阶惯性环节。

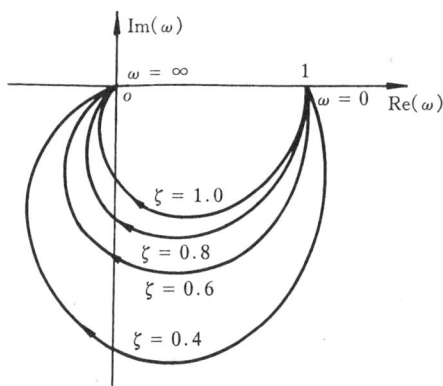

图 5-25　振荡环节的极坐标图
图 5-26　振荡环节的谐振峰

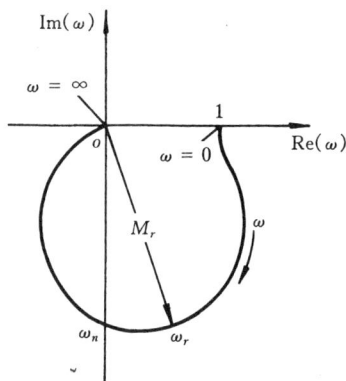

(7) 二阶微分环节　$1+2\zeta\dfrac{j\omega}{\omega_n}+\left(\dfrac{j\omega}{\omega_n}\right)^2$

$$G(j\omega) = 1 + 2\zeta\frac{j\omega}{\omega_n} + \left(\frac{j\omega}{\omega_n}\right)^2$$

$$|G(j\omega)| = \sqrt{\left(1-\frac{\omega^2}{\omega_n^2}\right)^2 + \left(2\zeta\frac{\omega}{\omega_n}\right)^2}$$

$$\angle G(j\omega) = \arctan\frac{2\zeta\dfrac{\omega}{\omega_n}}{1-\dfrac{\omega^2}{\omega_n^2}}$$

对于 ω 的特殊值,其幅值和相位角如表 5-5 所列。极坐标图与阻尼比 ζ 有关,对应不同的 ζ 值,形成一簇极坐标曲线,如图 5-27 所示。不论 ζ 值如何,极坐标曲线在 $\omega=0$ 时,从点 $(1,0)$ 开始,在 $\omega=\infty$ 时指向无穷远处。

表 5-5　二阶微分环节 ω 为特殊值时的幅值与相位角

ω	幅　值	相　位　角
0	1	$0°$
ω_n	2ζ	$90°$
∞	∞	$180°$

（8）延时环节 $e^{-j\omega\tau}$

$$G(j\omega) = e^{-j\omega\tau} = \cos\omega\tau - j\sin\omega\tau$$

$$|G(j\omega)| = \sqrt{\cos^2\omega\tau + \sin^2\omega\tau} = 1$$

$$\angle G(j\omega) = -\omega\tau$$

因此,延时环节的极坐标图为一单位圆,如图 5-28 所示。其特点是当信号通过延时环节时,其幅值不变,而相位角发生改变,输出信号的相位滞后输入信号相位,其滞后角度随输入信号的频率 ω 的增大成正比增大。

当延时环节与其它环节串联时,系统的频率特性将会产生相应的变化,如系统的传递函数为比例环节,惯性环节和延时环节串联。

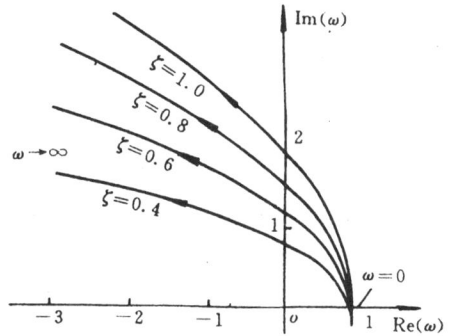

图 5-27　二阶微分环节的极坐标图

$$G(s) = \frac{K}{1+Ts}e^{-s\tau}$$

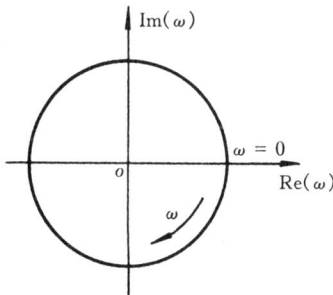

图 5-28　延时环节的极坐标图

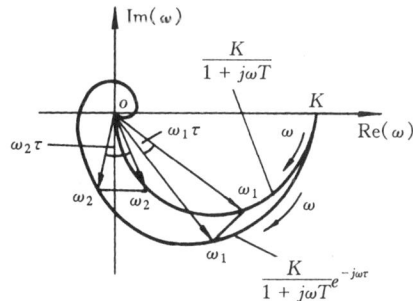

图 5-29　$\dfrac{K}{1+j\omega T}e^{-j\omega\tau}$ 的极坐标图

惯性环节的极坐标图为第四象限的半圆,但加入延时环节 $e^{-j\omega\tau}$ 后,对应每一频率 ω 幅值不变,但相位滞后 $\omega\tau$,如图 5-29 所示。系统的极坐标图,由原来第四象限内的半圆扩展到整个复平面。

3. 系统乃奎斯特图的一般画法

下面通过一些实例,分别说明不同型次系统乃奎斯特图的画法,并归纳出一般的作图规律。

例 5-3 画出下列两个 0 型系统的乃奎斯特图,式中 K, T_1, T_2, T_3 均大于 0。

$$G_1(j\omega) = \frac{K}{(1 + j\omega T_1)(1 + j\omega T_2)}$$

$$G_2(j\omega) = \frac{K}{(1 + j\omega T_1)(1 + j\omega T_2)(1 + j\omega T_3)}$$

解: 当 $\omega = 0$ 时

$$|G_1(j\omega)| = K, \qquad \angle G_1(j\omega) = 0°$$

$$|G_2(j\omega)| = K, \qquad \angle G_2(j\omega) = 0°$$

上式说明 0 型系统 $G_1(j\omega), G_2(j\omega)$ 的乃奎斯特图的起始点(即 $\omega = 0$),均位于正实轴上的一个有限点 $(K, 0)$。

当 $\omega \to \infty$ 时

$$|G_1(j\omega)| = 0, \qquad \angle G_1(j\omega) = -180°$$

$$|G_2(j\omega)| = 0, \qquad \angle G_2(j\omega) = -270°$$

随着 ω 的增大,当 $\omega \to \infty$ 时,$G_1(j\omega)$ 以 $-180°$ 相位角趋于坐标原点;而 $G_2(j\omega)$ 以 $-270°$ 的相位角趋于坐标原点,这是因为 $G_2(j\omega)$ 较 $G_1(j\omega)$ 附加了一个惯性环节。它们的乃奎斯特图分别示于图 5-30(a) 和 (b)。

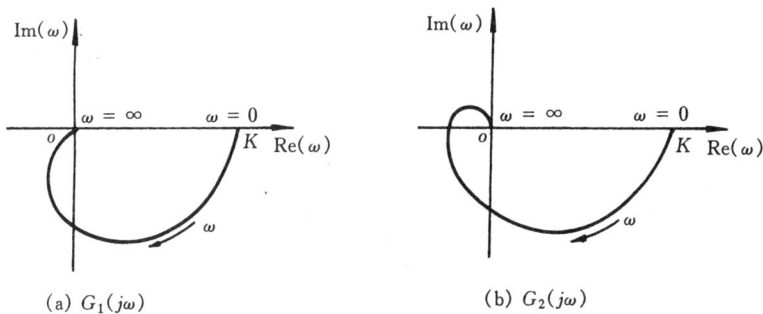

(a) $G_1(j\omega)$　　　　　(b) $G_2(j\omega)$

图 5-30　两个 0 型系统的乃奎斯特图

例 5-4 画出下列两个 I 型系统的乃奎斯特图,式中 K, T, T_1, T_2 均大于 0。

(1) $$G_1(j\omega) = \frac{K}{j\omega(1 + j\omega T)}$$

解: $$G_1(j\omega) = \frac{K}{j\omega(1 + j\omega T)} = \frac{-KT}{1 + \omega^2 T^2} - j\frac{K}{\omega(1 + \omega^2 T^2)} \qquad (5-32)$$

$$|G_1(j\omega)| = \frac{K}{\omega \sqrt{1 + \omega^2 T^2}}$$

$$\angle G_1(j\omega) = -90° - \text{arc tan}^{-1}\omega T$$

当 $\omega = 0$ 时

$$|G_1(j\omega)| = \infty, \quad \angle G(j\omega) = -90°$$

当 $\omega \to \infty$ 时

$$|G_1(j\omega)| = 0, \quad \angle G_1(j\omega) = -180°$$

根据式(5-32),令 $\omega \to 0$ 对 $G_1(j\omega)$ 的实部和虚部分别取极限

$$\lim_{\omega \to 0} \mathrm{Re}[G_1(j\omega)] = \lim_{\omega \to 0} \frac{-KT}{1 + \omega^2 T^2} = -KT$$

$$\lim_{\omega \to 0} \mathrm{Im}[G_1(j\omega)] = \lim_{\omega \to 0} \frac{-K}{\omega(1 + \omega^2 T^2)} = -\infty$$

上式表明,$G_1(j\omega)$ 的乃奎斯特图在 $\omega \to 0$ 时,即图形的起始点,位于相位角为 $-90°$ 的无穷远处,且趋于一条渐近线,该渐近线为过点 $(-KT, 0)$ 且平行于虚轴的直线;当 $\omega \to \infty$ 时,幅值趋于零,相位角趋于 $-180°$,如图 5-31(a)所示。

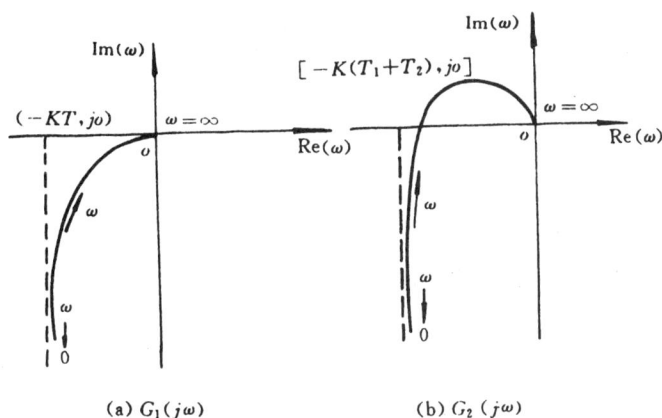

图 5-31 两个 I 型系统的乃奎斯特图

(a) $G_1(j\omega)$; (b) $G_2(j\omega)$

(2)
$$G_2(j\omega) = \frac{K}{j\omega(1 + j\omega T_1)(1 + j\omega T_2)}$$

解: $G_2(j\omega)$ 较 $G_1(j\omega)$ 增加了一个惯性环节

$$G_2(j\omega) = \frac{-K(T_1 + T_2)}{(1 + \omega^2 T_1^2)(1 + \omega^2 T_2^2)} - j\frac{K(1 - T_1 T_2 \omega^2)}{\omega(1 + \omega^2 T_1^2)(1 + \omega^2 T_2^3)} \quad (5\text{-}33)$$

$$|G_2(j\omega)| = \frac{K}{\omega\sqrt{1 + \omega^2 T_1^2}\sqrt{1 + \omega^2 T_2^2}}$$

$$\angle G_2(j\omega) = -90° - \mathrm{arc\ tan}\omega T_1 - \mathrm{arc\ tan}\omega T_2$$

当 $\omega = 0$ 时

$$|G_2(j\omega)| = \infty, \quad \angle G_2(j\omega) = -90°$$

当 $\omega = \infty$ 时

$$|G_2(j\omega)| = 0, \quad \angle G_2(j\omega) = -270°$$

根据式(5-33),令 $\omega \to 0$,对 $G_2(j\omega)$ 的实部和虚部分别取极限

$$\lim_{\omega \to 0} \mathrm{Re}[G_2(j\omega)] = \lim_{\omega \to 0} \frac{-K(T_1 + T_2)}{(1 + \omega^2 T_1^2)(1 + \omega^2 T_2^2)} = -K(T_1 + T_2)$$

$$\lim_{\omega \to 0} \mathrm{Im}[G_2(j\omega)] = \lim_{\omega \to 0} \frac{-K(1 - T_1 T_2 \omega^2)}{\omega(1 + \omega^2 T_1^2)(1 + \omega^2 T_2^2)} = -\infty$$

上式表明 $G_2(j\omega)$ 的起始点也位于相位角 $-90°$ 的无穷远处,其渐近线为过点 $[-K(T_1+T_2),0]$ 平行于虚轴的直线,$G_2(j\omega)$ 的终点,即 $\omega=\infty$ 时,幅值为零,相位角为 $-270°$,如图5-31(b)所示。

例 5-5 画出Ⅱ型系统 $G(j\omega)$ 的乃奎斯特图。式中 K,T_1,T_2 均大于零。

$$G(j\omega)=\frac{K}{(j\omega)^2(1+j\omega T_1)(1+j\omega T_2)}$$

解:
$$G(j\omega)=\frac{K(T_1T_2\omega^2-1)}{\omega^2(1+\omega^2T_1^2)(1+\omega^2T_2^2)}+j\frac{K(T_1+T_2)}{\omega(1+\omega^2T_1^2)(1+\omega^2T_2^2)} \qquad (5\text{-}34)$$

$$|G(j\omega)|=\frac{K}{\omega^2\sqrt{1+\omega^2T_1^2}\sqrt{1+\omega^2T_2^2}}$$

$$\angle G(j\omega)=-180°-\arctan\omega T_1-\arctan\omega T_2$$

当 $\omega=0$ 时
$$|G(j\omega)|=\infty,\quad \angle G(j\omega)=-180°$$
$$\mathrm{Re}[G(j\omega)]=-\infty,\quad \mathrm{Im}[G(j\omega)]=\infty$$

当 $\omega=\infty$ 时
$$|G(j\omega)|=0,\angle G(j\omega)=-360°$$

当 $\mathrm{Re}[G(j\omega)]=0$ 时,由式(5-34)可求得
$$\omega=\frac{1}{\sqrt{T_1T_2}}$$

$$\mathrm{Im}[G(j\omega)]\Big|_{\omega=\frac{1}{\sqrt{T_1T_2}}}=\frac{K(T_1T_2)^{3/2}}{T_1+T_2}$$

$G(j\omega)$ 的乃奎斯特图如图 5-32 所示。

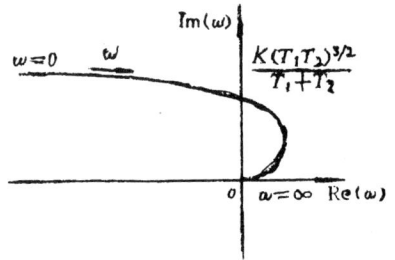

图 5-32　Ⅱ型系统 $G(j\omega)$ 的乃奎斯特图

考虑系统的一般形式,其频率特性为
$$G(j\omega)=\frac{K(1+jT_a\omega)(1+jT_b\omega)\cdots(1+jT_m\omega)}{(j\omega)^\lambda(1+jT_1\omega)(1+jT_2\omega)\cdots(1+jT_p\omega)}$$

其分母阶次为 $n=p+\lambda$,分子阶次 $m,n\geqslant m,\lambda=0,1,2,\cdots$,对于不同型次系统,其乃奎斯特图具有以下特点:

① 当 $\omega=0$ 时,乃奎斯特图的起始点取决于系统的型次:

0 型系统($\lambda=0$)　起始于正实轴上某一有限点;

Ⅰ型系统($\lambda=1$)　起始于相位角为 $-90°$ 的无穷远处,其渐近线为一平行于虚轴的直线;

Ⅱ型系统($\lambda=2$)　起始于相位角为 $-180°$ 的无穷远处。

② 当 $\omega=\infty$ 时,若 $n>m$,乃奎斯特图以顺时针方向收敛于原点,即幅值为零,相位角与分母和分子的阶次之差有关,即 $\angle G(j\omega)\big|_{\omega=\infty}=-(n-m)\times90°$。如图5-33所示。

③ 当 $G(s)$ 含有零点时,其频率特性 $G(j\omega)$ 的相位将不随 ω 增大单调减,乃奎斯特图会产生"变形"或"弯曲",具体画法与 $G(j\omega)$ 各环节的时间常数有关。

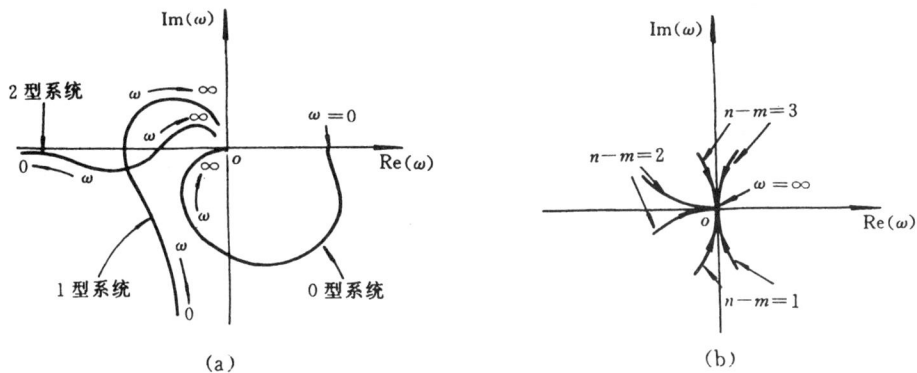

图 5-33 各种型次系统的极坐标图

(a) 0 型、Ⅰ型和Ⅱ型系统的极坐标图；(b) $G(j\omega)=\dfrac{K(1+jT_a\omega)\cdots(1+jT_m\omega)}{(j\omega)^\lambda(1+jT_1\omega)\cdots(1+jT_p\omega)}$ 的极坐标图

5-4 对数幅-相图(尼柯尔斯图)

描述系统频率特性的第三种图示方法是对数幅-相图。该图纵坐标表示频率特性的幅值，以分贝为单位；横坐标表示频率特性的相位角，以度为单位。对数幅-相图以频率 ω 作为参数，用一条曲线完整地表示了系统的频率特性，如图 5-34 所示。

对数幅-相图很容易根据伯德图上的幅频曲线和相频曲线来绘制。对数幅-相图的主要特点是：

① 系统的频率特性可由一条曲线完整地表示；

② 系统增益改变时，对数幅-相图只有简单地向上平移(增益增大)或向下平移(增益减小)，而曲线形状保持不变；

③ 与伯德图类似，$G(j\omega)$ 和 $1/G(j\omega)$ 的对数幅—相图相对原点对称，即幅值和相位均相差一个符号；

④ 利用对数幅-相图，很容易由开环频率特性求闭环频率特性，可以尽快确定闭环系统的稳定性及方便地解决系统的校正问题。

图 5-34 列出了一些基本环节的对数幅-相图。

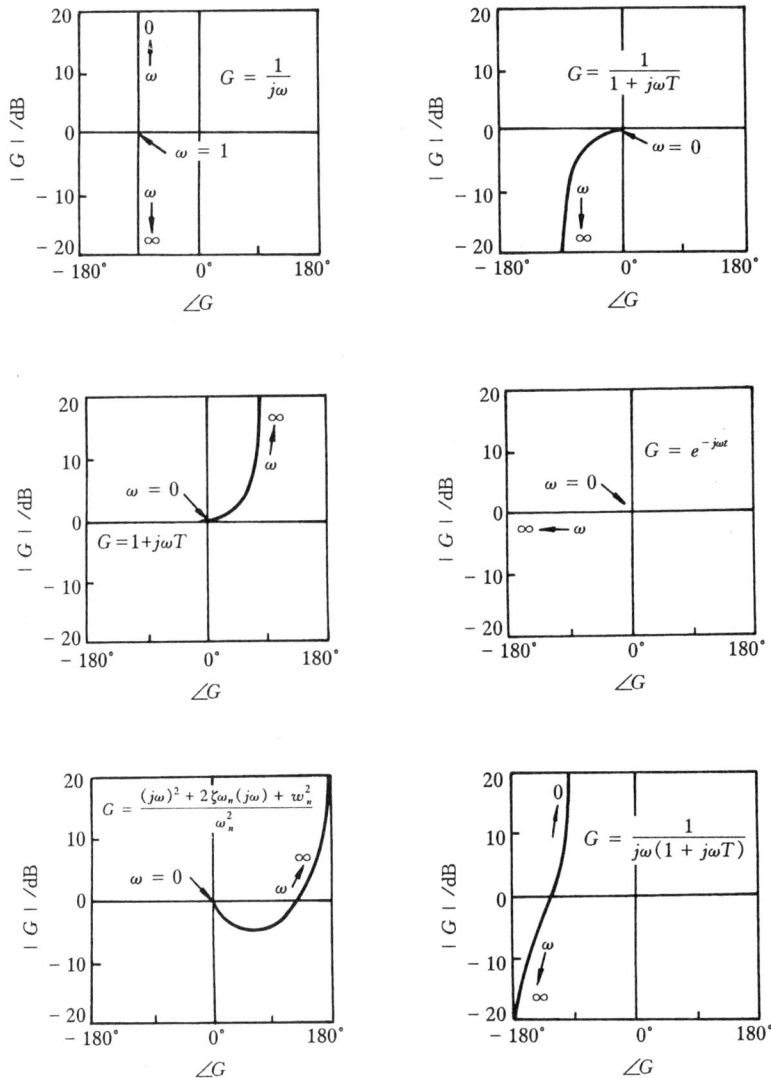

图 5-34 简单传递函数的对数幅-相图

5-5 最小相位系统的概念

1. 最小相位系统

若系统传递函数 $G(s)$ 的所有零点和极点均在 S 平面的左半平面,则该系统称为最小相位系统。对于最小相位系统而言,当频率从零变化到无穷大时,相位角的变化范围最小,当 $\omega = \infty$ 时,其相位角为 $-(n-m) \times 90°$。

2. 非最小相位系统

若系统的传递函数 $G(s)$ 有零点或极点在 S 平面的右半平面时,则该系统称为非最小相位系统。对于非最小相位系统而言,当频率从零变化到无穷大时,相位角的变化范围总是大于最小相位系统的相角范围,当 $\omega=\infty$ 时,其相位角不等于 $-(n-m)\times 90°$

例 5-6 有三个不同的系统,其传递函数分别为

$$G_1(s) = \frac{T_1 s + 1}{T_2 s + 1}$$

$$G_2(s) = \frac{-T_1 s + 1}{T_2 s + 1}$$

$$G_3(s) = \frac{T_1 s - 1}{T_2 s + 1}$$

式中 $T_1 > T_2 > 0$,试判断它们是否为最小相位系统,并分别画出它们的伯德图,比较其相频与幅频特性。

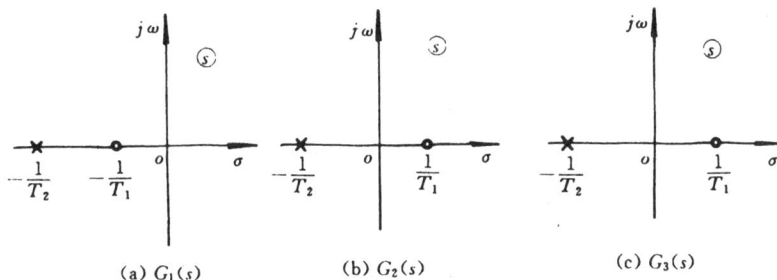

图 5-35 例 5-6 中 $G_1(s),G_2(s),G_3(s)$ 极点、零点分布图

解:

$G_1(s)$: 零点 $z = -\dfrac{1}{T_1}$, 极点 $p = -\dfrac{1}{T_2}$;

$G_2(s)$: 零点 $z = \dfrac{1}{T_1}$, 极点 $p = -\dfrac{1}{T_2}$;

$G_3(s)$: 零点 $z = +\dfrac{1}{T_1}$, 极点 $p = -\dfrac{1}{T_2}$;

其零点、极点的分布见图 5-35 的 (a),(b),(c)。

根据定义,$G_1(s)$ 对应的系统为最小相位系统,$G_2(s)$ 和 $G_3(s)$ 为非最小相经系统。它们的频率特性曲线如图 5-36 所示。由图可见,三个系统具有相同的幅频特性,但相频特性不同,最小相位系统 $G_1(s)$ 的相位角变化范围最小。它们相位角可由其频率特性求出。

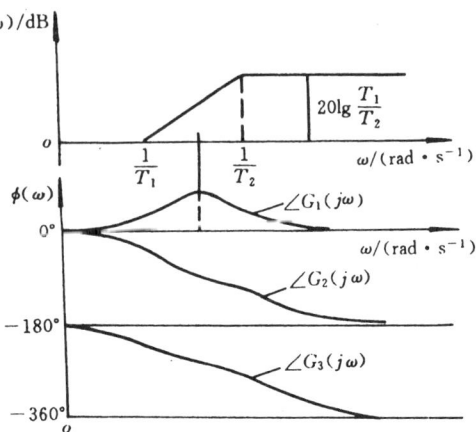

图 5-36 $G_1(s),G_2(s),G_3(s)$ 的伯德图

$$\angle G_1(j\omega) = \text{arc } \tan\omega T_1 - \text{arc } \tan\omega T_2$$

$$\angle G_2(j\omega) = -\text{arc } \tan\omega T_1 - \text{arc } \tan\omega T_2$$

$$\angle G_3(j\omega) = -180° - \text{arc } \tan\omega T_1 - \text{arc } \tan\omega T_2$$

由上述公式也可反映出非最小相位系统存在着过大的相位滞后,这不仅影响系统的稳定性,也影响系统响应的快速性。延时环节就是一个典型的非最小相位环节,其对系统的影响在第 6 章系统稳定性中将会进一步分析。

5-6 闭环频率特性与频域性能指标

1. 闭环频率特性

反馈控制原理作为自动控制的基本原理被广泛地采用。反馈可不断监测系统的真实输出并与参考输入量进行比较,利用输出量与参考输入量的偏差来进行控制,使系统达到理想的要求。采用反馈控制的主要原因是由于加入反馈可使系统响应不易受外部干扰和内部参数变化的影响,从而保证系统性能的稳定和可靠。反馈控制系统又称为闭环控制系统,如图 5-37 所示。闭环传递函数 $F(s)$ 为

$$F(s) = \frac{G(s)}{1 + G(s)H(s)} \qquad (5-35)$$

则 $F(j\omega)$ 称作闭环频率特性。

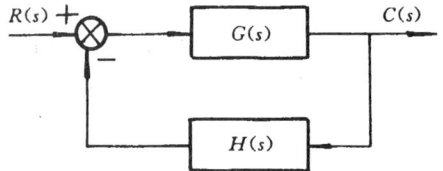

图 5-37 典型的闭环系统

2. 频域性能指标

频域性能指标是根据闭环控制系统的性能要求制定的。与时域特性中有超调量、调整时间性能指标一样,在频域中也有相应的性能指标,如谐振峰值 M_r 及谐振频率 ω_r,系统的截止频率 ω_b 与频宽,相位余量和幅值余量等。相位余量和幅值余量将在第 6 章系统的稳定性中介绍。

(1) 谐振峰值 M_r 和谐振频率 ω_r

闭环频率特性的幅值用 M 表示。当 $\omega = 0$ 的幅值为 $M(0) = 1$ 时,M 的最大值 M_r 称作谐振峰值。在谐振峰值处的频率 ω_r 称为谐振频率,如图 5-38 所示。若 $M(0) \neq 1$,则谐振峰值 M_r 为

$$M_r = \frac{M_{\max}(\omega_r)}{M(0)}$$

又称相对谐振峰值,若取分贝值,则

$$20\lg M_r = 20\lg M_{\max}(\omega_r) - 20\lg M(0) (\text{dB})$$

$$(5-36)$$

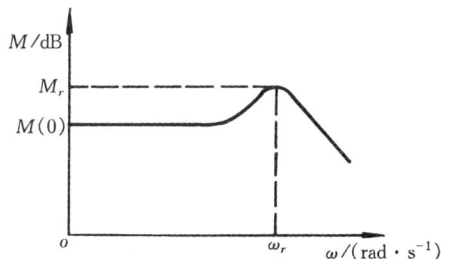

图 5-38 闭环频率特性的 M_r 和 ω_r

通常,一个系统 M_r 的大小表征了系统相对稳定性的好坏。一般来说,M_r 值愈大,则该系统瞬态响应的超调量 M_p 也大,表明系统的阻尼小,相对稳定性差。

对于图 5-39 所示二阶系统,其闭环传递函数是一个典型的二阶振荡环节,其频率特性为

$$\frac{C(j\omega)}{R(j\omega)} = \frac{\omega_n^2}{(j\omega)^2 + 2\zeta\omega(j\omega) + \omega_n^2}$$

$$M = \left| \frac{C(j\omega)}{R(j\omega)} \right| = \frac{1}{\sqrt{\left(1 - \frac{\omega^2}{\omega_n^2}\right)^2 + \left(2\zeta\frac{\omega}{\omega_n}\right)^2}}$$

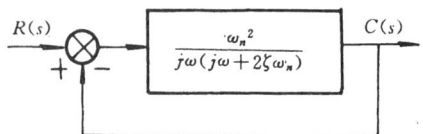

图 5-39 二阶系统方块图

根据 M 表达式及系统参数 ζ 和 ω_n,可求解 M_r 和 ω_r。

令 $\dfrac{\omega}{\omega_n} = \Omega$,则

$$M(\Omega) = \frac{1}{\sqrt{(1-\Omega^2)^2 + 4\zeta^2\Omega^2}}$$ (5-37)

当 $M(\Omega)$ 取最大值 M_r 时,应满足

$$\frac{\mathrm{d}M(\Omega)}{\mathrm{d}\Omega} = 0$$

求解可得

$$\Omega_r = \frac{\omega_r}{\omega_n} = \sqrt{1-2\zeta^2}$$ (5-38)

代入式(5-37),可得

$$M_r = \frac{1}{2\zeta\sqrt{1-\zeta^2}}$$ (5-39)

由式(5-38),可得

$$\omega_r = \omega_n\sqrt{1-2\zeta^2}$$ (5-40)

由式(5-38)和式(5-39)可知,在 $0<\zeta<=\dfrac{1}{\sqrt{2}}=0.707$ 范围内,系统会产生谐振峰值 M_r,而且 ζ 愈小,M_r 愈大;谐振频率 ω_r 与系统的阻尼自然频率 ω_d,无阻尼自然频率 ω_n 有如下关系

$$\omega_r < \omega_d = \omega_n\sqrt{1-\zeta^2} < \omega_n$$

当 $\zeta\to 0$ 时,$\omega_r\to\omega_n$,$M_r\to\infty$,系统产生共振。当 $\zeta\geqslant 0.707$ 时,由式(5-40)计算的 ω_r 为零或虚数,说明系统不存在谐振频率 ω_r,即不产生谐振。二阶系统 M_r 与阻尼 ζ 的关系如图 5-40 所示。

由图可以看出,当 $\zeta<0.4$ 时 M_r 迅速增大,此时瞬态响应超调量 M_p 也增大,当 $\zeta>0.4$ 时,M_r 和 M_p 存在着相似关系。对于机械系统,通常要求 $1<M_r<1.4$。

对于高阶系统,若其频率特性主要由一对共轭复数闭环极点支配,则上述二阶系统频域性能与时域性能的关系对该高阶系统也是适用的。

(2) 截止频率 ω_b 与频宽

截止频率 ω_b 是指系统闭环频率特性的幅值下降到其零频率幅值以下 3dB 时的频率,即

$$20\lg M_{\omega_b} = 20\lg M(0) - 3$$
$$= 20\lg 0.707M(0)(\mathrm{dB})$$

故 ω_b 也可以说是系统闭环频率特性幅值为其零频率幅值的

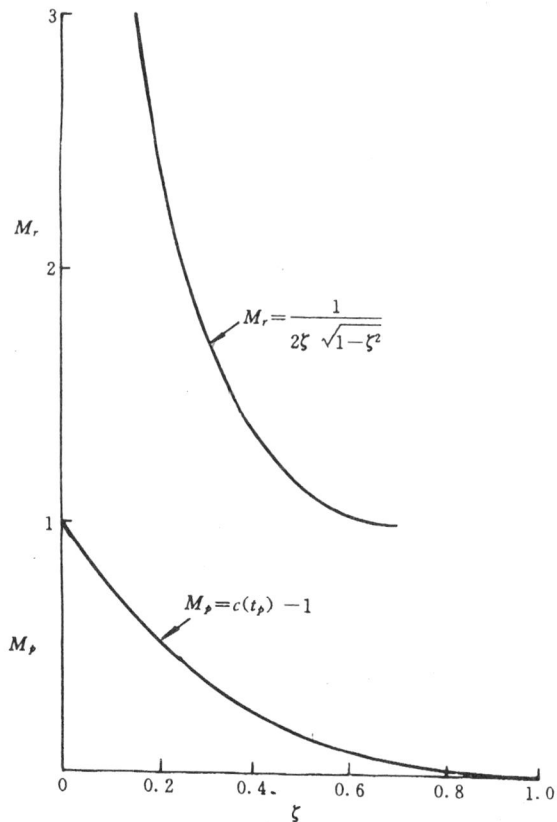

图 5-40 图 5-39 所示系统的 M_r 与 ζ 和 M_p 与 ζ 间的关系曲线

$0.707 = \dfrac{1}{\sqrt{2}}$ 时的频率,如图 5-41 所示。

所谓系统的频宽是指由 0 至 ω_b 的频率范围。频宽(或称带宽)表征系统响应的快速性,也反映了系统对噪声的滤波性能。在确定系统频宽时,大的频宽可改善系统的响应速度,使其跟踪或复现输入信号的精度提高,但同时对高频噪声的过滤特性降低,系统抗干扰性能减弱。因此,必须综合考虑来选择合适的频带范围。

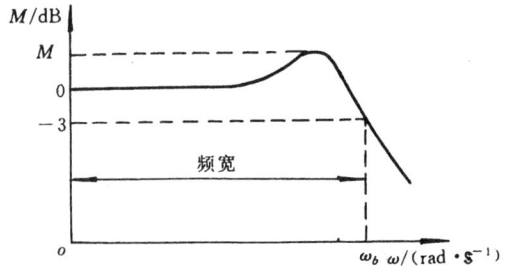

图 5-41 闭环频率特性的 ω_b 及频宽

对于一阶系统 $G(s)$,可求解如下:

$$G(j\omega) = \frac{1}{1 + j\omega T}$$

$$\left| \frac{1}{1 + j\omega T} \right|_{\omega = \omega_b} = \frac{1}{\sqrt{2}} \left| \frac{1}{1 + j\omega T} \right|_{\omega = 0}$$

即

$$\frac{1}{\sqrt{1 + \omega_b^2 T^2}} = \frac{1}{\sqrt{2}}$$

故

$$\omega_b = \frac{1}{T} = \omega_T$$

一阶系统的截止频率 ω_b 等于系统的转角频率 ω_T,即等于系统时间常数的倒数。这也说明频宽愈大,系统时间常数 T 愈小,响应速度愈快。

对于二阶系统 $G(s)$,可求解如下:

$$G(j\omega) = \frac{\omega_n^2}{(j\omega)^2 + 2\zeta\omega_n(j\omega) + \omega_n^2}$$

$$M(\omega) = \frac{1}{\sqrt{\left(1 - \dfrac{\omega^2}{\omega_n^2}\right)^2 + \left(2\zeta\dfrac{\omega}{\omega_n}\right)^2}}$$

$$\left| \frac{1}{\sqrt{\left(1 - \dfrac{\omega^2}{\omega_n^2}\right)^2 + \left(2\zeta\dfrac{\omega}{\omega_n}\right)^2}} \right|_{\omega = \omega_b} = \frac{1}{\sqrt{2}} \left| \frac{1}{\sqrt{\left(1 - \dfrac{\omega^2}{\omega_n^2}\right)^2 + \left(2\zeta\dfrac{\omega}{\omega_n}\right)^2}} \right|_{\omega = 0} = \frac{1}{\sqrt{2}}$$

即

$$\left(1 - \frac{\omega_b^2}{\omega_n^2}\right)^2 + \left(2\zeta\frac{\omega_b}{\omega_n}\right)^2 = 2$$

可解得二阶系统的截止频率 ω_b 为

$$\omega_b = \omega_n \sqrt{1 - 2\zeta^2 + \sqrt{2 - 4\zeta^2 + 4\zeta^4}} \tag{5-41}$$

例 5-7 已知单位反馈系统的开环传递函数为

$$G(s) = \frac{50}{(0.05s + 1)(2.5s + 1)}$$

求该系统的 ζ,ω_n,ω_r 和 ω_b。

解: 闭环系统的传递函数 $F(s)$ 为

$$F(s) = \frac{G(s)}{1 + G(s)} = \frac{50}{0.125s^2 + 2.55s + 51} = \frac{\frac{50}{51}}{\frac{0.125}{51}s^2 + \frac{2.55}{51}s + 1}$$

可得

$$\omega_n = \sqrt{\frac{51}{0.125}} = 20.2$$

$$\frac{2\zeta}{\omega_n} = \frac{2.55}{51} \qquad 所以 \quad \zeta = 0.505$$

$$M_r = \frac{1}{2\zeta\sqrt{1 - \zeta^2}} = 1.15$$

$$\omega_r = \omega_n\sqrt{1 - 2\zeta^2} = 14.14 (\text{rad/s})$$

$$\omega_b = \omega_n\sqrt{1 - 2\zeta^2 + \sqrt{2 - 4\zeta^2 + 4\zeta^4}} = 25.6 (\text{rad/s})$$

注意,应用式(5-39)计算 M_r,是在闭环增益为 1 时推导出的。对于该例题闭环增益为 50/51,应用式(5-36)计算的 M_r 实际上是相对谐振幅值,即 $M_r = M_{\max}(\omega)/M(0)$,实际上最大幅值(谐振峰值)为 $M_{\max}(\omega) = M_r M(0) = 1.15 \times \frac{50}{51} = 1.13$。

3. 由开环频率特性求闭环频率特性的方法

如果知道系统的传递函数 $G(s),H(s)$,由式(5-35)就可求出系统的闭环传递函数及闭环频率特性。然而,这种直接由闭环传递函数求得闭环频率特性的方法,由于不能很清晰地说明开环频率特性和闭环频率之间的相互联系,因此,对控制系统的分析及设计将会带来很多困难。对于图 5-37 所示系统,若反馈回路传递函数 $H(s) = 1$,则称为单位反馈系统,其闭环传递函数为

$$F(s) = \frac{C(s)}{R(s)} = \frac{G(s)}{1 + G(s)}$$

在图 5-42 所示的乃奎斯特图上,向量 **OA** 表示 $G(j\omega_A)$,其中 ω_A 为 A 点频率。向量 **OA** 的长度为 $|G(j\omega_A)|$,向量 **OA** 的角度为 $\angle G(j\omega_A)$。由点 $P(-1,j0)$ 到 A 点的向量 **PA** 表示 $1 + G(j\omega_A)$。因此,向量 **OA** 与 **PA** 之比就表示了闭环频率特性,即

$$\frac{OA}{PA} = \frac{G(j\omega_A)}{1 + G(j\omega_A)} = \frac{C(j\omega_A)}{R(j\omega_A)}$$

在 $\omega = \omega_A$ 处,闭环频率特性的幅值比就是向量 **OA** 与 **PA** 的大小比值,相位角就是两向量的夹角,即 $\varphi = \psi - \theta$,如图 5-42 所示。当系统的开环频率特性确定后,根据上图就可求出闭环频率特性。

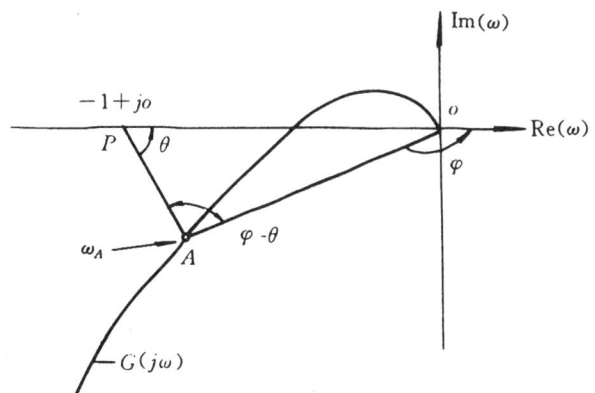

图 5-42 由开环频率特性求闭环频率特性

设闭环频率特性的幅值比为 M,相位角为 φ,闭环频率响应为

$$F(j\omega) = \frac{C(j\omega)}{R(j\omega)} = Me^{j\varphi} \tag{5-42}$$

下面我们将求出闭环频率特性的等幅值轨迹和等相角轨迹,在由乃奎斯特图确定闭环频率特性及系统校正时,应用上述轨迹将是十分方便的。

（1）等幅值轨迹（M 圆）

设 $G(j\omega) = X + jY$,式中 X 和 Y 均为实数,则

$$M = \frac{|X + jY|}{|1 + X + jY|} = \sqrt{\frac{X^2 + Y^2}{(1 + X)^2 + Y^2}} \tag{5-43}$$

式(5-43)两边平方,可得

$$X^2(M^2 - 1) + 2M^2 X + (M^2 - 1)Y^2 = -M^2 \tag{5-44}$$

如果 $M=1$,由式(5-44)可求得 $X = -\dfrac{1}{2}$,即为通过点 $(-\dfrac{1}{2}, 0)$ 且平行虚轴的直线。

如果 $M \neq 1$,式(5-44)两边同除 $M^2 - 1$,同加 $M^4/(M^2-1)^2$,可得

$$X^2 + \frac{2M^2}{M^2 - 1}X + \frac{M^4}{(M^2 - 1)^2} + Y^2 = \frac{M^4}{(M^2 - 1)^2} - \frac{M^2}{M^2 - 1}$$

因此

$$\left(X + \frac{M^2}{M^2 - 1}\right)^2 + Y^2 = \frac{M^2}{(M^2 - 1)^2} \tag{5-45}$$

该 式 就 是 一 个 圆 的 方 程,其 圆 心 为 $X = -\dfrac{M^2}{M^2 - 1}, Y = 0$,半径为 $r = \left|\dfrac{M}{M^2 - 1}\right|$。如图 5-43所示。

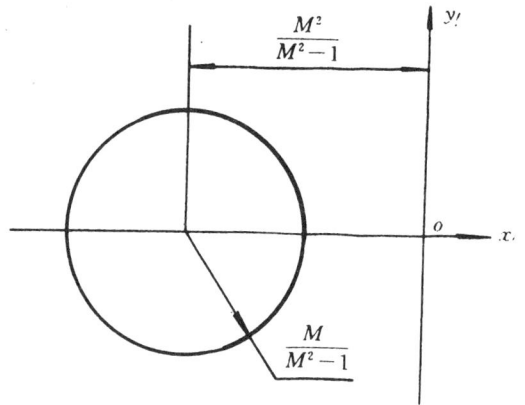

图 5-43　M 圆

在复平面上,等 M 轨迹是一簇圆,对于给定的 M 值,可计算出它的圆心坐标和半径。图 5-44 表示的一簇等 M 圆。由图上可以看出,当 $M>1$ 时,随着 M 的增大 M 圆的半径减小,最后收敛于一个点 $(-1+j0)$。当 $M<1$ 时,随着 M 的减小 M 圆的半径减小,最后收敛于一个点 $(0+j0)$。$M=1$ 时,其轨迹是过点 $(-\dfrac{1}{2}, 0)$ 且平行于虚轴的直线。

（2）等相角轨迹（N 圆）

$F(j\omega)$ 相角为

$$\varphi = \angle \frac{X + jY}{1 + X + jY} \tag{5-46}$$

即

$$\varphi = \text{arc tan}\left(\frac{Y}{X}\right) - \text{arc tan}\frac{Y}{1 + X}$$

如果设 $\tan \varphi = N$,则

$$N = \tan\left[\text{arc tan}\left(\frac{Y}{X}\right) - \text{arc tan}\left(\frac{Y}{1 + X}\right)\right]$$

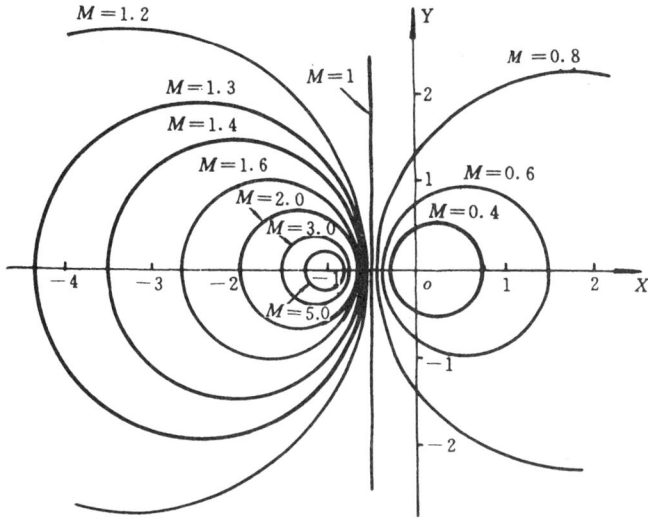

图 5-44　等 M 圆簇

因为　　$\tan(A - B) = \dfrac{\tan A - \tan B}{1 + \tan A \cdot \tan B}$

所以　　　$N = \dfrac{\dfrac{Y}{X} - \dfrac{Y}{1 + X}}{1 + \dfrac{Y}{X} \cdot \dfrac{Y}{1 + X}}$

$\qquad\qquad = \dfrac{Y}{X^2 + X + Y^2}$

$\qquad X^2 + X + Y^2 - \dfrac{Y}{N} = 0$

在上式两边同时加 $\dfrac{1}{4} + \dfrac{1}{(2N)^2}$ 项,可得

$$\left(X + \frac{1}{2}\right)^2 + \left(Y - \frac{1}{2N}\right)^2 = \frac{1}{4} + \left(\frac{1}{2N}\right)^2$$

$$(5-47)$$

由式(5-47)可看出,等相角轨迹是一个圆心

为 $X = -\dfrac{1}{2}, Y = \dfrac{1}{2N}$,半径为 $\sqrt{\dfrac{1}{4} + \left(\dfrac{1}{2N}\right)^2}$

的圆。图 5-45 表示的是一簇等 N 圆。

应当指出,对于给定的 φ 值的 N 圆,实际上并不是一个完整的圆,而只是一段圆弧。同时,由于 φ 与 $\varphi \pm 180°$ 的正切值是相同的,N 圆对应的 φ 具有多值性,如 $\varphi = 30°$ 与 $\varphi = -150°$ 对应的圆弧是相同的。

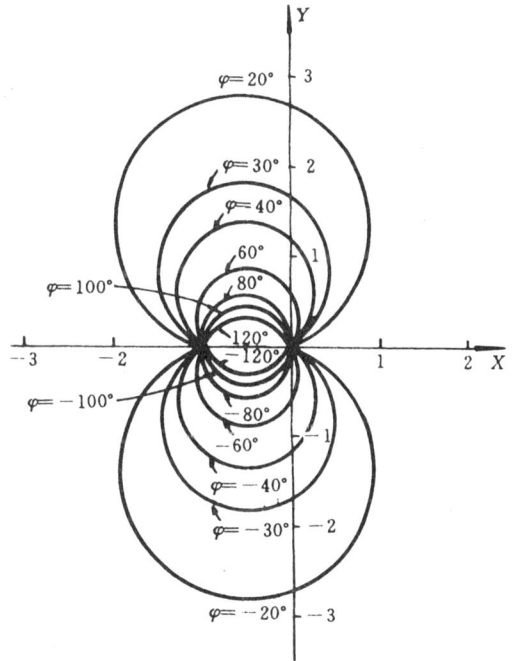

图 5-45　等 N 圆簇

（3）应用乃奎斯特图求闭环频率特性

在极坐标系画出等 M 圆和等 N 圆,然后再绘制系统开环传递函数的乃奎斯特图,乃奎斯特图与等 M 圆和等 N 圆的交点所对应的幅值与相角由 M 圆和 N 圆的参数决定,对应的频率

由开环乃奎斯特图决定,这样即可求出闭环频率特性。图 5-46(a)和(b)分别表示一单位反馈系统 $G(j\omega)$ 轨迹与 M 圆和 N 圆的相交情况。可以看出,在频率 $\omega=\omega_1$ 处,$G(j\omega)$ 轨迹与 $M=1.1$ 的圆相交,这意味着在该频率处,闭环频率响应幅值为 1.1。从(b)图上可以看出其相角应为 $\varphi=-10°$。在频率 $\omega=\omega_4$ 时,$G(j\omega)$ 与 $M=2$ 的圆相切,这意味着该切点对应的幅值就是最大幅值(谐振峰值),其相角 $\varphi=-120°$。找出 $G(j\omega)$ 与 M 圆和 N 圆的交点,就可绘出闭环频率特性曲线,如图 5-46(c)所示。

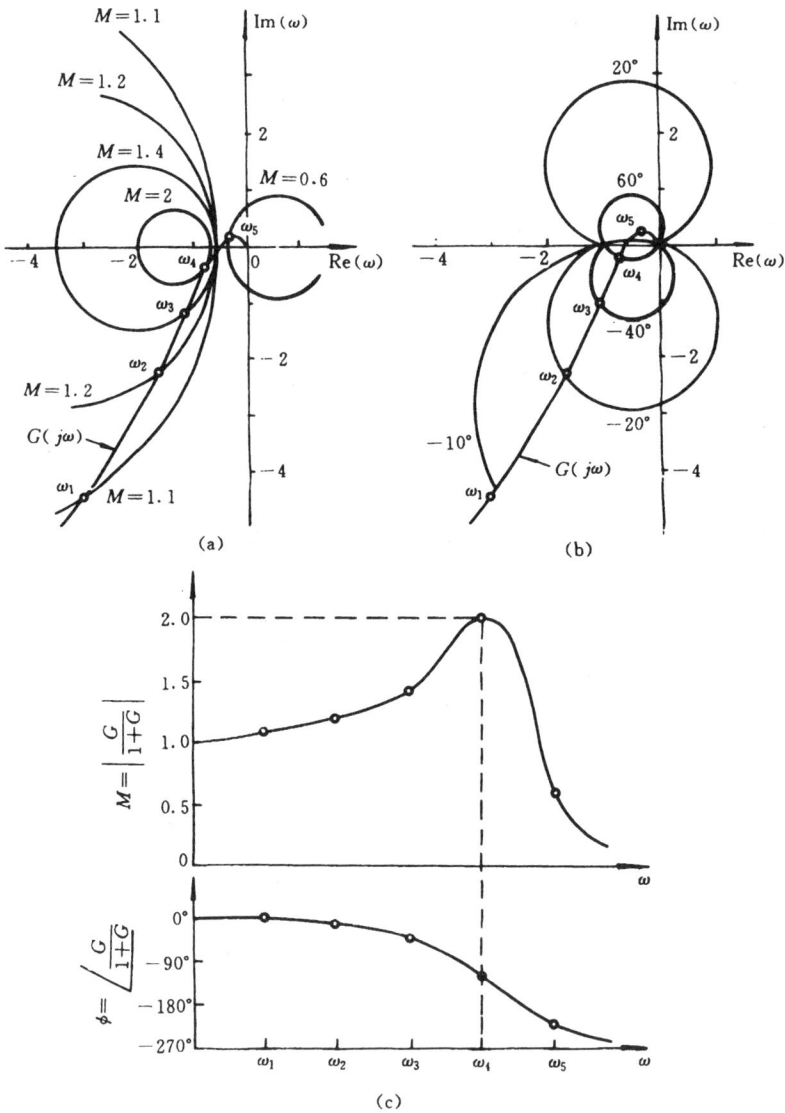

图 5-46　(a)叠加在 M 圆簇上的 $G(j\omega)$ 轨迹;　(b)叠加在 N 圆簇上的 $G(j\omega)$ 轨迹;
　　　　　(c)闭环频率响应曲线

(4)应用尼柯尔斯图线求闭环频率特性

在对数幅-相图上作出等 M 圆和等 N 圆,由它们轨迹构成的曲线称为尼柯尔斯图线。图

5-47 表示了相角在 0°和−240°之间的图线.尼柯尔斯图线对称于−180°轴线,每隔 360° M 圆和 N 圆轨迹重复一次,且在每个 180°的间隔上都是对称的.在由开环频率特性确定闭环频率特性时,把开环频率特性曲线重叠在尼柯尔斯图线上,那么开环频率特性曲线 $G(j\omega)$ 与 M 圆和 N 圆轨迹的交点,就给出了每一频率上闭环频率特性的幅值 M 和相角 φ.若 $G(j\omega)$ 轨迹与 M 圆轨迹相切,切点处频率就是谐振频率,谐振峰值由 M 圆对应的幅值确定.

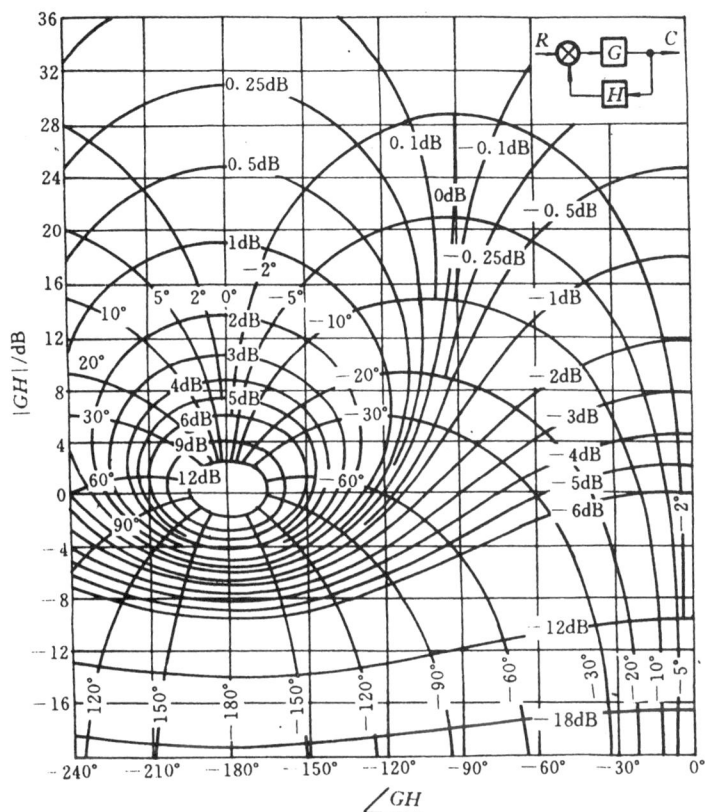

图 5-47 尼柯尔斯图线

例如,一单位反馈系统的开环传递函数为

$$G(s) = \frac{K}{s(s+1)(0.5s+1)}, \quad K = 1$$

为了应用尼柯尔斯图线求闭环频率特性,可在对数幅-相图上画出 $G(j\omega)$ 轨迹与 M 圆和 N 圆轨迹,如图 5-48 所示.闭环频率特性曲线可由 M 圆和 N 圆与 $G(j\omega)$ 交点求出不同频率时的幅值与相角,闭环频率特性曲线如图(b)所示.由于 $G(j\omega)$ 轨迹是与 M=5dB 的轨迹相切,所以闭环频特性的谐振峰值为 $M_r=5\text{dB}$,而谐振频率 $\omega_r=0.8\,\text{rad/s}$.此外,$G(j\omega)$ 与 M=−3dB 轨迹交点的频率在 1.2~1.4 rad/s 之间,采用插值计算可大致确定闭环截止频率为 $\omega_b=1.3$ rad/s.

(5) 非单位反馈系统的闭环频率特性

如果闭环系统反馈传递函数 $H(s)\neq1$,则构成一个非单位反馈传递函数,对图 5-37 所示系统,闭环传递函数为

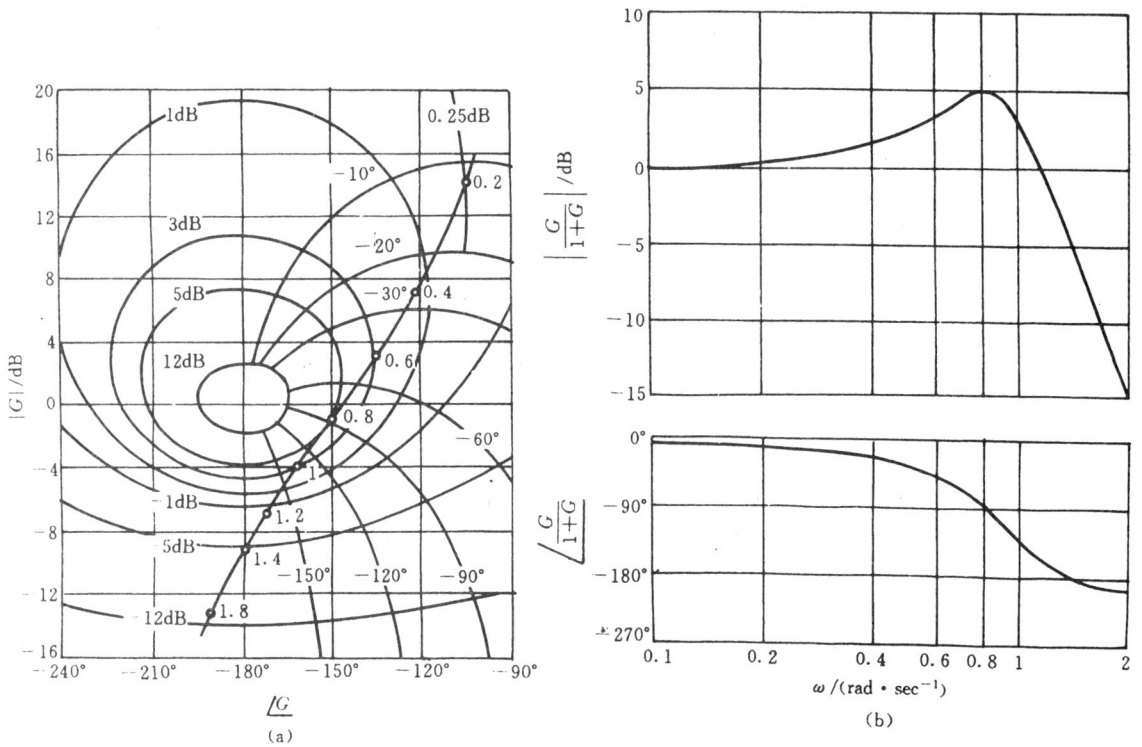

图 5-48 (a)重叠在尼柯尔斯图线上的 $G(j\omega)$图； (b)闭环频率响应曲线

$$F(s) = \frac{G(s)}{1 + G(s)H(s)}$$

闭环频率特性可写为

$$F(j\omega) = \frac{G(j\omega)}{1 + G(j\omega)H(j\omega)} = \frac{1}{H(j\omega)} \frac{G(j\omega)H(j\omega)}{1 + G(j\omega)H(j\omega)}$$

$$= \frac{1}{H(j\omega)} \frac{G_1(j\omega)}{1 + G_1(j\omega)}$$

式中 $G_1(j\omega) = G(j\omega)H(j\omega)$。

在求取闭环频率特性时,在尼柯尔斯图上画出 $G_1(j\omega)$的轨迹,由轨迹与 M 圆和 N 圆的交点,就可得到 $G_1(j\omega)/[1+G_1(j\omega)]$的某一频率下的幅值和相角,用 $1/H(j\omega)$ 乘以 $G_1(j\omega)/[1+G_1(j\omega)]$就可得到系统闭环频率特性。上述乘法运算在伯德图上很容易进行。

4. 开环增益的确定

在控制系统设计与综合时,开环增益的大小对于系统的稳定性、快速性及稳态性能具有很大的影响。因此,增益调整是系统校正与综合时最基本、最简单的方法。这里,我们主要讨论在单位反馈系统中,应用 M 圆的概念来确定开环增益,使系统闭环谐振峰值满足某一期望值。

在乃奎斯特图上,M 圆的轨迹如图 5-49 所示。如果 $M_r > 1$,那么从原点画一条到所期望的 M_r 圆的切线,该切线与负轴的夹角为 ϕ,如图所示。则

$$\sin\psi = \left|\frac{\dfrac{M_r}{M_r^2-1}}{\dfrac{M_r^2}{M_r^2-1}}\right| = \frac{1}{M_r}$$

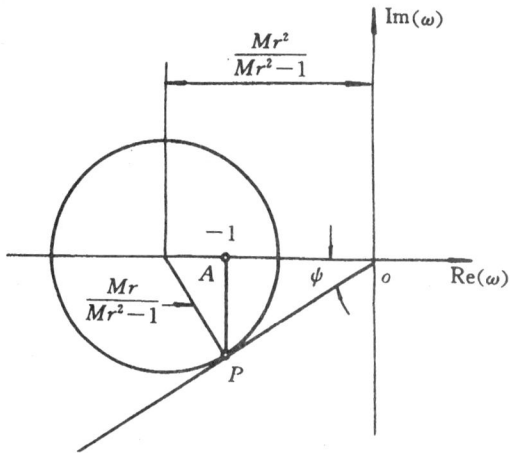

图 5-49　M 圆

由切点 P 作负实轴的垂线，该垂线与负实轴的交点为 A，容易证明 A 点坐标为 $(-1,0)$。

考虑图 5-50 所示的单位反馈系统，确定增益 K，使得闭环系统具有所期望的谐振峰值 $M_r(M_r>1)$。根据上述 M 圆特点，确定增益 K 的步骤如下：

① 画出标准化开环传递函数 $G_1(j\omega)$ $=G(j\omega)/K$ 的乃奎斯特图；

② 由原点作直线，使其与负实轴夹角 ψ 满足

$$\psi = \arcsin\frac{1}{M_r}$$

③ 试作一个圆心在负实轴的圆，使得它既相切于 $G_1(j\omega)$ 的轨迹，又相切于直线 PO；

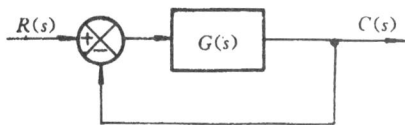

图 5-50　控制系统

④ 由切点 P 作负实轴的垂线，交负实轴于 A 点；

⑤ 为使试作的圆相应于所期望的 M_r 圆，则 A 点坐标应为 $(-1,0)$；

⑥ 所希望的增益 K 应使点 A 坐标调整到 $(-1,0)$，因此 $K=1/OA$。

应注意，谐振频率 ω_r 就是圆与 $G_1(j\omega)$ 轨迹切点上的频率。

例 5-8　一单位反馈系统开环传递函数为

$$G(s) = \frac{K}{s(1+s)}$$

确定增益 K，使得 $M_r=1.4$。

解：

① 画出标准化传递函数的极坐标图，如图 5-51 所示，则

$$\frac{G(j\omega)}{K} = \frac{1}{j\omega(1+j\omega)}$$

② 求 ψ

$$\psi = \arcsin\left(\cdot\frac{1}{M_r}\right) = \arcsin\left(\frac{1}{1.4}\right) = 45.6°$$

③ 作直线 op，使 op 与负实轴夹角 $\psi=45.6°$，然后再试作一既与 $G(j\omega)/K$ 相切又与 op 相切的圆。

④ 由切点向负实轴作垂线，交点为 $A(-0.63,0)$。增益为

$$K = \frac{1}{oA} = \frac{1}{|0.63|} = 1.58$$

系统开环增益也很容易由对数幅-相图来确定，以下通过实例来说明其过程。

例 5-9　一单位反馈系统的开环传递函数为

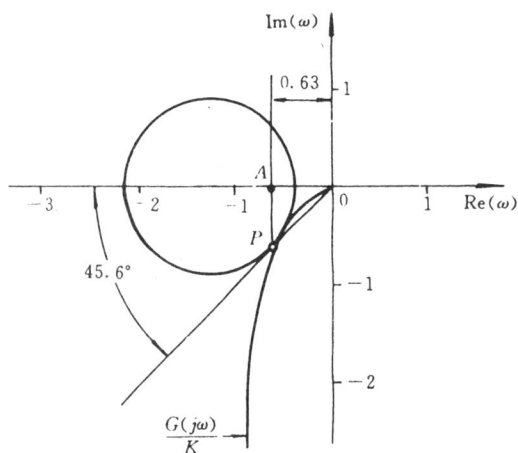

图 5-51　利用 M 圆来确定 K 值

$$G(s) = \frac{K}{s(s+1)(0.25s+1)}, \quad K=2$$

改变增益使得 $M_r = 1.3$。

解：

先在对数幅-相图上画出 $K=2$ 时系统开环
传递函数的幅值-相位图和尼柯尔斯曲线，如
图 5-52 所示。

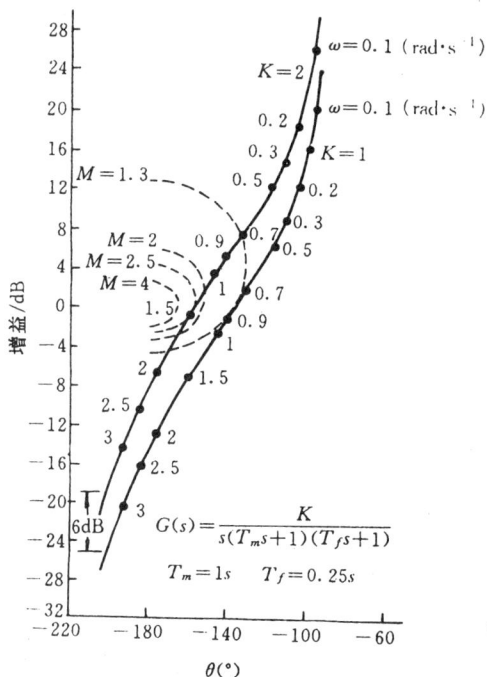

图 5-52　在尼柯尔斯图上，用调整增益法进
行补偿

由 $G(j\omega)$ 轨迹和尼柯尔斯曲线的交点，便可确定闭环频率特性，$M_r = 2.5\text{dB}$，
$\omega_r = 1.5\ \text{rad/s}$。

为了使 $M_r = 1.3$，必须减小增益 K，使 $G(j\omega)$ 的幅值-相位图向下平移，使其与 $M_r = 1.3$ 的
尼柯尔斯曲线相切。设移动量为 $\Delta K\text{dB}$，新的增益为 K'，则

$$20\lg K' = 20\lg K + \Delta K$$

由图可知 $\Delta K \approx -6\text{dB}$，即

$$20\lg K' = 20\lg 2 + 20\lg 10^{-0.3}$$

所以
$$K' = 1$$

此时 $M_r = 1.3, \omega_r = 0.9\ \text{rad/s}$

5-7　系统辨识

1. 概述

分析、研究一个机械动力系统或过程，并对系统或过程进行控制，首先必须知道其各个环
节或整个系统（或过程）的传递函数。通常情况下，可以利用力学、电学等有关定律，推导出系统
或过程的传递函数，但是在很多情况下，由于实际对象的复杂性，完全从理论上推导出系统的
数学模型（或传递函数）及其参数，往往是很困难的。因此，需要一方面进行理论分析，另一方面
采用实验的方法来获得系统或过程的传递函数并求得其参数。

系统辨识就是研究如何用实验分析的方法来建立系统数学模型的一门学科。著名的控制

理论学者扎德曾对系统辨识给出如下定义:"系统辨识是在输入输出的基础上,从一类系统中确定一个与所观测系统等价的系统"。

在系统辨识时,应给系统施加一种激励信号,测量系统的输入和输出响应,然后对输入数据和输出数据进行数学处理并获得系统的数学模型。常用的激励信号有:正弦信号、脉冲信号、三角波、方波或随机信号等。数学处理方法也各有其应用条件及范围。本节着重介绍应用经典控制理论的频域辨识方法。

在频域进行系统辨识时,实验频率特性的获得通常有两种方法:一种是根据频率特性定义,用正弦信号作为激励信号求取实验频率特性;另一种是根据频率特性与时间响应之间的关系,用单位脉冲、三角波、方波及其它波形信号激励,应用离散傅氏变换求取系统的实验频率特性。频域辨识方法主要也有两种;其一是由实验频率特性的伯德图估计最小相位系统的传递函数,其二是利用实验频率特性的实验值,应用曲线拟合方法求取系统的传递函数。

2. 实验频率特性

(1) 正弦信号输入

由频率特性的定义可知,当给系统输入一系列不同频率的正弦信号 $A_i\sin\omega_i t$,测量系统相应的输出 $B_i\sin(\omega_i t+\varphi_i)$,则可求得系统在不同频率下频率特性的幅值比和相位差:

$$\left|G(j\omega_i)\right|=\frac{B_i(\omega)}{A_i(\omega)}, \quad \angle G(j\omega_i)=\varphi_i(\omega)$$

该方法简单可靠,在机械动力系统中,已得到广泛的应用。

(2) 单位脉冲输入

一个理想的实验方法,是给系统施加单位脉冲的激励信号,这时系统的响应即为单位脉冲响应 $g(t)$(权函数),对 $g(t)$ 求拉氏变换就可得到系统的传递函数。根据单位脉冲函数 $\delta(t)$ 的定义和性质可知:

$$F[\delta(t)]=1$$

即 $\delta(t)$ 的傅氏变换为1,由图 5-53 可见,$\delta(t)$ 所包含的各种频率的信号幅值相等,就是说 $\delta(t)$ 所包含的各种频率的信号强度是相等的。这样,就可在一次实验中,等强度地激发系统对各个不同频率下的响应。系统的实验频率特性可由对单位脉冲响应 $g(t)$ 进行傅氏变换得到,即

$$G(j\omega)=\int_0^\infty g(t)\cdot e^{-j\omega t}\mathrm{d}t \qquad (5\text{-}48)$$

实验测量的 $g(t)$ 只是一条实验曲线(或一组数据),而不是数学表达式。因此式(5-48)的积分不能直接求得,应采用离散傅氏变换的方法,对 $g(t)$ 曲线离散化并采样,如图 5-54 所示。根据采样数据,以求和近似地计算式(5-48)的积分:

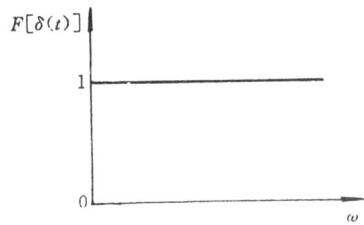

图 5-53 $\delta(t)$ 的频谱图

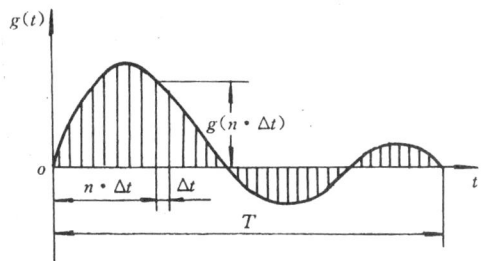

图 5-54 $g(t)$ 曲线及其离散化

$$G(j\omega)=\Delta t\sum_{n=0}^{(N-1)}g(n\Delta t)\cdot e^{-j\omega(n\cdot\Delta t)}$$

$$= \Delta t \sum_{n=0}^{(N-1)} g(n\Delta t) \cdot [\cos(\omega n\Delta t) - j\sin(\omega n\Delta t)]$$

$$= \Delta t \sum_{n=0}^{(N-1)} g(n\Delta t) \cdot \cos(\omega n\Delta t) - j \cdot \Delta t \sum_{n=0}^{(N-1)} g(n\Delta t)\sin(\omega n\Delta t)$$

$$= \mathrm{Re}(\omega) + j\mathrm{Im}(\omega) \tag{5-49}$$

式中　Δt——采样间隔；

n——采样顺序；

$g(n\Delta t)$——第 n 个采样点的采样值；

$\mathrm{Re}(\omega),\mathrm{Im}(\omega)$——分别为频率特性的实部与虚部。

ω 可根据实际系统需要选取。由式(5-49)可进一步求得系统的实验频率特性：

$$|G(j\omega)| = \sqrt{\mathrm{Re}^2(\omega) + \mathrm{Im}^2(\omega)}$$

$$\varphi = \arctan \frac{\mathrm{Im}(\omega)}{\mathrm{Re}(\omega)}$$

理想的单位脉冲信号 $\delta(t)$ 在实际上是无法实现的，因为它要求脉冲作用的时间为零，但可用三角波脉冲或方波脉冲信号近似地代替，要求脉冲时间尽可能短，而幅值应尽可能大。

（3）三角波和方波输入

系统的实验频率特性可由下式确定：

$$G(j\omega) = \frac{Y(j\omega)}{X(j\omega)} = \frac{输出波形的傅氏变换}{输入波形的傅氏变换} \tag{5-50}$$

当给系统施加三角波或方波信号输入时，测量并记录系统的输出响应曲线，分别对输入、输出进行傅氏变换，由式(5-50)，就可求得系统的实验频率特性。输出的傅氏变换仍采用式(5-49)的离散傅氏变换方法。输入信号分别为单位三角波 $X_\triangle(t)$ 和单位方波信号 $X_\square(t)$ 如图5-55所示，它们的傅氏变换（见第2章例2-4、例2-3，并令 $s=j\omega$）分别为：

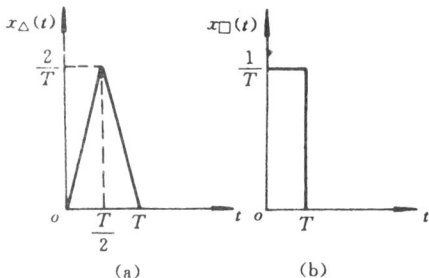

图5-55　单位三角波和单位方波信号
（a）三角波；（b）方波

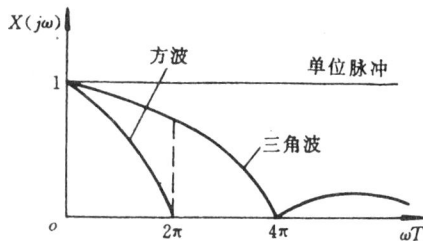

图 5-56　三角波和方波的频谱图

三角波

$$X_\triangle(j\omega) = -\frac{4}{T^2\omega^2}(1 - 2e^{-j\frac{\omega T}{2}} + e^{-j\omega T})$$

$$= \frac{-4}{T^2\omega^2}(e^{j\frac{\omega T}{2}} - 2 + e^{-j\frac{\omega T}{2}})e^{-j\frac{\omega T}{2}}$$

$$= \frac{-8}{T^2\omega^2}\left(\cos\frac{\omega T}{2} - 1\right)e^{-j\frac{\omega T}{2}}$$

$$= \frac{8}{T^2\omega^2}\left(1 - \cos\frac{\omega T}{2}\right)e^{-j\frac{\omega T}{2}}$$

方波

$$X_\square(j\omega) = \frac{1}{j\omega T}(1 - e^{-j\omega T})$$

$$= \frac{1}{j\omega T}(e^{j\frac{\omega T}{2}} - e^{-j\frac{\omega T}{2}})e^{-j\frac{\omega T}{2}}$$

$$= \frac{1}{j\omega T} \cdot 2j \cdot \sin\frac{\omega T}{2} \cdot e^{-j\frac{\omega T}{2}}$$

$$= \frac{2}{\omega T}\sin\frac{\omega T}{2}e^{-j\frac{\omega T}{2}}$$

它们的傅氏变换如图 5-56 所示。和单位脉冲信号 $\delta(t)$ 相比，$\delta(t)$ 包含的任意频率的信号幅值均为 1，但对于三角波，当 $\omega T = 4\pi$ 时，幅值就衰减到零；而方波更差，当 $\omega T = 2\pi$ 时，幅值就衰减到零。因此，若以三角波脉冲近似地代替单位脉冲，所测定的频率 f 范围应使

$$\omega T < 2\pi$$

所以 $\qquad \omega < \dfrac{2\pi}{T} \quad$ 即 $2\pi f < \dfrac{2\pi}{T}$，$f < \dfrac{1}{T}$ 或 $T < \dfrac{1}{f}$

T 为三角形脉冲作用时间，T 愈小，可测量的频率范围愈宽。对方波脉冲信号，同样的 T 所能测量的频率范围更小。

若系统实验要求的频率范围不能满足上述要求，则不能将三角波或方波脉冲近似地看作理想单位脉冲来处理，而应该用式(5-50)计算系统的实验频率特性。具体算法如下：

三角波输入时系统的频率特性为

$$G(j\omega) = \frac{Y(j\omega)}{X(j\omega)}$$

$$= \frac{\Delta t \sum\limits_{n=0}^{(N-1)} y(n\Delta t)\cos(\omega n\Delta t) - j\Delta t \sum\limits_{n=0}^{(N-1)} y(n\Delta t)\sin(\omega n\Delta t)}{\dfrac{8}{T^2\omega^2}\left(1 - \cos\dfrac{\omega T}{2}\right)e^{-j\frac{\omega T}{2}}}$$

$$= \frac{\Delta t \sum\limits_{n=0}^{(N-1)} y(n\Delta t)\cos(\omega n\Delta t) - j\Delta t \sum\limits_{n=0}^{(N-1)} y(n\Delta t)\sin(\omega n\Delta t)}{\dfrac{8}{T^2\omega^2}\left(1 - \cos\dfrac{\omega T}{2}\right)\cos\dfrac{\omega T}{2} - j\dfrac{8}{T^2\omega^2}\left(1 - \cos\dfrac{\omega T}{2}\right)\sin\dfrac{\omega T}{2}}$$

$$= \frac{\mathrm{Re}(\omega) + j\mathrm{Im}(\omega)}{A + jB} = \frac{(\mathrm{Re}(\omega) + j\mathrm{Im}(\omega))(A - jB)}{A^2 + B^2}$$

$$= \frac{(\mathrm{Re}(\omega)A + \mathrm{Im}(\omega)B) + j(\mathrm{Im}(\omega)A - \mathrm{Re}(\omega)B)}{A^2 + B^2} = G_实(\omega) + jG_虚(\omega)$$

式中 $\quad \mathrm{Re}(\omega) = \Delta t \sum\limits_{n=0}^{(N-1)} y(n\Delta t)\cos(\omega n\Delta t)$

$$\mathrm{Im}(\omega) = -\Delta t \sum\limits_{n=0}^{(N-1)} y(n\Delta t)\sin(\omega n\Delta t)$$

$$A = \frac{8}{T^2\omega^2}\left[\left(1 - \cos\frac{\omega T}{2}\right)\cos\frac{\omega T}{2}\right]$$

$$B = -\frac{8}{T^2\omega^2}\left[\left(1 - \cos\frac{\omega T}{2}\right)\sin\frac{\omega T}{2}\right]$$

方波输入时系统的频率特性为

$$G(j\omega) = \frac{Y(j\omega)}{X(j\omega)}$$

$$= \frac{\Delta t \sum_{n=0}^{(N-1)} y(n\Delta t)\cos(\omega n\Delta t) - j\cdot\Delta t \sum_{n=0}^{(N-1)} y(n\Delta t)\sin(\omega n\Delta t)}{\frac{2}{\omega T}\sin\frac{\omega T}{2}\cos\frac{\omega T}{2} - j\frac{2}{\omega T}\sin^2\frac{\omega T}{2}}$$

$$= G_{\text{实}}(\omega) + jG_{\text{虚}}(\omega)$$

（4）任意波形输入

上述离散傅氏变换方法,可进一步推广到任意波形输入,分别测量系统的输入和输出数据,按式(5-48)进行傅氏变换,用式(5-50)即可求得系统的实验频率特性:

$$G(j\omega) = \frac{Y(j\omega)}{X(j\omega)}$$

$$= \frac{\Delta t \sum_{n=0}^{(N-1)} y(n\Delta t)\cos(\omega n\Delta t) - j\cdot\Delta t \sum_{n=0}^{(N-1)} y(n\Delta t)\sin(\omega n\Delta t)}{\Delta t \sum_{n=0}^{(N-1)} x(n\Delta t)\cos(\omega n\Delta t) - j\cdot\Delta t \sum_{n=0}^{(N-1)} x(n\Delta t)\sin(\omega n\Delta t)}$$

$$= \frac{C + jD}{A + jB} = G_{\text{实}}(\omega) + jG_{\text{虚}}(\omega)$$

式中　　$C = \Delta t \sum_{n=0}^{(N-1)} y(n\Delta t)\cos(\omega n\Delta t)$

$$D = -\Delta t \sum_{n=0}^{(N-1)} y(n\Delta t)\sin(\omega n\Delta t)$$

$$A = \Delta t \sum_{n=0}^{(N-1)} x(n\Delta t)\cos(\omega n\Delta t)$$

$$B = -\Delta t \sum_{n=0}^{(N-1)} x(n\Delta t)\sin(\omega n\Delta t)$$

若系统输入信号为三角波信号,系统输出为 $y(t)$,如图 5-57 所示。

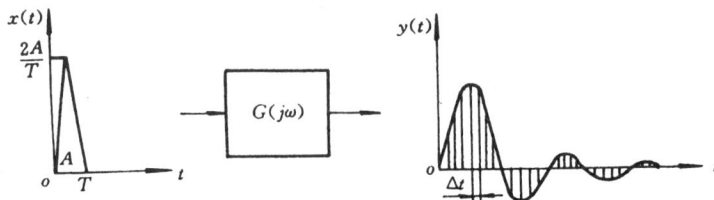

图 5-57　系统在三角波作用下及其输出

已知参数：　T——三角波作用时间；

　　　　　　A——三角波面积；

Δt——输出波形采样间隔；

n^*——采样数；

$y(n)$——采样点上的采样值$(n=1,2,\cdots,n^*)$；

K^*——所需计算的频率总个数；

$\omega(K)$——所需计算的频率值$(k=1,2,\cdots,K^*)$。

计算三角波输入时系统频率特性的计算流程图如图 5-58 所示，可分别计算出不同频率下频率特性的离散值。

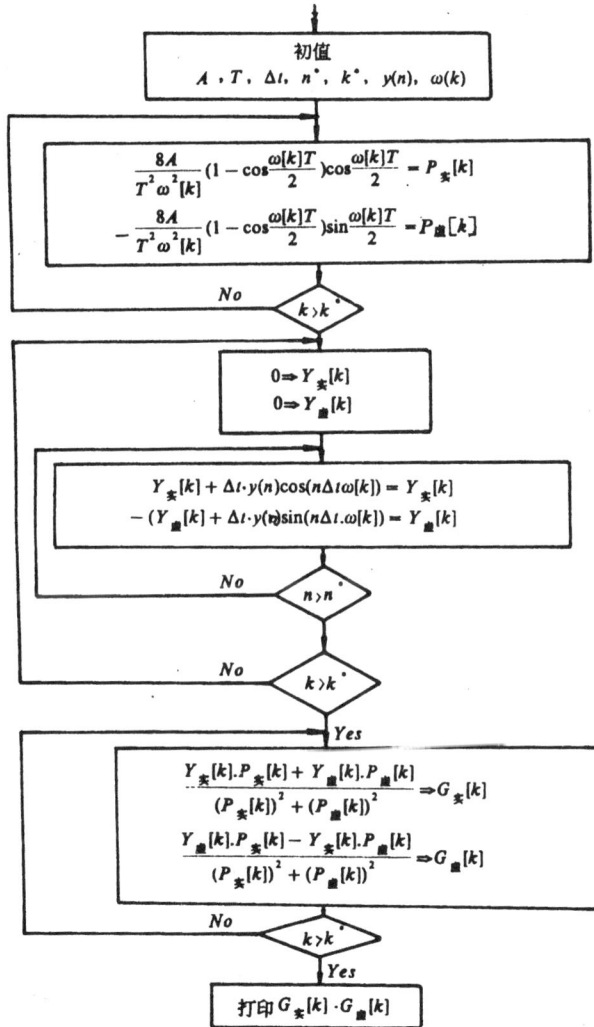

图 5-58　频率特性计算流程图

图中：

$$G(j\omega_i) = \mathrm{Re}(\omega_i) + j\mathrm{Im}(\omega_i)$$

$$(\omega_i = \omega_1, \omega_2, \cdots, \omega_{K^*})$$

$$\mathrm{Re}(\omega_i) = G_{\text{实}}[K]$$

$$\mathrm{Im}(\omega_i) = G_{\text{虚}}[K]$$

$$\varphi_i = \arctan \frac{\mathrm{Im}(\omega_i)}{\mathrm{Re}(\omega_i)}$$

它们均为频率 ω 的函数。根据上述计算结果即可画出系统频率特性的实验曲线,从而进一步求出系统的传递函数。

3. 由伯德图估计最小相位系统的传递函数

根据实验频率特性,可以画出系统的对数幅频曲线,将该曲线用斜率为 $0, \pm 20, \pm 40$（dB/dec）等直线近似,可得到渐近对数幅频特性曲线,从而估计系统的传递函数。

系统型次和增益 K 可由系统幅频特性曲线的低频部分近似估计。由系统幅频特性与系统型次的关系可知:

0 型系统　对数幅频曲线低频部分是一条水平线,增益 K 满足 $20\lg K = 20\lg|G(j\omega)|$ $(\omega \ll 1)$

Ⅰ型系统　对数幅频曲线低频部分是斜率为 $-20\,\mathrm{dB/dec}$ 的直线,增益等于该渐近线(或其延长线)与零分贝线交点处的频率,即 $K = \omega$。

Ⅱ型系统　对数幅频曲线低频部分是斜率为 $-40\,\mathrm{dB/dec}$ 的直线,增益的平方根等于该渐近线(或其延长线)与零分贝线交点处频率,即 $\sqrt{K} = \omega$。

上述特性可见图 5-17,5-18,和 5-19。

系统基本环节及转角频率可由渐近对数幅频特性曲线斜率的变化来确定。若渐近线斜率变化为 $\pm 20\,\mathrm{dB/dec}$,则传递函数中应包含 $1/[1+j\omega T]$ 或 $(1+j\omega T)$ 环节,渐近线交点频率即为转角频率 $\omega_T = \dfrac{1}{T}$。若渐近线斜率变化为 $\pm 40\,\mathrm{dB/dec}$,则传递函数应包含 $1/\left[1+2\zeta\left(j\dfrac{\omega}{\omega_n}\right)+\left(\dfrac{\omega}{\omega_n}\right)^2\right]$ 或 $\left[1+2\zeta\left(j\dfrac{\omega}{\omega_n}\right)+\left(\dfrac{\omega}{\omega_n}\right)^2\right]$ 环节,渐近线交点频率即转角频率就是无阻尼自然频率 ω_n,阻尼比 ζ 可通过转角频率附近的谐振峰值 M_r 来估计。

由实验得到的对数相频曲线可用来检验由对数幅频曲线确定的传递函数。对最小相位系统而言,实验所得的相频曲线必须与由幅频曲线确定的系统传递函数的理论相频曲线大致相符,而在低频范围及高频范围应严格相符。如果不符,可断定系统必定是一个非最小相位系统。若实验所得相位角与由理论计算的相位角相差一个恒定的相位变化率,则系统必存在延时环节。此时系统传递函数应为 $G(s)e^{-TS}$,则

$$\angle G(j\omega)e^{-j\omega T} - \angle G(j\omega) = -T\omega$$

T 可由下式确定:

$$\lim_{\omega \to \infty} \frac{\mathrm{d}}{\mathrm{d}\omega} \angle G(j\omega)e^{-j\omega T} = -T$$

若实验所得到的高频末端的相位角比理论计算的相位角滞后 $180°$,那么传递函数中就有一个零点位于右半 S 平面。

例 5-8　由实验得到的系统对数幅频曲线如图 5-59 所示,试估计它们的传递函数。

解:　(a) 系统为 0 型系统,由两个惯性环节串联组成。

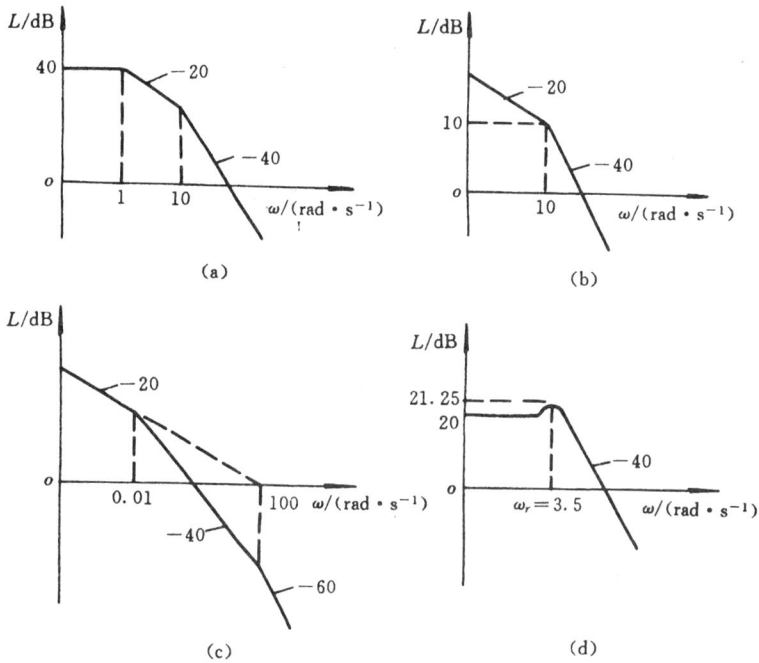

图 5-59　例 5-8 中各系统的对数幅频图

$$20\lg K = 40(\text{dB}) \qquad \text{所以} \qquad \text{增益 } K = 100$$

$$G(s) = \frac{100}{(s+1)(\frac{s}{10}+1)}$$

（b）系统为 I 型系统，由一个积分环节和惯性环节串联组成。

当 $\omega=1$ 时，对应幅值为 30(dB)，故

$$20\lg K = 30(\text{dB}), \qquad \text{所以} \qquad \text{增益 } K = 31.6$$

$$G(s) = \frac{31.6}{s(\frac{s}{10}+1)}$$

（c）系统为 I 型系统，由一个积分环节和两个惯性环节组成，增益 $K=100$，故

$$G(s) = \frac{100}{s(\frac{s}{0.01}+1)(\frac{s}{100}+1)}$$

（d）系统为 0 型系统，由振荡环节组成。

$$20\lg K = 20(\text{dB}) \qquad \text{所以} \qquad \text{增益 } K = 10$$

根据幅频曲线可知：

$$21.25 - 20 = 20\lg M_r(\text{dB}), \qquad \text{所以} \qquad M_r = 1.155$$

$$M_r = \frac{1}{2\zeta\sqrt{1-\zeta^2}} = 1.155, \qquad \text{所以} \qquad \zeta = 0.5$$

$$\omega_r = \omega_n\sqrt{1-2\zeta^2} = 3.5, \qquad \text{所以} \qquad \omega_n = 4.95$$

故系统为

$$G(s) = \frac{10}{\dfrac{s^2}{4.95^2} + \dfrac{s}{4.95} + 1}$$

4. 曲线拟合

在系统辨识时,由于实验过程存在外界干扰、测量误差等随机因素,因此实验所得的频率特性的离散值必然具有一定的误差和分散性,从而在绘制实验频率特性的伯德图时,如何选取合适的渐近线来描述真实系统的传递函数是一个十分重要的问题。所谓曲线似合,就是由实验所得的频率特性的一个系列离散值 $G(j\omega_i)$,采用最小二乘法原理来求系统传递函数的理论解析式。下面我们着重介绍山下法的基本原理和计算流程。

已知实验所得频率特性 $G(j\omega)$ 的一组离散值

$$G(j\omega_i) = \mathrm{Re}(\omega_i) + j\mathrm{Im}(\omega_i) \tag{5-56}$$

式中　ω_i——频率取值,$(i=1,2,\cdots,K)$

设系统频率特性的理论表达式为 $G^*(j\omega)$,对于线性系统,频率特性总可以表达为二个以频率为自变量的多项式之比

$$G^*(j\omega) = \frac{A_0 + A_1(j\omega) + A_2(j\omega)^2 + A_3(j\omega)^3 + \cdots}{1 + B_1(j\omega) + B_2(j\omega)^2 + B_3(j\omega)^3 + \cdots} \tag{5-57}$$

将式(5-57)的分子和分母分离成实部和虚部

$$
\begin{aligned}
G^*(j\omega) &= \frac{\{A_0 - A_2\omega^2 + A_4\omega^4 - \cdots\} + j\omega(A_1 - A_3\omega^2 + A_5\omega^4 - \cdots)}{(1 - B_2\omega^2 + B_4\omega^4 - \cdots) + j\omega(B_1 - B_3\omega^2 + B_5\omega^4 - \cdots)} \\
&= \frac{\alpha + j\omega\beta}{\sigma + j\omega\tau} = \frac{N(\omega)}{D(\omega)}
\end{aligned} \tag{5-58}
$$

式中

$$
\left.
\begin{aligned}
\alpha &= A_0 - A_2\omega^2 + A_4\omega^4 - \cdots \\
\beta &= A_1 - A_3\omega^2 + A_5\omega^4 - \cdots \\
\sigma &= 1 - B_2\omega^2 + B_4\omega^4 - \cdots \\
\tau &= B_1 - B_3\omega^2 + B_5\omega^4 - \cdots
\end{aligned}
\right\} \tag{5-59}
$$

设拟合误差为

$$\varepsilon(\omega) = G(j\omega) - G^*(j\omega) = G(j\omega) - \frac{N(\omega)}{D(\omega)} \tag{5-60}$$

为计算方便,采用加权式,以获得线性回归表达式,新的误差函数 $e(\omega)$ 为

$$e(\omega) = \varepsilon(\omega) \cdot D(\omega) = D(\omega) \cdot G(j\omega) - N(\omega) \tag{5-61}$$

衡量拟合精度的评价函数为

$$E = \sum_{i=1}^{K} e^2(\omega_i) = \sum_{i=1}^{K} \left| D(\omega_i)G(j\omega_i) - N(\omega_i) \right|^2 \tag{5-62}$$

由于误差加权而定义的评价函数,在用最小二乘原理求理论表达式时势必会影响低频处拟合精度。为克服这一缺点,在评价函数中再增加一个权因子以抵消加权 $D(\omega_i)$ 的影响,从而改善拟合效果,即评价函数为

$$E = \sum_{i=1}^{K} \varphi_i e^2(\omega_i) = \sum_{i=1}^{K} \varphi_i \left| D(\omega_i)G(j\omega_i) - N(\omega_i) \right|^2 \tag{5-63}$$

式中　$\varphi_i = \dfrac{1}{|D(\omega_i)|^2}$。

式(5-63)是包含了传递函数中待辨识参数 $A_0, A_1, \cdots, B_1, B_2, \cdots$ 的多项式。最小二乘原理就是使拟合误差 E 为最小时,求取系统传递函数中参数 A 和 B 的最佳值。

将式(5-56),式(5-58)代入式(5-63),得

$$
\begin{aligned}
E &= \sum_{i=1}^{K} \varphi_i |[\mathrm{Re}(\omega_i) + j\mathrm{Im}(\omega_i)](\sigma_i + j\omega_i\tau_i) - (\alpha_i + j\omega_i\beta_i)|^2 \\
&= \sum_{i=1}^{K} \varphi_i |[\mathrm{Re}(\omega_i)\sigma_i - \omega_i\tau_i\mathrm{Im}(\omega_i) - \alpha_i]^2 + [\mathrm{Re}(\omega_i)\tau_i\omega_i + \mathrm{Im}(\omega_i)\sigma_i - \omega_i\beta_i)]^2| \\
&= \sum_{i=1}^{K} \varphi_i [a^2(\omega_i) - b^2(\omega_i)]
\end{aligned}
$$
(5-64)

E 取极小值时,则 E 对待辨识参数 $A_0, A_1, A_2, \cdots, B_1, B_2, \cdots$ 的偏导数为零,即

$$
\begin{cases}
\dfrac{\partial E}{\partial A_0} = \sum_{i=1}^{K} \varphi_i[-2(\mathrm{Re}(\omega_i)\sigma_i - \omega_i\tau_i\mathrm{Im}(\omega_i) - \alpha_i)] = 0 \\[2mm]
\dfrac{\partial E}{\partial A_1} = \sum_{i=1}^{K} \varphi_i[-2\omega_i(\omega_i\tau_i\mathrm{Re}(\omega_i) + \sigma_i\mathrm{Im}(\omega_i)_i - \omega_i\beta_i)] = 0 \\[2mm]
\dfrac{\partial E}{\partial A_2} = \sum_{i=1}^{K} \varphi_i[2\omega_i^2(\sigma_i\mathrm{Re}(\omega_i) - \omega_i\tau_i\mathrm{Im}(\omega_i) - \alpha_i)] = 0 \\[2mm]
\quad\vdots \\[2mm]
\dfrac{\partial E}{\partial B_1} = \sum_{i=1}^{K} \varphi_i[-2\omega_i\mathrm{Im}(\omega_i)(\sigma_i\mathrm{Re}(\omega_i) - \omega_i\tau_i\mathrm{Im}(\omega_i) - \alpha_i) \\[1mm]
\qquad\qquad + 2\mathrm{Re}(\omega_i)\omega_i(\mathrm{Re}(\omega_i)\tau_i\omega_i + \mathrm{Im}(\omega_i)\sigma_i - \omega_i\beta_i)] = 0 \\[2mm]
\dfrac{\partial E}{\partial B_2} = \sum_{i=1}^{K} \varphi_i[-2\omega_i^2\mathrm{Re}(\omega_i)(\mathrm{Re}_i(\omega)\sigma_i - \omega_i\tau_i\mathrm{Im}(\omega_i) - \alpha_i) \\[1mm]
\qquad\qquad - 2\omega_i^2\mathrm{Im}(\omega_i)(\mathrm{Re}(\omega_i)\tau_i\omega_i + \mathrm{Im}(\omega_i)\sigma_i - \omega_i\beta_i)] = 0 \\[2mm]
\dfrac{\partial E}{\partial B_3} = \sum_{i=1}^{K} \varphi_i[2\omega_i^3\mathrm{Im}(\omega_i)(\sigma_i\mathrm{Re}(\omega_i) - \omega_i\tau_i\mathrm{Im}(\omega_i) - \alpha_i) \\[1mm]
\qquad\qquad - 2\omega_i^3\mathrm{Re}(\omega_i)(\mathrm{Re}(\omega_i)\tau_i\omega_i + \mathrm{Im}(\omega_i)\sigma_i - \omega_i\beta_i)] = 0
\end{cases}
$$
(5-65)

由方程组(5-65)可求得各参数 $A_0, A_1, A_2, \cdots, B_1, B_2, \cdots$ 的最优值。

为分离方程组中的未知系数,设

$$
\begin{cases}
\alpha_i = A_0 - \alpha'_i \\
\beta_i = A_1 - \beta'_i \\
\sigma_i = 1 - \sigma'_i \\
\tau_i = B_1 - \tau'_i
\end{cases}
$$
(5-66)

$$\begin{cases} \displaystyle\sum_{i=1}^{K}\varphi_i[A_0-\alpha'_i+\mathrm{Re}(\omega_i)\sigma'_i+\omega_i\mathrm{Im}(\omega_i)B_1-\omega_i\mathrm{Im}(\omega_i)\tau'_i]=\sum_{i=1}^{K}\varphi_i\mathrm{Re}(\omega_i) \\[3mm] \displaystyle\sum_{i=1}^{K}\varphi_i[\omega_i^2(A_i-\beta'_i)+\omega_i\mathrm{Im}(\omega_i)\sigma'_i-\omega_i^2\mathrm{Re}(\omega_i)(B_1-\tau'_i)]=\sum_{i=1}^{K}\varphi_i\omega_i\mathrm{Im}(\omega_i) \\[3mm] \displaystyle\sum_{i=1}^{K}\varphi_i[\omega_i^2\mathrm{Re}(\omega_i)\sigma'_i+\omega_i^2\mathrm{Im}(\omega_i)(B_1-\tau'_i)+\omega_i^2((A_0-\alpha'_i)]=\sum_{i=1}^{K}\varphi_i\omega_i^2\mathrm{Re}(\omega_i) \\[3mm] \vdots \\[2mm] \displaystyle\sum_{i=1}^{K}\varphi_i[\omega_i\mathrm{Im}(\omega_i)(A_0-\alpha'_i)-\omega_i^2\mathrm{Re}(\omega_i)(A_1-\beta'_i)+\omega_i^2(\mathrm{Re}^2(\omega_i) \\[3mm] \qquad +\mathrm{Im}^2(\omega_i))(B_1-\tau'_i)]=0 \\[3mm] \displaystyle\sum_{i=1}^{K}\varphi_i[\omega_i^2\mathrm{Re}(\omega_i)(A_0-\alpha'_i)+\omega_i^2\mathrm{Im}(\omega_i)(A_i-\beta'_i)+\omega_i^2(\mathrm{Re}^2(\omega_i) \\[3mm] \qquad +\mathrm{Im}^2(\omega_i))\sigma'_i=\sum_{i=1}^{K}\varphi_i\omega_i^2(\mathrm{Re}^2(\omega_i)+\mathrm{Im}^2(\omega_i)) \end{cases} \tag{5-67}$$

令
$$\begin{cases} \displaystyle\lambda_j=\sum_{i=1}^{k}\varphi_i\omega_i^j \\[3mm] \displaystyle S_j=\sum_{i=1}^{K}\varphi_i\omega_i^j\mathrm{Re}(\omega_i) \\[3mm] \displaystyle T_j=\sum_{i=1}^{K}\varphi_i\omega_i^j\mathrm{Im}(\omega_i) \\[3mm] \displaystyle U_j=\sum_{i=1}^{K}\varphi_i\omega_i(\mathrm{Re}^2(\omega_i)+\mathrm{Im}^2(\omega_i)) \end{cases} \tag{5-68}$$

将式(5-68)代入式(5-67),经整理得到如下线性代数方程组,该方程组待辨识的未知参数已被分离并以方程组中求未知数(即方程组的解)的形式出现。

$$\begin{cases} A_0\lambda_0-A_2\lambda_2+A_4\lambda_4-\cdots+B_1T_1+B_2S_2-B_3T_3-B_4S_4+\cdots=S_0 \\[2mm] A_1\lambda_2-A_3\lambda_4+A_3\lambda_6-\cdots+B_1S_2+B_2T_3-B_3S_4-B_4T_5+\cdots=T_1 \\[2mm] A_0\lambda_2-A_2\lambda_4+A_4\lambda_6-\cdots+B_1T_3+B_2S_4-B_3T_5-B_4S_6+\cdots=S_2 \\[2mm] \vdots \\[2mm] A_0T_1-A_1S_2-A_2T_3+A_3S_4+\cdots+B_1U_2-B_3U_4+B_5U_6+\cdots=0 \\[2mm] A_0S_2+A_1T_3-A_2S_4-A_3T_5+\cdots+B_2U_4-B_4U_6+B_6U_3-\cdots=U_2 \\[2mm] A_0T_3-A_1S_4-A_2T_5+A_3S_6+\cdots+B_1U_4-B_3U_6+B_5U_8-\cdots=0 \\[2mm] \vdots \end{cases} \tag{5-69}$$

将式(5-69)写成矩阵形式

$$[C]\cdot[X]=[D] \tag{5-70}$$

其中: $[X]=\begin{bmatrix}A_0 & A_1 & A_2 & A_3 & \cdots & B_1 & B_2 & B_3 & \cdots\end{bmatrix}^T$

$[D]=\begin{bmatrix}S_0 & T_1 & S_2 & T_3 & \cdots & 0 & U_2 & 0 & \cdots\end{bmatrix}^T$

$$[C] = \begin{bmatrix} \lambda_0 & 0 & -\lambda_2 & 0 & \lambda_4 & \cdots & T_1 & S_2 & -T_3 & -S_4 & T_5 \\ 0 & \lambda_2 & 0 & -\lambda_4 & 0 & \cdots & -S_2 & T_3 & S_4 & -T_5 & -S_6 \\ \lambda_2 & 0 & -\lambda_4 & 0 & \lambda_6 & \cdots & T_3 & S_4 & -T_5 & -S_6 & T_6 \\ \vdots & & & & & & & & & & \\ T_1 & -S_2 & -T_3 & S_4 & T_5 & \cdots & U_2 & 0 & -U_4 & 0 & U_6 \\ S_2 & T_3 & -S_4 & -T_5 & S_6 & \cdots & 0 & U_4 & 0 & -U_6 & 0 \\ T_3 & -S_4 & -T_5 & S_6 & T_7 & \cdots & U_4 & 0 & -U_6 & 0 & U_8 \\ \vdots & & & & & & & & & & \end{bmatrix}$$

首先令 $\varphi_i = 1$，求解方程组(5-70)，即可求得系统传递函数诸参数的估计值 $\tilde{A}_0, \tilde{A}_1, \tilde{A}_2, \cdots, \tilde{B}_1, \tilde{B}_2, \tilde{B}_3, \cdots$，由这些估计值求出相应的 φ_i

$$\varphi_i = \frac{1}{|D(\omega_i)|} = \frac{1}{|\sigma_i + j\omega\tau_i|^2} \tag{5-71}$$

将求得的 φ_i 值代入式(5-68)，再解方程组(5-70)，又可得到诸参数新的估计值，然后再按式(5-71)计算新的 φ_i 值，再解方程组。经过几次迭代，逐渐收敛，从而得到所要辨识系统的传递函数参数的最佳估计值。

山下提出的拟合方法，给出了迭代次数收敛与否的评价函数为

$$e_c = \frac{1}{K+1} \sum_{i=1}^{K} \left| 1 - \frac{D^m(\omega_i)}{D^{m-1}(\omega_i)} \right| \tag{5-72}$$

式中 m 为迭代次数，K 为采样点个数。当 $e_c \ll 0.05$ 时，可认为拟合精度已足够高，迭代计算终止。

曲线拟合的计算流程如图 5-60 所示。

输入初始值说明如下：

Re(ω_i)——频率特性实部；

Im(ω_i)——频率特性虚部；

i(取 1~K)——频率序号；

j^*——由拟合的最高阶次决定的 j 的最大取值（j^* 即为公式(5-68)中的 j）

N_2——传递函数分子的阶数；

D_2——传递函数分母的阶数；

m——迭代次数。

复 习 思 考 题

1. 什么叫频率响应？
2. 系统的频率特性的定义？它由哪两部分组成？
3. 机械系统的动刚度和动柔度如何表示？
4. 频率特性和单位脉冲函数的关系是什么？
5. 各典型环节的伯德图和乃奎斯特图。
6. 试述绘制系统的伯德图和乃奎斯特图的一般方法和步骤。
7. 最小相位系统与非最小相位系统的定义及本质区别。

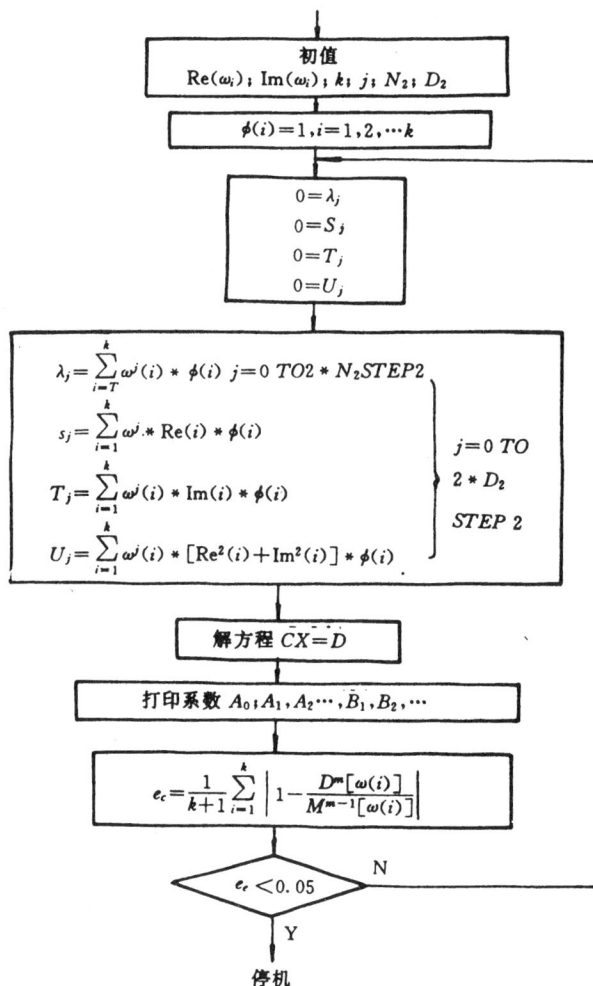

图 5-60 曲线拟合计算流程图

8. 频域性能指标 M_r, ω_r, ω_b 和频宽的定义是什么？如何计算二阶系统的上述指标？

9. 如何由开环频率特性确定系统的闭环频率特性。

10. 什么叫系统辨识？为什么要进行系统辨识？在本课程学习的基础上,可用哪些方法进行系统辨识？

习　题

5-1　设单位反馈控制系统的开环传递函数为

$$G(s) = \frac{10}{s+1}$$

当系统作用以下输入信号时,试求系统的稳态输出。

① $X(t) = \sin(t + 30°)$

② $X(t)=2\cos(2t-45°)$

③ $X(t)=\sin(t+30°)-2\cos(2t-45°)$

5-2 绘制下列各环节的伯德图

① $G(j\omega)=20$；　$G(j\omega)=-0.5$

② $G(j\omega)=\dfrac{10}{j\omega}$；　$G(j\omega)=(j\omega)^2$

③ $G(j\omega)=\dfrac{10}{1+j\omega}$；　$G(j\omega)=5(1+2j\omega)$

④ $G(j\omega)=\dfrac{1+0.2j\omega}{1+0.05j\omega}$；　$G(j\omega)=\dfrac{1+0.05j\omega}{1+0.2j\omega}$

⑤ $G(j\omega)=\dfrac{20(1+2j\omega)}{j\omega(1+j\omega)(10+j\omega)}$

⑥ $G(j\omega)=\dfrac{(1+0.2j\omega)(1+0.5j\omega)}{(1+0.05j\omega)(1+5j\omega)}$

⑦ $G(j\omega)=K_p+K_Dj\omega+\dfrac{K_I}{j\omega}$

⑧ $G(j\omega)=\dfrac{10(0.5+j\omega)}{(j\omega)^2(2+j\omega)(10+j\omega)}$

⑨ $G(j\omega)=\dfrac{1}{1+0.1j\omega+0.01(j\omega)^2}$

⑩ $G(j\omega)=\dfrac{9}{j\omega(0.5+j\omega)[1+0.6j\omega+(j\omega)^2]}$

5-3 绘制下列各环节的乃奎斯特图

① $G(j\omega)=\dfrac{1}{1+0.01j\omega}$

② $G(j\omega)=\dfrac{1}{j\omega(1+0.1j\omega)}$

③ $G(j\omega)=\dfrac{1}{1+0.1j\omega+0.01(j\omega)^2}$

④ $G(j\omega)=\dfrac{1+0.2j\omega}{1+0.05j\omega}$

⑤ $G(j\omega)=\dfrac{5}{j\omega(1+0.5j\omega)(1+0.1j\omega)}$

⑥ $G(j\omega)=\dfrac{kj\omega}{Tj\omega+1}$

⑦ $G(j\omega)=\dfrac{5}{(j\omega)^2}$

⑧ $G(j\omega)=\dfrac{50(1+0.6j\omega)}{(j\omega)^2(1+4j\omega)}$

⑨ $G(j\omega)=\dfrac{10(0.5+j\omega)}{(j\omega)^2(2+j\omega)(10+j\omega)}$

⑩ $G(j\omega)=\dfrac{(1+0.2j\omega)(1+0.5j\omega)}{(1+0.05j\omega)(1+5j\omega)}$

5-4 绘制下列各环节尼柯尔斯图

① $G(j\omega)=\dfrac{1}{1+0.01j\omega}$；　$G(j\omega)=1+0.01j\omega$

② $G(j\omega)=\dfrac{10}{j\omega}$；　$G(j\omega)=10j\omega$

③ $G(j\omega) = \dfrac{10}{1+0.1j\omega+0.01(j\omega)^2}$

④ $G(j\omega) = \dfrac{10(1+0.2j\omega)}{(1+0.05j\omega)}$;　　$G(j\omega) = \dfrac{10(1+0.05j\omega)}{1+0.2j\omega}$

⑤ $G(j\omega) = \dfrac{60(1+0.5j\omega)}{j\omega(1+5j\omega)}$

⑥ $G(j\omega) = \dfrac{20(1+2j\omega)}{j\omega(1+j\omega)(10+j\omega)}$

5-5　为使题 5-5 图所示系统的截止频率 $\omega_b=100(\mathrm{rad/s})$，$T$ 值应为多少？

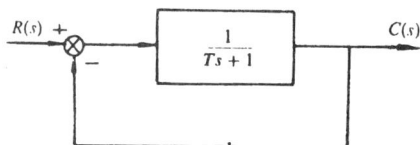

图题 5-5

5-6　设单位反馈系统的开环传递函数为

$$G(s) = \frac{10}{(0.2s+1)(0.02s+1)}$$

试求闭环系统的 M_r，ω_r 及 ω_b。

5-7　设单位反馈系统的开环传递函数分别为

$$G_1(s) = \frac{K}{(s+4)^2};\quad G_2(s) = \frac{K}{s(0.25s^2+0.4s+1)}$$

试确定 K，使闭环系统的 $M_r=1.4$，同时求出 ω_r 和 ω_b。

5-8　有下列最小相位系统，通过实验求得各系统的对数幅频特性如题 5-8 图，试估计它们的传递函数。

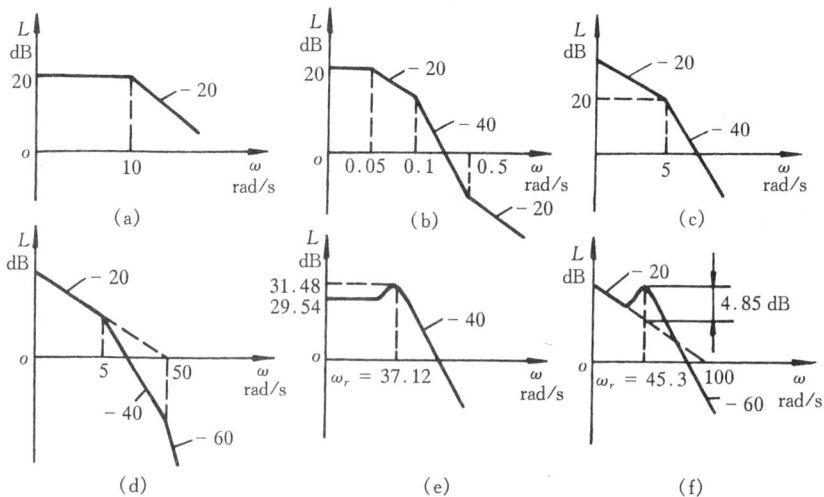

图题 5-8

第6章 系统的稳定性

稳定性是机械工程系统的重要性能指标之一,本章仅研究线性定常系统的稳定性问题。在经典控制论中,对于判别一个定常系统是否稳定提供了多种方法。本章首先介绍线性系统稳定性的概念以及判别系统稳定性的基本准则;接着介绍劳斯—胡尔维茨稳定性判据,并重点讨论了乃奎斯特稳定性判据,以及根轨迹法,即如何通过系统的开环频率特性来判定相应闭环系统的稳定性;最后介绍系统相对稳定性及其表示形式。

6-1 稳定性

1. 稳定性的概念

稳定性是工程系统的重要性能指标之一。稳定性的定义是:系统在受到外界扰动作用时,其被控制量 $y_c(t)$ 将偏离平衡位置,当这个扰动作用去除后,若系统在足够长的时间内能恢复到其原来的平衡状态或者趋于一个给定的新的平衡状态,则该系统是稳定的,如图 6-1(a)所示。反之,若系统对干扰的瞬态响应随时间的推移而不断扩大(图 6-1(b))或发生持续振荡(图 6-1(c)),也就是一般所谓"自激振动",则系统是不稳定的。

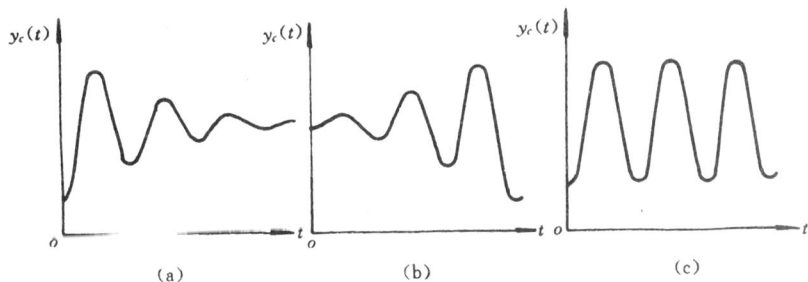

图 6-1 系统在扰动作用下的响应

只有稳定的系统才能正常地工作。在设计一个系统时,首先要保证其稳定;在分析一个已有系统时,也首先要判定其是否稳定。线性系统是否稳定,是系统本身的一个特性,而与系统的输入量或扰动无关。

2. 判别系统稳定性的基本准则

描述线性系统的微分方程,其形式一般为

$$a_n \frac{\mathrm{d}^n y(t)}{\mathrm{d}t^n} + a_{n-1} \frac{\mathrm{d}^{n-1} y(t)}{\mathrm{d}t^{n-1}} + \cdots + a_1 \frac{\mathrm{d}y(t)}{\mathrm{d}t} + a_0 y(t)$$

$$= b_m \frac{\mathrm{d}^m x(t)}{\mathrm{d}t^m} + b_{m-1} \frac{\mathrm{d}^{m-1} x(t)}{\mathrm{d}t^{m-1}} + \cdots + b_1 \frac{\mathrm{d}x(t)}{\mathrm{d}t} + b_0 x(t) \tag{6-1}$$

在第 2 章内已经介绍,可以用拉氏变换的数学方法求解(6-1)式。由式(2-30)得

$$A(s)Y(s) - A_0(s) = B(s)X(s) - B_0(s) \tag{6-2}$$

整理后可得

$$Y(s) = \frac{A_0(s) - B_0(s)}{A(s)} + \frac{B(s)}{A(s)}X(s) \tag{6-3}$$

再经拉氏反变换可得原函数

$$y(t) = L^{-1}\left[\frac{A_0(s) - B_0(s)}{A(s)}\right] + L^{-1}\left[\frac{B(s)}{A(s)}X(s)\right] \tag{6-4}$$

上式右边的第一项是式(6-1)的齐次通解,是与初始条件 $A_0(s)$,$B_0(s)$ 有关而与输入或扰动 $x(t)$ 无关的补函数。令它为 $y_c(t)$,即

$$y_c(t) = L^{-1}\left[\frac{A_0(s) - B_0(s)}{A(s)}\right] \tag{6-5}$$

式(6-4)右边的第二项是式(6-1)的非齐次特解,是与初始条件无关而只与输入或扰动 $x(t)$ 有关的特解。令它为 $y_i(t)$,即

$$y_i(t) = L^{-1}\left[\frac{B(s)}{A(s)}X(s)\right] \tag{6-6}$$

既然系统的稳定与否要看系统在除去扰动后的运行情况,因此系统的补函数 $y_c(t)$ 反映了系统是否稳定。如果当 $t \to \infty$ 时,$y_c(t) \to 0$,则系统为稳定;若当 $t \to \infty$ 时,$y_c(t) \to \infty$,或是时间 t 之周期函数,则系统不稳定。为此,我们来求解 $y_c(t)$。

$$y_c(t) = L^{-1}\left[\frac{A_0(s) - B_0(s)}{A(s)}\right] = \sum_{i=1}^{n}\frac{N_0(s_i)}{A'(s_i)}e^{s_i t} \tag{6-7}$$

式中　$N_0(s_i) = A_0(s_i) - B_0(s_i)$

一般称 $A(s) = 0$ 为系统的"特征方程",它的解 s_i 为其特征根。

若 s_i 为复数,则由于实际物理系统 $A(s)$ 的系数均为实数,因此 s_i 总是以共轭复数形式成对出现,即

$$s_i = a \pm jb$$

此时,只有当其实部 $a < 0$ 时,方能使得在 $t \to \infty$ 时

$$e^{s_i t}\big|_{t\to\infty} = e^{at} \cdot e^{\pm jbt}\big|_{t\to\infty} = 0$$

亦即

$$y_c(t)\big|_{t\to\infty} \to 0$$

若 s_i 为实数,则只有当实数之值小于 0,即 $a < 0$ 时,方能使得在 $t \to \infty$ 时

$$y_c(t)\big|_{t\to\infty} \to 0$$

反之,若 s_i 的实部 $a > 0$,则当 $t \to \infty$ 时,将使得

$$e^{s_i t}\big|_{t\to\infty} \to \infty$$

即

$$y_c(t)\big|_{t\to\infty} \to \infty$$

则系统不稳定。

若 s_i 之实部 $a = 0$,则 $s_i = \pm jbt$。$y_c(t)$ 将包含 $(e^{+jbt} + e^{-jbt})/2$ 即 $\cos bt$ 这样的时间函数,系统将产生持续振荡,其振荡频率 ω 即等于 b,系统也不稳定。

综上所述,判别系统稳定性的问题可归结为对系统特征方程的根的判别。即:一个系统稳定的必要和充分条件是其特征方程的所有的根都必须为负实数或为具有负实部的复数。亦即稳定系统的全部根 s_i 均应在复平面的左半平面,如图 6-2 及图 6-3(a)所示,其虚轴坐标值为振动频率 ω。反之,若有 s_i 落在包括虚轴在内的右半平面(如图 6-2 中阴影部分),则可判定该系统是不稳定的。如果在虚轴上,则系统产生持续振荡,其频率为 $\omega=\omega_i$(图 6-3(c));如果落在右半平面,则系统产生扩散振荡(图 6-2 及图 6-3(b))。这就是判别系统是否稳定的基本出发点。

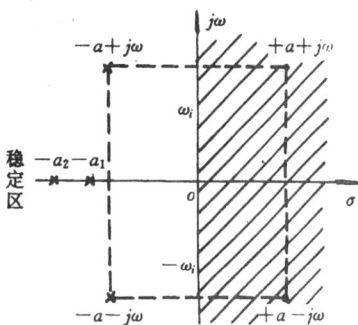

图 6-2 s 平面内的稳定域与不稳定域

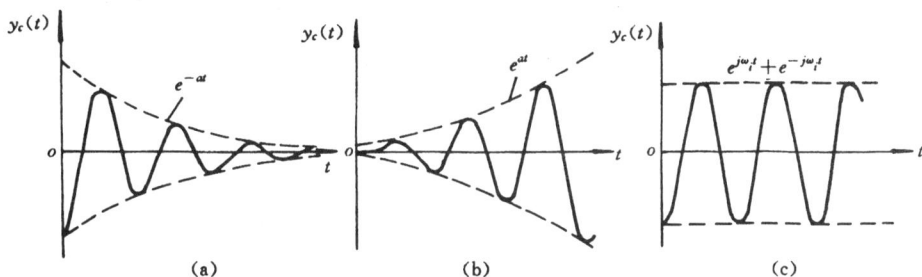

图 6-3 系统的响应曲线

应当指出,上述不稳定区虽然包括虚轴 $j\omega$,但并不包括虚轴所通过的坐标原点。因为在这一点上,相当于特征方程之根 $s_i=0$,系统仍属稳定。

由式(6-3)可知系统特征方程 $A(s)=0$,与系统输入输出的传递函数 $G(s)$ 分母的 s 多项式是相同的。因此,知道了系统的传递函数

$$G(s) = \frac{Y(s)}{X(s)} = \frac{B(s)}{A(s)}$$

取其分母 $A(s)=0$,即可分析系统的稳定性,这在工程应用中十分方便。

对如图 6-4 所示的具有反馈环节的机械工程系统,其输入输出之总传递函数即闭环传递函数为

$$F(s) = \frac{C(s)}{R(s)} = \frac{G(s)}{1+G(s)H(s)} \qquad (6-8)$$

令该传递函数的分母等于零就得到该系统的特征方程

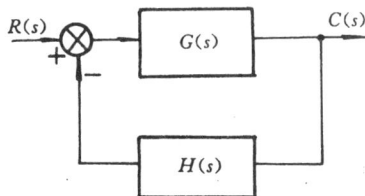

图 6-4 系统方块图

$$1 + G(s)H(s) = 0 \qquad (6-9)$$

为了判别系统是否稳定,必须确定(6-9)式的根是否全在复平面的左半平面。为此,可有两种途径:一种是求出所有的根;另一种途径是仅仅确定能保证所有的根均在 s 左半平面的系统参数之范围而并不求出根的具体值。直接计算方程式的根的方法过于繁杂,除简单的特征方程外,一般很少采用。工程实际中常采用的方法有"劳斯-胡尔维茨判据"、"乃奎斯特判据"以及

"根轨迹法"等。

6-2 劳斯-胡尔维茨稳定性判据

劳斯-胡尔维茨稳定性判据的根据是:利用特征方程式的根与系数的代数关系,由特征方程中的已知系数间接判别出方程的根是否具有负实部,从而判定系统是否稳定。因此它又被称作代数稳定性判据。这里不进行代数判据的数学推导,有兴趣的读者可参阅有关资料,以下介绍稳定性的判别方法。

1. 劳斯稳定性判别法

一般按如下程序进行:

(1) 首先写出系统的特征方程式

$$a_n s^n + a_{n-1} s^{n-1} + a_{n-2} s^{n-2} + \cdots + a_0 = 0 \tag{6-10}$$

(2) 由代数方程式的性质可知,式(6-10)的根的实部全为负的必要条件是它的系数 $a_n, a_{n-1}, a_{n-2}, \cdots, a_0$ 的符号全部相同。若 $a_n, a_{n-1}, a_{n-2}, \cdots, a_0$ 中有不同的符号或其中某个为零(除 $a_0 = 0$ 外),则式(6-10)就会有带正实部的根,即系统不稳定。

式(6-10)各项系数符号相同是它的根具有负实部的必要条件,我们仅简要证明如下。假设式(6-10)的根 s_i 均为实数,若要系统稳定则 s_i 均应为负实数。现以 s_i 均为负实数作为前提条件,我们来考虑式(6-10)的系数。首先将式(6-10)各项同除以 a_n 并分解因式

$$s^n + a'_{n-1} s^{n-1} + \cdots + a's + a'_0$$
$$= (s - s_1)(s - s_2) \cdots (s - s_{n-1})(s - s_n) \tag{6-11}$$

式中 $s_i (i = 1, 2, \cdots, n)$ 均为方程的根。再将式(6-11)右边展开

$$(s - s_1)(s - s_2) \cdots (s - s_{n-1})(s - s_n)$$
$$= s^n - \left(\sum_{i=1}^{n} s_i \right) s^{n-1} + \left(\sum_{\substack{i=1 \\ j=2}}^{n} s_i s_j \right) s^{n-2} - \cdots + (-1)^n \prod_{i=1}^{n} s_i \tag{6-12}$$

由式(6-12)可以看出,其第一项为正,第二项的系数为 $\left[-1 \left(\sum_{i=1}^{n} s_i \right) \right]$。因为前提是 s_i 全为负实数,其和也是负实数,故整个第二项系数为正,第三项系数为 $+ \sum_{\substack{i=1 \\ j=2}}^{n} s_i s_j$,即每两个根的乘积之和。因为 s_i 及 s_j 均为负,故其乘积为正,第三项系数也是正。第四项系数为 $\left[-\left(\sum_{\substack{i=1 \\ j=2 \\ k=3}}^{n} s_i s_j s_k \right) \right]$,显然也为正。依次类推,只要多项式的根 s_i 全为负实数,则该多项式的系数必定全为正,或者更一般地讲,该多项式的全部系数必定符号相同。

但要注意,多项式系数符号相同仅是系统稳定的必要条件,而非充分条件,因为这时还不能排除有不稳定根的存在。为此,还应通过下述方法找出不稳定根是否存在及其数目。

(3) 在式(6-10)各项系数为同号的前提下,将各项系数排成如下数列:

$$
\begin{array}{c|cccc}
s^n & a_n & a_{n-2} & a_{n-4} & a_{n-6} & \cdots \\
s^{n-1} & a_{n-1} & a_{n-3} & a_{n-5} & \cdots \\
s^{n-2} & c_1 & c_2 & c_3 & \cdots \\
s^{n-3} & d_1 & d_2 & d_3 & \cdots \\
\vdots & \vdots & & & \\
s^1 & g_1 & & & \\
s^0 & h_1 & & &
\end{array}
\qquad (6\text{-}13)
$$

第一行为原系数的奇数项,第二行为原系数的偶数项。第三行 c_i 由第一第二行按下式计算

$$
c_1 = \frac{a_{n-1}a_{n-2} - a_n a_{n-3}}{a_{n-1}}
$$

$$
c_2 = \frac{a_{n-1}a_{n-4} - a_n a_{n-5}}{a_{n-1}}
$$

$$
c_3 = \frac{a_{n-1}a_{n-6} - a_n a_{n-7}}{a_{n-1}}
$$

系数 c 的计算,一直进行到其余的 c 值全部等于零为止。第四行 d_i 则 $\qquad$ (6-14)
按下式计算:

$$
d_1 = \frac{c_1 a_{n-3} - a_{n-1} c_2}{c_1}
$$

$$
d_2 = \frac{c_1 a_{n-5} - a_{n-1} c_3}{c_1}
$$

....

其余依次类推,一直算到第 $n+1$ 行为止,系数的完整阵列呈现为三角形。注意,在展开的阵列中,为了简化其后面的数值运算,可以用一个整数去除或乘某一整个行,这并不改变稳定性的结论。

于是,劳斯稳定判据可陈述如下:系统稳定的必要且充分的条件是,其特征方程(6-10)的全部系数符号相同,并且其劳斯数列(6-13)的第一列($a_n, a_{n-1}, c_1, d_1, \cdots$)之所有各项全部为正,否则,系统为不稳定。如果劳斯数列的第一列中发生符号变化,则其符号变化的次数就是其不稳定根的数目。例如:

+ + + + +　　　没有不稳定根(稳定)

+ + − − −　　　有一个不稳定根(不稳定)

+ + − + +　　　有两个不稳定根(不稳定)

例 6-1　设有系统传递函数为

$$
F(s) = \frac{3s^3 + 12s^2 + 17s - 20}{s^5 + 2s^4 + 14s^2 + 88s^2 + 200s + 800}
$$

判别其稳定性,如不稳定,要求出在 s 平面的右半平面的极点数目。

解:　其特征方程为

$$
s^5 + 2s^4 + 14s^3 + 88s^2 + 200s + 800 = 0
$$

式中各项系数均为正,排出劳斯数列。

数列之第一列中有两次符号变化,即从 $2 \rightarrow -30$,和 $-30 \rightarrow 74.7$。因此 $F(s)$ 有两个极点在 s 的右半平面,系统不稳定。

$$
\begin{array}{c|ccc}
s^5 & 1 & 14 & 200 \\
s^4 & 2 & 88 & 800 \\
s^3 & -30 & -200 & \\
s^2 & 74.7 & 800 & \\
s^1 & 121 & & \\
s^0 & 800 & &
\end{array}
$$

另一方面,如将特征方程解出,可得其根为

$$s_1 = -4$$

$$s_{2,3} = 2 \pm j4$$

$$s_{4,5} = -1 \pm j3$$

其中的确是有两个带正实部的根 $s_{2,3} = 2 \pm j4$,和上述劳斯判据结果相一致。

在应用劳斯判据时,如果发生第一列中出现零的情况,则因为不能用零除,数列将排不下去。这可有两种解决方法:

第一种方法是用一个小的正数 ε 代替 0,仍按上述方法计算各行,再令 $\varepsilon \to 0$ 求极限,再来判别第一列系数的符号。

例 6-2 特征方程为

$$s^5 + 2s^4 + 3s^3 + 6s^2 + 2s + 1 = 0$$

判别其是否稳定及不稳定根数目。

解: 排出劳斯数列

$$
\begin{array}{c|ccc}
s^5 & 1 & 3 & 2 \\
s^4 & 2 & 6 & 1 \\
s^3 & 0(\varepsilon) & \dfrac{3}{2} & \\
s^2 & \dfrac{6\varepsilon - 3}{\varepsilon} & 1 & \\
s^1 & \dfrac{3}{2} - \dfrac{\varepsilon^2}{6\varepsilon - 3} & & \\
s^0 & 1 & &
\end{array}
$$

当 $\varepsilon \to 0$ 时,$\dfrac{6\varepsilon - 3}{\varepsilon} \to -\infty$,而 $\dfrac{3}{2} - \dfrac{\varepsilon^2}{6\varepsilon - 3} \to \dfrac{3}{2}$。即第一列有两次符号变化,因此特征方程有两个根在 s 的右平面。

第二种方法是用 $s = 1/p$ 代入原特征方程式,得到一个新的含 p 的多项式,再对此 p 多项式应用劳斯判别法,p 的不稳定根数就等于 s 的不稳定根数。

例 6-3 用上述方法对上例中的特征方程式进行判别。

原特征方程

$$s^5 + 2s^4 + 3s^3 + 6s^2 + 2s + 1 = 0$$

用 $s = 1/p$ 代入该式,得到

$$p^5 + 2p^4 + 6p^3 + 3p^2 + 2p + 1 = 0$$

相应的劳斯数列为

$$\begin{array}{c|ccc}
p^5 & 1 & 6 & 2 \\
p^4 & 2 & 3 & 1 \\
p^3 & 9/2 & 3/2 \\
p^2 & 7/3 & 1 \\
p^1 & -3/7 \\
p^0 & 1
\end{array}$$

同样有两次符号变化,所得结论和前法一致。

在应用劳斯判据时,可能遇到的另一种困难情况是在劳斯数列中出现某一行的各项全为零的情况。这种情况意味着在 s 平面中存在着一些"对称"的根:一对(或几对)大小相等符号相反的实根;一对共轭虚根;或呈对称位置的两对共轭复根。在这种情况下,劳斯数列在全为零的一行处中断。为了写出下面各行,可将不为零的最后一行的各元素组成一个方程式,此方程称为"辅助方程式",式中 s 均为偶次,将该方程式对 s 求导。用求导得到的各项系数代替原为零的各项,然后按照劳斯数列的写法(见式 6-13 及 6-14)写出以下各行。至于这些大小相等符号相反的根,可解辅助方程而得到。

例 6-4 系统的特征方程为
$$s^6 + 2s^5 + 8s^4 + 12s^3 + 20s^2 + 16s + 16 = 0$$
其劳斯数列如下

$$\begin{array}{c|cccc}
s^6 & 1 & 8 & 20 & 16 \\
s^5 & 2 & 12 & 16 \\
s^4 & 2 & 12 & 16 \\
s^3 & 0 & 0
\end{array}$$

由于 s^3 行中各元素全为零,因此将 s^4 行的各元素构成一个辅助方程式
$$A(s) = 2s^4 + 12s^2 + 16$$
将此式对 s 求导
$$\frac{d}{ds}A(s) = 8s^3 + 24s$$
将该式的系数作为 s^3 行的各元素,写出劳斯数列

$$\begin{array}{c|cccc}
s^6 & 1 & 8 & 20 & 16 \\
s^5 & 2 & 12 & 16 \\
s^4 & 2 & 12 & 16 \\
s^3 & 8 & 24 \\
s^2 & 6 & 16 \\
s^1 & 8/3 \\
s^0 & 16
\end{array}$$

从劳斯数列可以看出,第一列中各元素并无符号改变,因此在 s 的右半平面没有特征方程的根存在。但是,既然在 s^3 行中,出现了元素全为零的情况,可见必有共轭根存在。这可借助于求解辅助方程而得到。
$$2s^4 + 12s^2 + 16 = 0$$
整理后得

$$s^4 + 6s^2 + 8 = 0$$

解此式得两对共轭虚根为

$$s_{1,2} = \pm j\sqrt{2}$$

$$s_{3,4} = \pm j2$$

这两对根同时也是原特征方程的根,它们位于虚轴上。由 6-1 中判别系统稳定性的基本准则可知,该特征方程所代表的系统实际上是不稳定的。

2. 胡尔维茨稳定性判别法

胡尔维茨法和劳斯法都属代数判据,只在处理技巧上有所不同,它是把特征方程的系数用相应的行列式表示。一个系统稳定,也就是系统特征方程(6-10)的所有根之实部为负的必要和充分条件为:

(1)特征方程的所有系数 $a_n, a_{n-1}, \cdots, a_0$ 均为正。

(2)由特征方程系数组成的下列行列式均为正:

$$D_1 = a_{n-1}$$

$$D_2 = \begin{vmatrix} a_{n-1} & a_{n-3} \\ a_n & a_{n-2} \end{vmatrix} ; D_3 = \begin{vmatrix} a_{n-1} & a_{n-3} & a_{n-5} \\ a_n & a_{n-2} & a_{n-4} \\ 0 & a_{n-1} & a_{n-3} \end{vmatrix}$$

$$\cdots\cdots$$

胡尔维茨行列式按下法组成:在主对角线上写出特征方程式的第二项的系数 a_{n-1} 到最后一项的系数 a_0,在主对角线以下的各行中,按列填充下标号码逐次增加的各系数,而在对角线以上的各行中,按列填充下标号码逐次减小的各系数。如果在某位置上按次序应填入的系数下标大于 n 或小于 0,则在该位置上填以零。对于 n 次特征方程来说,其主行列式为

$$D_n = \begin{vmatrix} a_{n-1} & a_{n-3} & a_{n-5} & a_{n-7} & \cdots & 0 & 0 & 0 \\ a_n & a_{n-2} & a_{n-4} & a_{n-6} & \cdots & 0 & 0 & 0 \\ 0 & a_{n-1} & a_{n-3} & a_{n-5} & & & & \\ \cdots & \cdots & \cdots & \cdots & \cdots & \cdots & \cdots & \cdots \\ \cdots & \cdots & \cdots & \cdots & \cdots & \cdots & \cdots & \cdots \\ \cdots & \cdots & \cdots & \cdots & & a_2 & a_0 & 0 \\ \cdots & \cdots & \cdots & \cdots & & a_3 & a_1 & 0 \\ 0 & 0 & 0 & 0 & \cdots & a_4 & a_2 & a_0 \end{vmatrix} \qquad (6\text{-}15)$$

当主行列式(6-15)及其主对角线上的各子行列式(如式(6-15)中用虚线所划出的各子行列式)均大于零时,特征方程式就没有根在 s 的右半平面,即系统稳定。

例 6-5 设系统的特征方程式为

$$s^4 + 8s^3 + 18s^2 + 16s + 5 = 0$$

可写出其胡尔维茨主行列式为

$$D_4 = \begin{vmatrix} 8 & 16 & 0 & 0 \\ 1 & 18 & 5 & 0 \\ 0 & 8 & 16 & 0 \\ 0 & 1 & 18 & 5 \end{vmatrix}$$

可得各子行列式分别为

$$D_1 = 8 > 0; \quad D_2 = \begin{vmatrix} 8 & 16 \\ 1 & 18 \end{vmatrix} = 128 > 0$$

$$D_3 = \begin{vmatrix} 8 & 16 & 0 \\ 1 & 18 & 5 \\ 0 & 8 & 16 \end{vmatrix} = 1728 > 0$$

$$D_4 = 8640 > 0$$

因这些子行列式均大于零,故系统稳定。

6-3 乃奎斯特稳定性判据

上述劳斯-胡尔维茨方法根据系统的特征方程判别其稳定性,对开环或闭环系统均适用,其缺点是不能知道稳定或不稳定的程度,也难知道系统中各参数对稳定性的影响。乃奎斯特稳定性判据是根据开环传递函数的性质来研究闭环反馈系统的不稳定根的数目,它不仅能判定系统是否稳定,而且也可从中找出改善系统特性的途径。

1. 基本原理

考虑图 5-37 所示的闭环系统,其闭环传递函数由式(5-35)表示:

$$F(s) = \frac{C(s)}{R(s)} = \frac{G(s)}{1 + G(s)H(s)}$$

闭环系统稳定的必要和充分条件是闭环特征方程的根全部在 s 的左半平面,只要有一个根在 s 的右半平面或在虚轴上,系统就不稳定。乃奎斯特判据也不必求根,而是通过系统开环乃奎斯特图以及开环极点的位置来判断闭环特征方程的根在 s 平面上的位置,从而判别系统的稳定性。下面分三步来说明乃奎斯特判据的原理。

(1)闭环特征方程

闭环特征方程

$$1 + G(s)H(s) = A(s)$$

其中 $G(s)$,$H(s)$ 都是复数 s 的函数,可分别表示为如下多项式之比:

$$G(s) = \frac{G_N(s)}{G_D(s)}; \quad H(s) = \frac{H_N(s)}{H_D(s)} \tag{6-16}$$

故开环传递函数为

$$G(s)H(s) = \frac{G_N(s) \cdot H_N(s)}{G_D(s) \cdot H_D(s)} \tag{6-17}$$

将式(6-16)代入式(5-35)得

$$\begin{aligned} F(s) &= \frac{G_N(s)/G_D(s)}{1 + \dfrac{G_N(s)H_N(s)}{G_D(s)H_D(s)}} \\ &= \frac{G_N(s)/G_D(s)}{\dfrac{G_D(s)H_D(s) + G_N(s)H_N(s)}{G_D(s)H_D(s)}} \end{aligned}$$

若式(6-17)中分母、分子 s 的阶次分别为 n 和 m，因为 $G(s)$ 和 $H(s)$ 均为物理可实现的环节，所以 $n \geqslant m$。闭环特征方程可写为

$$A(s) = \frac{G_D(s)H_D(s) + G_N(s)H_N(s)}{G_D(s)H_D(s)} \tag{6-18}$$

比较式(6-18)和式(6-17)，可得出：

① 闭环特征方程的极点与开环传递函数的极点完全相同；

② 由式(6-18)可看出闭环特征方程的零点数(即根数)等于其极点数 n。

因为开环的极点往往显而易见，所以可将开环的极点(式(6-17))看做闭环特征方程(式(6-18))的极点。

(2) 幅角原理

乃奎斯特判据要引用幅角原理，故在明确开环、闭环的零、极点间关系的基础上，扼要说明幅角原理。幅角原理阐明闭环特征方程零点、极点分布与开环幅角变化的关系。

将式(6-18)表示为因式分解形式

$$A(s) = \frac{(s-z_1)(s-z_2)\cdots(s-z_n)}{(s-p_1)(s-p_2)\cdots(s-p_n)} \tag{6-19}$$

式中 $z_1, z_2, \cdots, z_n$ 为闭环特征方程的 n 个零点，$p_1, p_2, \cdots, p_n$ 为它的 n 个极点，设这些零点、极点均已知，它们在 s 平面上的分布如图 6-5 所示。图中用"○"表示零点，"×"表示极点。式(6-19)中各因式 $(s-z_i)$，$(s-p_i)(i=1,2,\cdots,n)$ 均可表示为图 6-5 中的各向量，这些向量均可表示为指数形式

$$s - z_i = A_{z_i}e^{j\theta_{z_i}} \tag{6-20}$$

$$s - p_i = A_{p_i}e^{j\theta_{p_i}} \tag{6-21}$$

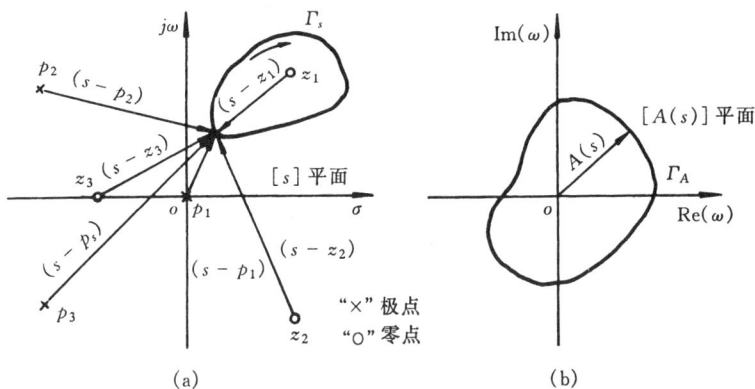

图 6-5 $[s]$ 平面与 $[A(s)]$ 平面的映射关系图

将式(6-20)，式(6-21)代入式(6-19)得

$$
\begin{aligned}
A(s) &= \frac{A_{z_1}e^{j\theta_{z_1}} \cdot A_{z_2}e^{j\theta_{z_2}} \cdots A_{z_n}e^{j\theta_{z_n}}}{A_{p_1}e^{j\theta_{p_1}} \cdot A_{p_2}e^{j\theta_{p_i}} \cdots A_{p_n}e^{j\theta_{p_n}}} \\
&= \prod_{i=1}^{n} \frac{A_{z_i}}{A_{p_i}} \cdot e^{j\left(\sum\limits_{i=1}^{n}\theta_{z_i} - \sum\limits_{i=1}^{n}\theta_{p_i}\right)}
\end{aligned} \tag{6-22}
$$

若令顺时针方向的相位角变化为负,逆时针为正,当自变量 s 沿图 6-5(a)中封闭曲线 Γ_s 顺时针变化一圈时,式(6-22)中各向量及 $A(s)$ 的幅角均发生变化;图中零点 z_1 被包围在 Γ_s 中,则向量 $(s-z_1)$ 幅角的变化为 $\Delta\theta_{z_1} = -2\pi$;其它 $z_2, z_3, \cdots, p_1, p_2$ 等均在 Γ_s 之外,故相应的向量幅角的变化均为零,即 $\Delta\theta_{z_2} = \Delta\theta_{z_3} = \Delta\theta_{p_1} = \Delta\theta_{p_2} = \Delta\theta_{p_3} = 0$。

若 Γ_s 中包含 Z 个闭环特征方程的零点,p 个开环极点,当 s 沿 Γ_s 顺时针转一圈时,则向量 $A(s)$ 在〔$A(s)$〕平面上沿曲线 Γ_A 变化,如图 6-5(b)所示,根据式(6-22),其幅角的变化为

$$\Delta\angle A(s) = \sum_{i=1}^{z} \Delta\theta_{z_i} - \sum_{i=1}^{p} \Delta\theta_{p_i} = -z \cdot 2\pi - (-p \cdot 2\pi)$$
$$= 2\pi(p - z) \tag{6-23}$$

式(6-23)两边同除以 2π,得

$$N = p - z \tag{6-24}$$

式(6-24)为幅角原理的数学表达式,其中 N 表示当 s 沿 Γ_s 顺时针转一圈时,$A(s)$ 在 $[A(s)]$ 平面上绕原点沿 Γ_A 逆时针转的圈数。若

$N > 0$ 表示逆时针转的圈数;

$N = 0$ 表示 $A(s)$ 不包围原点;

$N < 0$ 表示顺时针转的圈数。

以图 6-6 为例说明如何确定 N:在 $[A(s)]$ 平面上,过原点任作一直线 OC,观察 $A(s)$ 形成的矢端曲线 Γ_A 以不同方向通过 OC 直线次数的差值来定 N,顺钟向通过为负,逆钟向通过为正。如图 6-6(a)中 Γ_A 曲线二次顺钟向通过直线 OC,故 $N = -2$;图 6-6(b)中 Γ_A 曲线分别有一次顺钟向和一次逆钟向通过直线 OC,差值为零,故 $N = 0$;依次类推,可得图 6-6(c)$N = -3$;图 6-6(d)$N = 0$。

(3)乃奎斯特判据

判别系统的稳定性,就是要判别在 s 的右

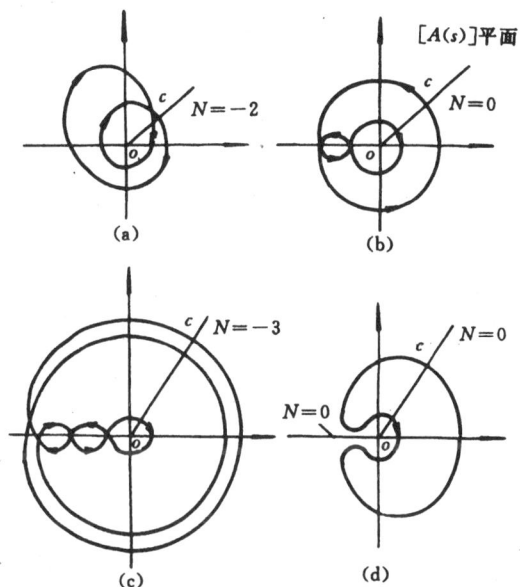

图 6-6 向量 $A(s)$ 的旋转圈数 N 的确定

半平面是否包含闭环特征方程的零点。为此,我们把图 6-5(a)中 s 平面上的 Γ_s 曲线扩大成为包括虚轴在内的右半平面半径为无穷大的半圆(图 6-7)。那么就可以通过式(6-24)来确定在 s 右半平面的零点数,如前所述。系统特征方程 $A(s)$ 的极点即为开环传递函数 $G(s)H(s)$ 的极点(式(6-18)和式(6-17)),很容易直接从 $G(s)H(s)$ 观察到位于 s 右半平面的极点数 p。现在若令 s 按上述 Γ_s 曲线沿虚轴从 $-j\infty$ 至 $+j\infty$ 再沿无穷大半圆从 $+j\infty$ 顺时针绕回至 $-j\infty$。这时,如果 $[A(s)]$ 平面上与 Γ_s 相对应的 Γ_A 曲线绕其坐标原点转 N 圈(逆时针转数减去顺时针转数),由于 Γ_s 曲线把 s 右半平面全部包括在内,所以特征方程所有在右半平面的零点及极点必然也都包括在 Γ_s 曲线内,因而我们可以推算出特征方程在右半平面上的零点数。

$$z = p - N \tag{6-25}$$

如果 $1+G(s)H(s)$ 曲线(即 Γ_A 曲线)上相应的点绕原点逆时针旋转数 $N = p$,则 $z = 0$,系统即为稳定,否则不稳定。

我们还可以通过坐标平移,由 $1+G(s)H(s)$ 平面即 $[A(s)]$ 平面变换到 GH 平面 ($G(s)H(s)$ 平面的简写),即由 $1+G(s)H(s)=0$ 变换为

$$G(s)H(s)=-1 \qquad (6-26)$$

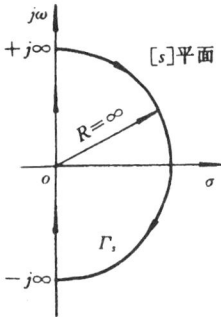

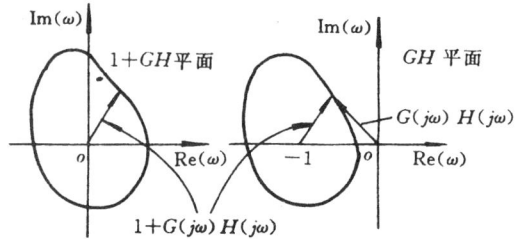

图 6-7 s 平面上的封闭曲线　　图 6-8 $1+G(j\omega)H(j\omega)$ 在 $[A(S)]$ 平面和 GH 平面上的转换

如图 6-8 所示,在 $1+G(s)H(s)$ 平面上绕原点逆时针旋转的圈数,相当于在 GH 平面上绕 $(-1,j0)$ 点逆时针旋转的圈数。

这样,我们就可以用系统的开环传递函数 $G(s)H(s)$ 来判别系统的稳定性。当在 s 平面上的点沿虚轴及包围右半平面之无穷大半圆 Γ_s 曲线顺时针旋转一圈时,在 GH 平面上所画的开环传递函数 $G(s)H(s)$ 的轨迹叫做乃奎斯特图。

如果系统开环传递函数 $G(s)H(s)$ 分母多项式 s 之最高幂为 n,分子多项式之最高幂为 m,则对一般实际物理系统,$n \geqslant m$。因此当 $s \rightarrow \infty$,即 s 在右半平面无穷大圆弧上时,$G(s)H(s) \rightarrow 0$ ($n > m$)或趋于一常数($n=m$),即 $G(s)H(s)$ 收缩为原点或实轴上一个点。从而,我们在绘制乃奎斯特图时,只需画沿虚轴 $s=j\omega$,当 ω 从 $-\infty$ 变到 $+\infty$ 时 $G(j\omega)H(j\omega)$ 的轨迹,又因该图形对实轴对称,所以只要画出 ω 从 0 变到 $+\infty$ 的 $G(s)H(s)$ 图形,而它的对称图形就是 ω 从 $-\infty$ 变到 0,即可画出全部图形。若已知右半平面的开环极点数 p〔前已证明,开环极点与 $1+G(s)H(s)$ 的极点完全一样〕,又知道乃奎斯特图绕 $(-1,j0)$ 点转过的圈数 N,则同样用式 (6-25)可计算零点数 z。

综上所述,用乃奎斯特法判别系统稳定性,一个系统稳定的必要和充分条件是

$$z = p - N = 0$$

其中　z——闭环特征方程在 s 右半平面的零点数;

　　　　p——开环传递函数在 s 右半平面的极点数;

　　　　N——当自变量 s 沿包含虚轴及整个右半平面在内的极大的封闭曲线顺时针转一圈时,开环乃奎斯特图绕 $(-1,j0)$ 点逆时针转的圈数。

当 $p=0$,即开环无极点在 s 右半平面,则系统稳定的必要和充分条件是开环乃奎斯特图不包围 $(-1,j0)$ 点,即 $N=0$。

如果特征方程式为

$$1 + KG(s)H(s) = 0$$

同样可有　　　　　　　　　　　$$G(s)H(s) = -1/K$$

则可通过 GH 绕 $(-1/K, j0)$ 点转的圈数和极点数来判别系统的稳定性。

对于 $G(s)H(s)$ 在原点或虚轴上有极点的情况,如果还是像图 6-7 那样作 s 平面上的封闭曲线,则当 s 通过这些点时,$G(s)H(s) \to \infty$,乃奎斯特图就不封闭了。为避免这种情况,应使 s 沿着绕过这些极点的极小半圆变化,如图 6-9(a) 所示。这个小半圆的半径为 $(\delta \to 0)$,通常是从 s 平面的右半侧绕过这些极点,这样,原点和虚轴上的极点就不包括在内。如以原点处的极点为例,当 s 沿着虚轴从 $-j\infty$ 向上运动而遇到这些小半圆时,由于 $\delta \to 0$,故 s 是从 $j0^-$ 开始沿此小半圆绕到 $j0^+$,然后再沿虚轴继续运动,见图 6-9(b)。这些小半圆的面积趋近于零,所以除了原点和虚轴上的极点之外,右半 s 平面的零点、极点仍将全部被包含在无穷大半径的封闭曲线之内。

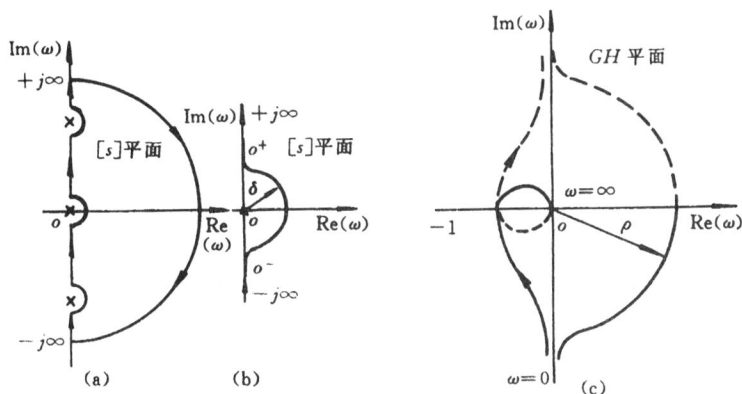

图 6-9 s 平面上避开位于原点或虚轴上的极点的封闭曲线

对应于 s 平面上这一无穷小半圆,在 GH 平面上的图形是一个半径 ρ 趋于无穷大的半圆(因为 $G(s)H(s)$ 之极点在虚轴上,其幅值是变量 s 的幅值之倒数)。这样,GH 的向量轨迹可画成如图 6-9(c) 所示的封闭曲线。

2. 用乃奎斯特法判别系统的稳定性

上一章已介绍不同型次系统作奎斯特图的一般规律,以下通过例题说明如何用乃奎斯特判据判别 0 型、Ⅰ 型及 Ⅱ 型系统的稳定性。

例 6-6 判别图 6-10 各 0 型系统的稳定性,其对应的开环传递函数和乃奎斯特图分别为

(1)
$$G(s)H(s) = \frac{K}{(T_1 s + 1)(T_2 s + 1)}$$

(2)
$$G(s)H(s) = \frac{K}{(T_1 s + 1)(T_2 s + 1)(T_3 s + 1)}$$

(3)
$$G(s)H(s) = \frac{K(T_a s + 1)}{(T_1 s + 1)(T_2 s + 1)(T_3 s + 1)}$$

式中 T_1, T_2, T_3 均大于 0

解:根据乃奎斯特判据,图 6-10 对应的系统:

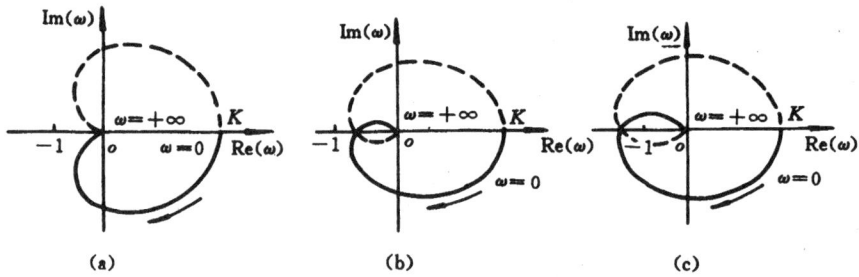

图 6-10 $G(j\omega)H(j\omega)$ 的乃奎斯特图

(1)	因为	$p=0$，又 $N=0$，	所以	$z=0$，系统稳定；
(2)	因为	$p=0$，又 $N=0$，	所以	$z=0$，系统稳定；
(3)	因为	$p=0$，又 $N=-2$，	所以	$z=p-N=2$，系统不稳定；

例 6-7 判别如图 6-11 所示 I 型系统的稳定性。

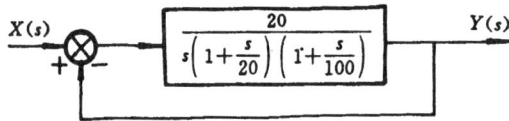

图 6-11 系统方块图

解： 其开环传递函数为

$$G(s)H(s) = \frac{20}{s\left(1+\dfrac{s}{20}\right)\left(1+\dfrac{s}{100}\right)} \tag{6-25}$$

可以看出：绕过 $s=0$ 点则没有极点在 s 的右半平面，即 $p=0$，只要 $G(s)H(s)$ 轨迹不包围 $(-1/20,j0)$ 点，即 $N=0$，则 $z=0$，系统为稳定。否则不稳定。

在原点 $s=0$ 处有一极点，故在此处令 $s=\delta\cdot e^{j\theta}(\delta$ 充分小)

$$G(s)H(s) = \frac{1}{s\left(1+\dfrac{s}{20}\right)\left(1+\dfrac{s}{100}\right)} \tag{6-26}$$

当 $s\to 0$， $G(s)H(s)\big|_{s\to 0} = \dfrac{1}{s} = \dfrac{1}{\delta\cdot e^{j\theta}} = \rho\cdot e^{-j\theta}\Big|_{\rho\to\infty}$

表 6-1 列出了当 ω 从 $-\infty$ 至 $+\infty$ 过程中（见图 6-12），$G(s)H(s)$ 的幅值和相位的变化，其相应的乃奎斯特图见图 6-13。

表 6-1

ω	$-\infty$	0^-	0^+	$+\infty$
$G(s)H(s)$	$-0j$	$\rho\cdot e^{-j\theta}$ $\left(\theta=-\dfrac{\pi}{2}\right)$	$\rho\cdot e^{-j\theta}$ $\left(\theta=+\dfrac{\pi}{2}\right)$	$0j$
$\lvert G(s)H(s)\rvert$	0	ρ	ρ	0
φ	$-\dfrac{\pi}{2}$	$+\dfrac{\pi}{2}$	$-\dfrac{\pi}{2}$	$-\dfrac{3\pi}{2}$

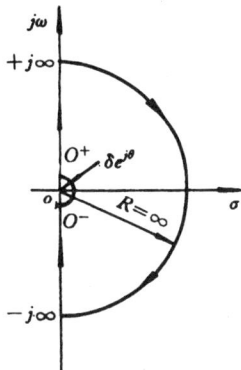

图 6-12　s 平面上封闭曲线

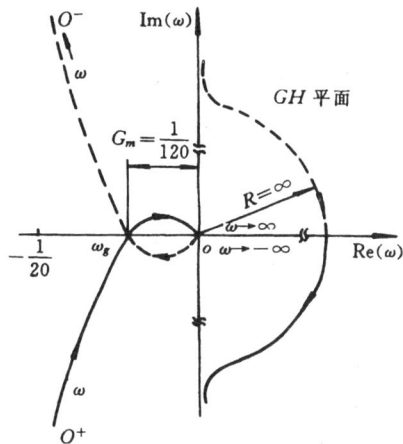

图 6-13　GH 平面上 $G(s)H(s)$ 乃奎斯特图

这里需要说明一点，当 ω 从 0^- 变化到 0^+ 时，对应的 $G(s)H(s)$ 乃奎斯特图是从 $j\infty$ 按顺时针方向，经过正实轴到 $-j\infty$。因为 $s=\delta e^{j\theta}$，当 $\theta=0$ 时，即与实轴相交，对应的

$$G(s)H(s)\big|_{s=\delta}=\frac{1}{s}\bigg|_{s=\delta}=\frac{1}{\delta}=\rho\bigg|_{\rho\to\infty}$$

即对应的 $G(s)H(s)\big|_{s=\delta}$ 在 GH 平面上无穷远处的实轴上。因此，当 s 沿着 δ 圆从 $\omega=0^-$ 变到 $\omega=0^+$ 时，乃奎斯特曲线是从幅值为 ρ 顺针向到幅值 $-\rho$。

图形与负实轴交点处的频率为 ω_g，(由式 6-26)其相位为 $-\pi$。

所以

$$\varphi=-\frac{\pi}{2}-\arctan\frac{\omega_g}{20}-\arctan\frac{\omega_g}{100}=-\pi$$

$$\arctan\frac{\omega_g}{20}+\arctan\frac{\omega_g}{100}=\frac{\pi}{2}$$

$$\arctan\frac{\dfrac{\omega_g}{20}+\dfrac{\omega_g}{100}}{1-\dfrac{\omega_g^2}{2\,000}}=\frac{\pi}{2}$$

解得交点处的 $\omega_g=20\sqrt{5}\,(1/s)$，代入(6-26)式，求得交点处的幅值为

$$|G_m|=\frac{1}{120}$$

显然，$-1/20$ 是落在乃奎斯特图的外面，故 $N=0$，又因 $p=0$，故 $z=0$，系统稳定。

本例题详细说明了乃奎斯特图的作图过程，而且画出整个图形。一般在判稳时，只需画出 ω 从 $0^+\to+\infty$ 的一半乃奎斯特图即可判稳。

例 6-8　设 I 型系统开环传递函数和乃奎斯特图分别如下：

(1)　　$G(s)H(s)=\dfrac{K}{s(T_1s+1)}$

(2)　　$G(s)H(s)=\dfrac{K}{s(T_1s+1)(T_2s+1)}$

(3)　　$G(s)H(s)=\dfrac{K(T_as+1)(T_bs+1)}{s(T_1s+1)(T_2s+1)(T_3s+1)(T_4s+1)}$

式中 T_1,T_2,T_3,T_4,T_a,T_b 均大于 0。

试判别闭环系统的稳定性。

解:根据乃奎斯特判据。图 6-14 对应的系统:

(1)　　　因为　$p=0$，　　$N=0$，　　　所以　$z=0$,系统稳定;

(2)　　　因为　$p=0$，　　$N=-2$，　　　所以　$z=2$,系统不稳定;

(3)　　　因为　$p=0$，　　$N=0$，　　　所以　$z=0$,系统稳定;

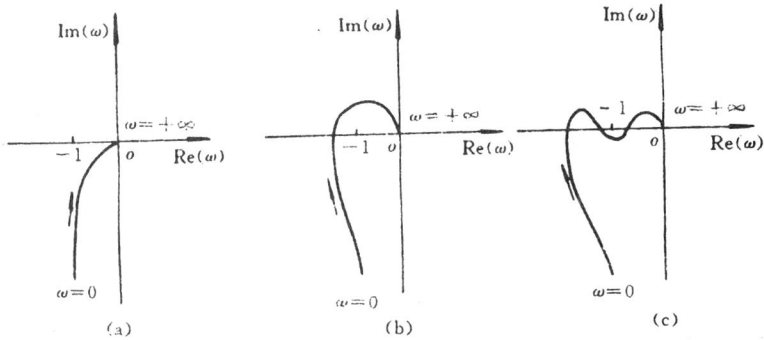

图 6-14　GH 平面上 $G(s)H(s)$ 乃奎斯特图

例 6-9　判别图 6-15 所示各 Ⅱ 型系统的稳定性,它们的开环传递函数分别为

(1)　　　$G(s)H(s) = \dfrac{K}{s^2}$

(2)　　　$G(s)H(s) = \dfrac{K}{s^2(T_1 s + 1)}$

(3)　　　$G(s)H(s) = \dfrac{K(T_a s + 1)}{s^2(T_1 s + 1)(T_2 s + 1)}$

式中　T_1,T_2,T_a 均大于 0。

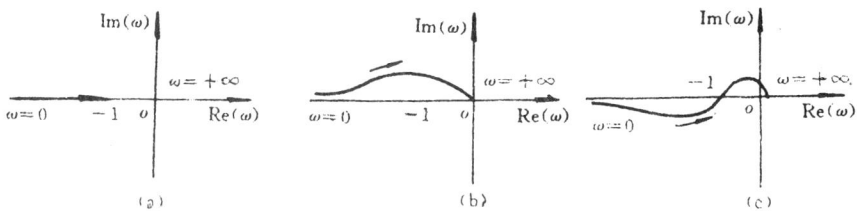

图 6-15　GH 平面上 $G(s)H(s)$ 乃奎斯特图

解:　根据乃奎斯特判据,图 6-15 对应的系统:

(1)　　　因为　$p=0$,乃奎斯特图通过$(-1,j0)$点;　　　　所以　闭环系统不稳定;

(2)　　　因为　$p=0$,$N=-2$,　　　　　　　所以　$z=2$,系统不稳定;

(3)　　　因为　$p=0$,$N=0$,　　　　　　　所以　$z=0$,系统稳定;

下面一例,说明在系统前向通路中串联一延时环节对系统稳定性的影响,可通过乃奎斯特判据来分析。

例 6-10　已知系统开环传递函数为

$$G(s)H(s) = \frac{e^{-\tau s}}{s(s+1)(s+2)}$$

试分析系统的稳定性。

解： 系统中加入延时环节 $e^{-\tau s}$ 后,系统开环乃奎斯特图随着延时时间常数 τ 取值的不同而变化,图 6-16 画了 $\tau = 0, 0.8, 2, 4(s)$ 四种不同取值时的乃奎斯特图。由图可见,随着 τ 值增大,系统稳定性恶化,$\tau = 0, 0.8(s)$ 时乃奎斯特图不包围 $(-1, j0)$ 点,系统稳定;$\tau = 2(s)$ 时,乃奎斯特图通过 $(-1, j0)$ 点。故 $\tau \geqslant 2(s)$,系统不稳定。

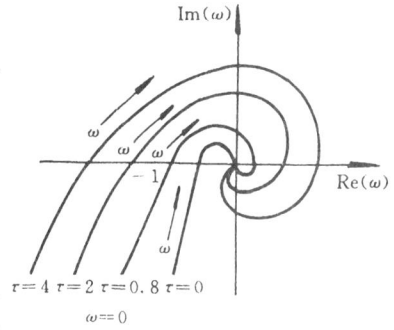

图 6-16 不同 τ 值的乃奎斯特图

3. 实例

现以电液伺服系统为例,说明稳定性分析方法的实际应用。

稳定性是伺服系统最重要的特性,系统动态特性的设计一般是以稳定性要求为中心来进行的。图 6-17 为电液伺服系统框图,下面将分析系统参数和稳定性的关系。该系统是由电液伺服阀控制一个油缸负载(纯惯性负载),各环节所对应的传递函数及系统方块图示于图 6-18。

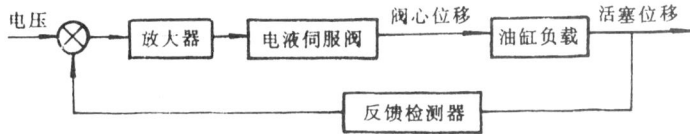

图 6-17 电液伺服系统框图

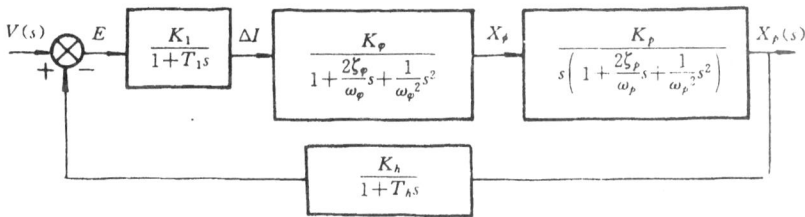

图 6-18 系统方块图

可通过开环传递函数用乃奎斯特法分析稳定性。为便于分析,图 6-18 的系统可作如下简化:

放大器的时间常数很小,一般 $T_1 < 0.001(s)$ 可以略去不计。则

$$\frac{\Delta I}{E} = \frac{K_1}{1 + T_1 s} \approx K_1 \qquad \text{(放大器增益)}$$

QDY$_1$—C32 型电液伺服阀的有关参数为:

无阻尼自然频率 $\omega_\varphi = 680(s^{-1})$

阻尼比 $\zeta_\varphi = 0.7$

系统频率受负载无阻尼自然频率限制,油缸的无阻尼自然频率 ω_p 和活塞面积及容积有关,一般 $\omega_p < 100(s^{-1})$。因此在低频下,电液伺服阀的传递函数

$$\frac{X_\varphi}{\Delta I} = \frac{K_\varphi}{1 + \dfrac{2\zeta_\varphi}{\omega_\varphi}s + \dfrac{s^2}{\omega_\varphi^2}} \approx K_\varphi$$

反馈检测器的时间常数 T_h 也很小,一般 $T_h < 0.001(\text{s})$,则

$$\frac{E_h}{X_p} = \frac{K_h}{1 + T_h s} \approx K_h$$

基于上述的简化,图 6-18 所示系统的开环传递函数可表示为

$$KG(s)H(s) = K_1 \cdot K_\varphi \cdot K_p \cdot K_h \cdot \frac{1}{s\left(1 + \dfrac{2\zeta_p}{\omega_p}s + \dfrac{s^2}{\omega_p^2}\right)}$$

$$= K_v \cdot \frac{1}{s\left(1 + \dfrac{2\zeta_p}{\omega_p}s + \dfrac{s^2}{\omega_p^2}\right)} \tag{6-27}$$

式中 $K_v = K_1 \cdot K_\varphi \cdot K_p \cdot K_h$,为速度放大系数(因为这是 I 型系统)。

由式(6-27)可画出系统的乃奎斯特图如图 6-19 所示。由式可知开环传递函数中没有极点和零点在 s 的右半平面,若要系统稳定,只要乃奎斯特图不包围 $(-1,j0)$ 点。为此要找乃奎斯特图与实轴的交点,就是要求相位角为 $-\pi$ 时的幅值 $|G_m|$。

将 $s = j\omega$ 代入式(6-27)

$$KG(j\omega)H(j\omega) = \frac{K_v}{j\omega\left(1 - \dfrac{\omega^2}{\omega_p^2} + 2\zeta_p\dfrac{\omega}{\omega_p}j\right)}$$

与负实轴交点的相位角应为 $-\pi$,即

$$\varphi = -\frac{\pi}{2} - \arctan\frac{2\zeta_p\dfrac{\omega}{\omega_p}}{1 - \dfrac{\omega^2}{\omega_p^2}} = -\pi$$

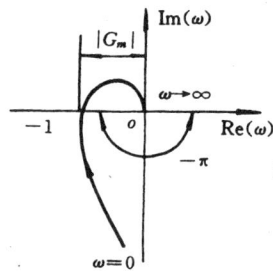

图 6-19 系统乃奎斯特图

所以

$$\arctan\frac{2\zeta_p\dfrac{\omega}{\omega_p}}{1 - \dfrac{\omega^2}{\omega_p^2}} = \frac{\pi}{2}$$

解得

$$\frac{2\zeta_p\dfrac{\omega}{\omega_p}}{1 - \dfrac{\omega^2}{\omega_p^2}} \to \infty,\text{也即}:1 - \frac{\omega^2}{\omega_p^2} = 0$$

即

$$\omega = \omega_g = \omega_p$$

由此可求得与负实轴之交点的幅值

$$|G_m| = \left.\frac{K_v}{\omega\left[\left(1 - \dfrac{\omega^2}{\omega_p^2}\right)^2 + 4\zeta_p^2\dfrac{\omega^2}{\omega_p^2}\right]^{1/2}}\right|_{\omega = \omega_p}$$

$$= \frac{K_v}{2\zeta_p\omega_p}$$

要使系统稳定,必需满足

$$\frac{K_v}{2\zeta_p\omega_p} < 1$$

$$即 \quad K_v < 2\zeta_p\omega_p$$

故速度放大系数 K_v 受 ω_p 和 ζ_p 的限制,不能太大,例如当 $\omega_p=60$,$\zeta_p=0.1$,得到:$K_v<12$ 时系统稳定,若 $K_v>12$ 即系统不稳定,这时系统的频宽很窄,但可通过增大 ω_p 或增加其它反馈来改善其动特性。

6-4 系统的相对稳定性

乃奎斯特法是通过研究开环传递函数的轨迹(即乃奎斯特图)和 $(-1,j0)$ 点的关系及开环极点数来判别系统的稳定性。当开环是稳定的,并且 $p=0$,那么当乃奎斯特图不包围 $(-1,j0)$ 点,即 $N=0$,则系统是稳定的;反之,若乃奎斯特图包围 $(-1,j0)$ 点,$N\neq0$,则 $z\neq0$,系统就不稳定。至此,只回答了稳定与否的问题。如果乃奎斯特图虽然不包围 $(-1,j0)$ 点,但它与实轴的交点离 $(-1,j0)$ 点的距离很近的话,则系统的稳定性就很差,系统参数稍有变化就可能变得不稳定;相反,如果这个距离很大,稳定性程度就可能大得没有必要,而其灵敏度反而降低。因此,由乃奎斯特图与 $(-1,j0)$ 点的关系,不但可判别系统稳定与否,而且它还表示了稳定的程度,也可以说是稳定性的裕量。因此可用相位裕量和幅值裕量来表示系统稳定性的程度。

1. 相位裕量 γ 和幅值裕量 K_g

在乃奎斯特图上,从原点到乃奎斯特图与单位圆的交点连一直线,该直线与负实轴的夹角,就是相位裕量 γ,可表示为

$$\gamma = 180° + \varphi$$

式中 φ 为乃奎斯特图与单位圆交点频率 ω_c 上的相位角。ω_c 称作剪切频率或幅值穿越频率。

$\gamma>0$,　系统稳定;

$\gamma\leqslant0$,　系统不稳定。

图 6-20(a) 表示 $\gamma>0$ 稳定系统的乃奎斯特图;图 6-20(b) 表示 $\gamma<0$ 不稳定系统的乃奎斯特图,γ 愈小表示系统相对稳定性愈差,一般取 $\gamma=30°\sim60°$。

在乃奎斯特图上,乃奎斯特图与负实轴交点处幅值的倒数,称幅值裕量 K_g。

设乃奎斯特图与负实轴交点处的频率 ω_g 为相位穿越频率(或相位交界频率),则

$$K_g = \frac{1}{|G(j\omega_g)H(j\omega_g)|} \tag{6-29}$$

在伯德图上,幅值裕量取分贝为单位,则

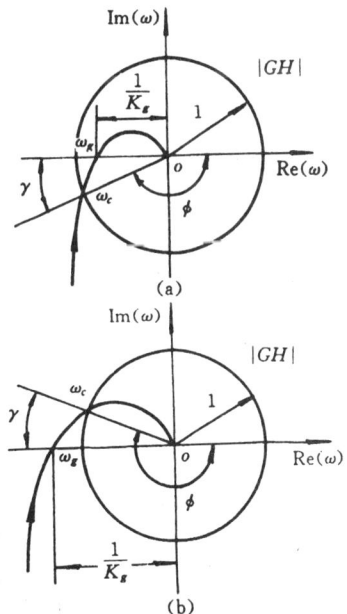

图 6-20 相位裕量与幅值裕量

$$K_g = 20\lg\left|\frac{1}{G(j\omega_g)H(j\omega_g)}\right| \text{(dB)} \qquad (6\text{-}30)$$

$|G(j\omega_g)H(j\omega_g)|<1$，则 $K_g>0$，系统是稳定的；

$|G(j\omega_g)H(j\omega_g)|\geq1$，则 $K_g\leq0$，系统不稳定。

K_g 一般取 $8\sim20$(dB)为宜，图 6-20(a)，(b)分别表示在乃奎斯特图 $1/K_g<1$ 及 $1/K_g>1$ 的情况。前者表示系统是稳定的；后者系统则不稳定。

γ 和 K_g 在伯德图上相应的表示如图 6-21 (a),(b)，乃奎斯特图上的单位圆对应于伯德图上的 0dB 线。(a)图中幅频特性穿越 0dB 时，对应于相频特性上的 γ 在 $-180°$ 线以上，$\gamma>0$，相频特性和 $-180°$ 线交点对应于幅频特性上的 K_g(dB)在 0dB 线以下，即 $K_g>0$，故系统是稳定的；(b)图则相反，$\gamma<0$，$K_g<0$，系统不稳定。

关于相位裕量 γ 和幅值裕量 K_g，最后须说明几点：

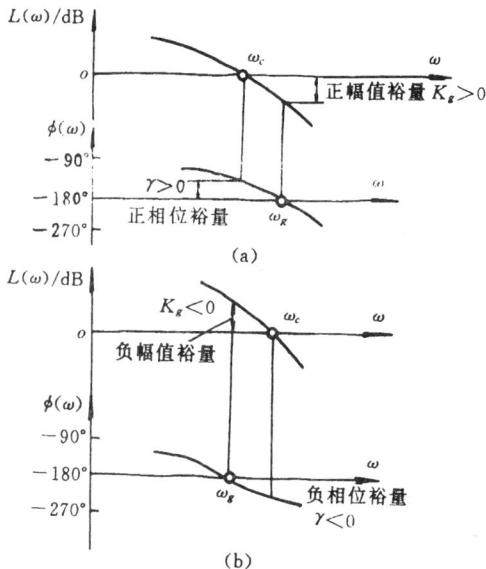

图 6-21　伯德图上的相位裕量和幅值裕量

① 上述当 $\gamma>0$，$K_g>0$，系统是稳定的，是对最小相位系统而言，对非最小相位系统不适用。

② 衡量一个系统的相对稳定性，必须同时用相位裕量和幅值裕量这两个量。

③ 适当的选择相位裕量和幅值裕量，可以防止系统中参数变化导致系统不稳定的现象。一般取 $\gamma=30°\sim60°$，$K_g=8\sim20$(dB)。具有这样稳定性裕量的最小相位系统，即使系统开环增益或元件参数有所变化，也能使系统保持稳定。

④ 对于最小相位系统，开环的幅频特性和相频特性有一定的关系，要求系统具有 $30°\sim60°$ 的相位裕量，即意味着幅频特性图在穿越频率 ω_c 处的斜率应大于 -40(dB/dec)。为保持稳定，在 ω_c 处应以 -20(dB/dec)斜率穿越为好，因为斜率为 -20(dB/dec)穿越时，对应的相位角在 $90°$ 左右。考虑到还有其它因素的影响，就能满足 $\gamma=30°\sim60°$。

例 6-11　设系统的开环传递函数为

$$G(s)H(s) = \frac{\omega_n^2}{s(s^2 + 2\zeta\omega_n s + \omega_n^2)}$$

试分析当阻尼比 ζ 很小时，该闭环系统的相对稳定性。

解：　当 ζ 很小时，开环传递函数 $G(s)H(s)$ 的乃奎斯特图和伯德图分别表示于图 6-22 的 (a)和(b)，从图形可以看出，系统的相位裕量 γ 虽较大，但幅值裕量 K_g 却太小。这是由于在 ζ 很小时，二阶振荡环节的幅频特性峰值很高所致，也就是说 $G(j\omega)H(j\omega)$ 的幅值穿越频率 ω_c 虽较低，相位裕量 γ 较大，但在频率 ω_g 附近，幅值裕量太小，曲线很靠近〔GH〕平面上的点 $(-1,j0)$。所以如果仅以相位裕量 γ 来评定该系统的相对稳定性，就将得出系统稳定程度高的

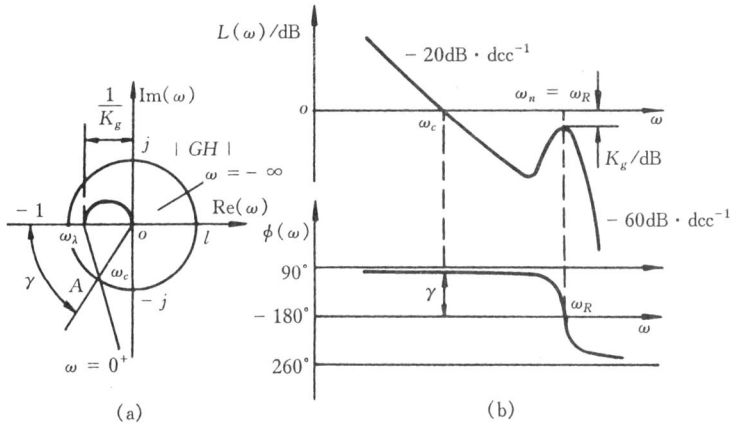

图 6-22 系统的相位裕量和幅值裕量

结论,而系统的实际稳定程度不是高,而是低。若同时根据相位裕量 γ 及幅值裕量 K_g 全面地评价系统的相对稳定性就可避免得出不合实际的结论。

例 6-12 设控制系统如图 6-23(a)所示。当 $K=10$ 和 $K=100$ 时,试求系统的相位、幅值裕量。

解: 由系统开环传递函数分别作出 $K=10$ 和 $K=100$ 时的开环伯德图示于图 6-23(b)。

$K=10$ 和 $K=100$ 的对数相频曲线是相同的,并且它们的对数幅频特性曲线形状也相同,只是 $K=100$ 的幅频特性曲线比 $K=10$ 的曲线向上平移 $20(\mathrm{dB})$,从而导致幅频特性曲线与零分贝线的交点频率向右移动。

由图上查出 $K=10$ 时相位裕量为 $21°$。幅值裕量为 $8(\mathrm{dB})$,都是正值。而 $K=100$ 时相位裕量为 $-30°$,幅值裕量为 $-12(\mathrm{dB})$。

由此可见,$K=100$ 时,系统已经不稳定,$K=10$ 时,虽然系统稳定,但稳定裕量偏小。为了获得足够的稳定裕量,必须将 γ 增大到 $30°\sim60°$,这可以通过减小 K 值来达到。然而从稳态误差的角度考虑,不希望减小 K,因此必须通过增加校正环节来满足要求。

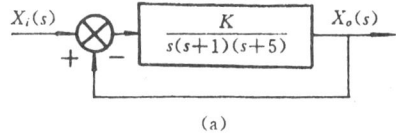

(a)

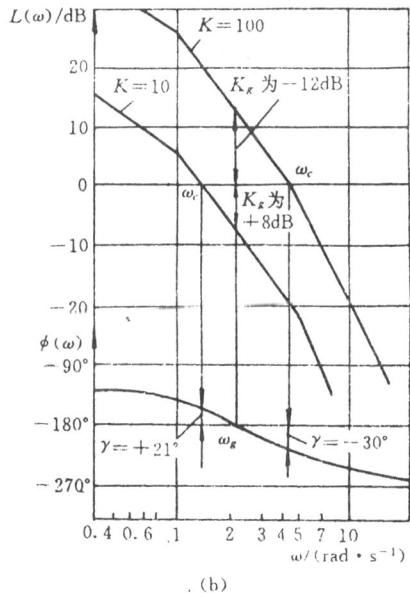

(b)

图 6-23 例 6-12 图

2. 条件稳定系统

对于如下的传递函数

$$KG(s)H(s) = \frac{K(1+T_as)(1+T_bs)\cdots}{s(1+T_1s)(1+T_2s)\cdots} \qquad (6\text{-}31)$$

对一般情况,若开环传递函数 $KG(s)H(s)$ 的轨迹不包围 $(-1,j0)$ 点,则系统稳定,且 K

值愈大则稳定性愈差,见图 6-24。但如图 6-25 所示的系统,K 值增大或减小到一定程度,系统都有可能趋于不稳定,只有当 K 值在一定范围内时,系统才稳定。这种系统称为"条件稳定系统"。对于实际的物理系统不希望其为"条件稳定"系统,因为一般动力系统在开始启动时与使用老化后,参数是变化的,这就可能产生不稳定的状态。例如电子系统或类似的动力系统,在启动初期或老化后放大系数 K 值往往比额定值为低,又例如液压系统的供油压、流量系数等在使用过程中也常波动而使系统处于不稳定点。

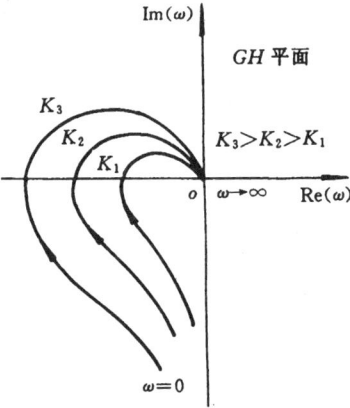

图 6-24　不同 K 值的乃奎斯特图　　　　图 6-25　条件稳定系统的乃奎斯特图

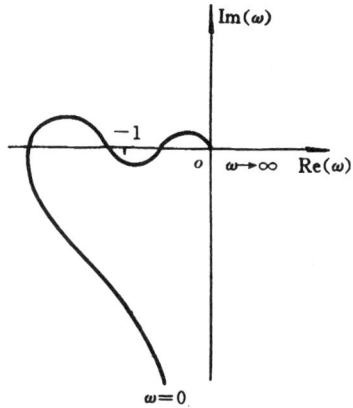

6-5　根轨迹法

判别系统稳定性的最根本的出发点是判别闭环特征方程的根在 S 平面上的位置,闭环特征方程为

$$1 + G(s)H(s) = 0 \tag{6-32}$$

而开环传递函数 $G(s)H(s)$ 的增益 K 变动时,特征方程的根在 S 平面上的位置也要相应地变动。变动开环传递函数 $G(s)H(s)$ 的增益 K 所得到的 $1+G(s)H(s)=0$ 的根在 S 平面上的移动轨迹称为根轨迹,所作出的图称为根轨迹图(当然,变动其它参数,也可得到根轨迹变动图,但这里只讨论变动 K 时的根轨迹图)。

在设计线性控制系统时,根轨迹方法是很有用的,它指明了开环零点、极点及增益变化时,闭环极点是怎样变化的,从而指明了如何调整开环零点、极点位置及增益的大小来满足闭环系统响应所要求的指标。

1. 基本原理

特征方程 $1+G(s)H(s)=0$ 的根,随着 $G(s)H(s)$ 的增益 K 的不同而不同,当 K 变化时,特征方程的根在 S 平面上画出一条轨迹称为根轨迹。换句话说,根轨迹上的每一点都满足方程:

$$1 + G(s)H(s) = 0 \tag{6-33}$$

或
$$G(s)H(s) = -1 \qquad (6\text{-}34)$$
这是一个复数表达式,上式相等必满足下面两个条件:

幅值条件: $|G(s)H(s)| = 1$;

相位条件: $\angle G(s)H(s) = \pm(2n+1)\pi$; $(n = 0, 1, 2, \cdots)$

因此只要同时满足幅值条件和相位条件的 s 值就是特征方程的根,也就是闭环极点。

2. 根轨迹作图法则

绘制根轨迹时,并不需要在 S 平面上找很多点描绘它的精确曲线,而是根据根轨迹的一些特征描绘它的近似曲线。这些特征是:根轨迹的分支数;各分支的起点和终点;实轴上的根轨迹段;根轨迹的分离点和会合点;根轨迹在无穷远处的形态;根轨迹离开复数极点或进入复数零点时的出射角或入射角;根轨迹穿过虚轴的点等等。我们根据 $G(s)H(s)$ 的零点、极点和 $1+G(s)H(s)=0$ 的根之间的关系,讨论确定上述特征的方法,并提出一些相应的绘图法则。

法则 1 根轨迹起始于开环极点(起始点对应于 $K=0$)。

由 $1+G(s)H(s) = 1 + K\dfrac{G_N(s) \cdot H_N(s)}{G_D(s) \cdot H_D(s)} = 1 + K\dfrac{N(s)}{D(s)} = 0$

得 $D(s) + KN(s) = 0$

当 $K=0$ 时,根轨迹上的点 s_P 必须满足 $D(s_P)=0$,s_P 是开环极点。

法则 2 根轨迹终止于开环零点,或无穷远处(终止点对应于 $K=\infty$)。

事实上 $\left|K\dfrac{N(s)}{D(s)}\right| = 1$ 或 $\left|\dfrac{N(s)}{D(s)}\right| = \dfrac{1}{K}$

当 $K \to \infty$ 时,应有 $\left|\dfrac{N(s)}{D(s)}\right| = 0$,此时根轨迹上的点 s_z 必须满足 $N(s_z)=0$,s_z 是开环零点。

我们说根轨迹始于开环极点,止于开环零点,那么当 $G(s)H(s)$ 的极点 P 多于零点数 Z 时,有 Z 条根轨迹止于 Z 个零点,而另外 P-Z 条根轨迹止于何处?

当 $K \to \infty$ 时, $\dfrac{1}{K} = \left|\dfrac{N(s)}{D(s)}\right| = 0$

使上式满足的 s 除 $s = s_z$(开环零点)外,当 $P > Z$ 还有 $s \to \infty$ 的情况。

因为 $\lim\limits_{s \to \infty}\left|\dfrac{N(s)}{D(s)}\right| = \lim\limits_{s \to \infty}\left|\dfrac{s^z + b_1 s^{z-1} + \cdots}{s^p + a_1 s^{p-1} + \cdots}\right|$

$$= \lim\limits_{s \to \infty}\left|\dfrac{1}{s^{p-z}}\right| = 0$$

所以 $P > Z$ 时,还有 $P - Z$ 条根轨迹终止于无穷处。

法则 3 实轴上某一段的右侧的零点、极点数总和为奇数,这段实轴是根轨迹。

为说明这一点,我们把开环传递函数写成

$$G(s)H(s) = \dfrac{K(s-z_1)(s-z_2)\cdots}{(s-p_1)(s-p_2)\cdots}$$

$$= K\dfrac{\prod\limits_{i=1}^{z} A_{z_i}}{\prod\limits_{i=1}^{P} A_{P_i}} e^{j\left[\sum\limits_{i=1}^{z}\theta_i - \sum\limits_{i=1}^{P}\varphi_i\right]} = Ae^{j\varphi}$$

在 S 平面上向量 $(s-z_i)$ 或 $(s-p_i)$ 表示为始于 z_i 或 p_i 终止于 s 的有向线段,在 S 平面上我们用"×"表示极点 p_i,用"0"表示零点 z_i。我们考查在实轴上的一点 s,$G(s)H(s)$ 中的各括号因子可被表示为指向 S 的向量,如图 6-26 所示。矢量 1 与实轴的夹角为零度,若在 s 左边实轴上还有零点、极点,其矢量与实轴夹角都是零;矢量 2、3 为共轭零点、极点的代表,它们的幅角总和为 360°,若有其它共轭零点、极点,情况也是这样;而矢量 4 的幅角是 180°,根据幅角原理,若 s 是根轨迹上的一点,则

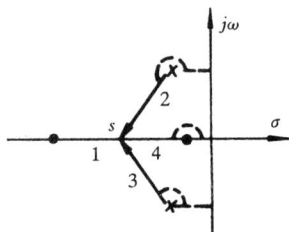

图 6-26 法则 3 示意图

$$\angle G(s)H(s) = \sum_{i=1}^{z} \theta_i - \sum_{i=1}^{z} \varphi_i = \pm (2n+1)\pi \qquad n = 0,1,\cdots$$

可以看到图中除矢量 4 外,其它矢量的幅角不会影响上式的成立,假定在 s 的右边除 4 外还有其它零点、极点,那么如果其总数为奇数时,$\angle G(s)H(s)$ 定满足幅角公式,当总数为偶数时,$\angle G(s)H(s)$ 不满足幅角公式。

例 6-13 已知开环传递函数 $G(s)H(s) = \dfrac{K_1(s+2)(s+10)}{s(s+20)^2}$,画 K_1 变动时的根轨迹,并判别其稳定与否,其中 K_1 是与开环增益成比例的一个常数。

解: 三个开环极点:$p_1=0$, $p_{2,3}=-20$, $P=3$;
两个开环零点:$z_1=-2$, $z_2=-10$, $Z=2$。

零点、极点全部位于实线上,根据准则 1、2,根轨迹始于极点,一部分终止于零点,另一部分终止于∞远点($P>Z$ 时)。

从右向左,实轴上第一个点 $p_1=0$ 是极点。根据法则 3,p_1 左边有根轨迹,从 p_1 出发,终止于 z_1,再向左,第三个点是零点 $z_2=-10$,根据法则 3,其左边是根轨迹,它源于极点 p_2,止于 z_2,再向左数第 5 点是极点 $p_3=-20(p_2,p_3$ 重合)。这是奇数点,根据法则 3,其左边必有根轨迹,它源于 p_3,终止于无穷大。

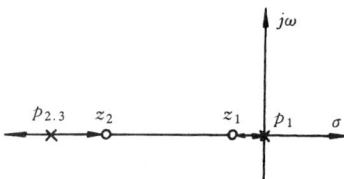

图 6-27 例 6-13 附图

由根轨迹分布,可判断闭环,系统稳定。

法则 4 当 $K\to\infty$,根轨迹有 $(P-Z)$ 个分支趋于无穷远处。这些轨迹的渐近线和实轴的交角 α 称为渐近角,且

$$\alpha_n = \pm \frac{(2n+1)\pi}{P-Z} \qquad (n=0,1,2,3,\cdots) \tag{6-35}$$

法则 5 所有渐近线与实轴交于根的"重心"CG 处,该重心位置由下式决定

$$CG = \frac{\sum p_i - \sum z_i}{P-Z} \tag{6-36}$$

证明 由特征方程可得

$$1 + G(s)H(s) = 1 + \frac{K(s-z_1)(s-z_2)\cdots}{(s-p_1)(s-p_2)\cdots}$$

$$= 1 + \frac{K[s^z - (z_1+z_2+\cdots+z_z)s^{z-1} + \cdots]}{s^p - (p_1+p_2+\cdots+p_p)s^{p-1} + \cdots}$$

$$= 1 + \cfrac{K}{s^{p-z} - \left[\sum_{i=1}^{P} p_i - \sum_{i=1}^{Z} z_i\right] s^{p-z-1} + \cdots}$$

$$= 0$$

因考虑的是根轨迹趋于无穷远的情形,故上式可写成

$$s^{p-z}\left(1 - \cfrac{\sum_{i=1}^{P} p_i - \sum_{i=1}^{Z} z_i}{s}\right) \approx -K$$

或:
$$s\left[1 - \cfrac{\sum_{i=1}^{P} p_i - \sum_{i=1}^{Z} z_i}{s}\right]^{\frac{1}{P-Z}} \approx (-K)^{\frac{1}{P-Z}}$$

将上式左边按两项式公式展开

$$s - \cfrac{\sum_{i=1}^{P} p_i - \sum_{i=1}^{Z} z_i}{P-Z} + \frac{a_1}{s} + \frac{a_2}{s} + \cdots \approx (-K)^{\frac{1}{P-Z}}$$

因 s 位于无穷远处,上式左边第二项以后各项可略去,因而得到

$$s - \frac{\sum p_i - \sum z_i}{P-Z} = (-K)^{\frac{1}{P-Z}} \tag{6-37}$$

由于

$$-1 = e^{j\pi(2n+1)} = \left[\cos(2n+1)\pi + j\sin(2n+1)\pi\right] \tag{6-38}$$

则

$$(-K)^{\frac{1}{P-Z}} = K^{\frac{1}{P-Z}}\left[\cos\frac{(2n+1)\pi}{P-Z} + j\sin\frac{(2n+1)\pi}{P-Z}\right] \tag{6-39}$$

而 $s = \sigma + j\omega$,又因 $G(s)H(s)$ 的复数零点、极点总是共轭的,所以 $\sum p_i - \sum z_i$ 是实数。

将式(6-38)和式(6-39)代入式(6-37),并比较式(6-37)左、右两边的实部和虚部,得

$$\sigma - \frac{\sum p_i - \sum z_i}{P-Z} = K^{\frac{1}{P-Z}}\cos\frac{(2n+1)\pi}{P-Z}$$

比较虚部

$$\omega = K^{\frac{1}{P-Z}}\sin\frac{(2n+1)\pi}{P-Z}$$

$$\frac{虚部}{实部} = \cfrac{\omega}{\sigma - \cfrac{\sum p_i - \sum z_i}{P-Z}} = \tan\frac{(2n+1)\pi}{P-Z} = M$$

因此渐近线方程为

$$\omega = M\left(\sigma - \frac{\sum p_i - \sum z_i}{P-Z}\right) \tag{6-40}$$

渐近线与实轴交角为

$$a_n = \text{arc }\tan M = \frac{(2n+1)\pi}{P-Z} \tag{6-41}$$

法则 4 得证。

令 $\omega = 0$,得渐近线与实轴交点。

$$\sigma = CG = \frac{\sum p_i - \sum z_i}{P - Z} \qquad (6\text{-}42)$$

法则 5 得证。

法则 6 根轨迹上的分离点和会合点可通过方程 $\frac{\mathrm{d}K}{\mathrm{d}s}=0$ 解出。

证明：首先必须明确，根轨迹是关于实轴对称的，如图 6-30 所示，位于根轨迹上每一 s 值都可能是闭环特征方程的根。如图所示当 $K=C$ 时，对应有一

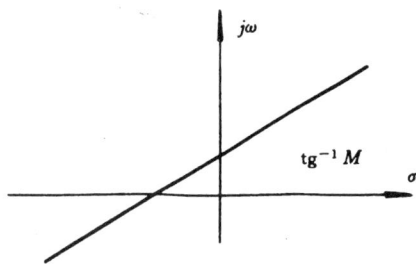

图 6-28　法则 5 附图

对共轭复根，变动 K，可使 s_1 和 $\bar{s}_1$ 靠近，当 K 变动到某个值时，将有 $s_1=\bar{s}_1=s_0$，s_0 即是一个重根。因此我们说分离点和会合点对应着闭环特征方程的重根。

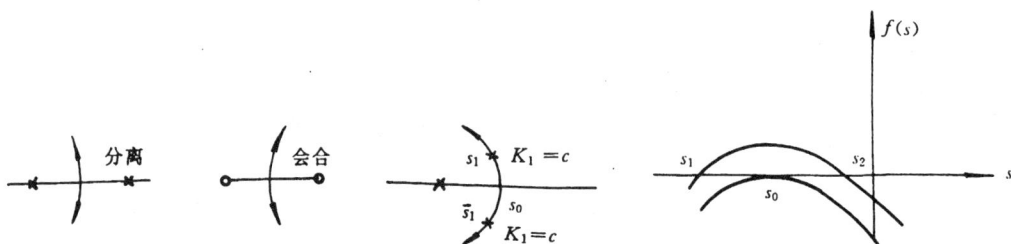

图 6-29　根轨迹分离点、会合点示意图　图 6-30　根轨迹关于实轴对称示意图　图 6-31　$f(s)$ 曲线族

设闭环方程为　　$1+G(s)H(s)=1+\dfrac{KN(s)}{D(s)}=0$

其根由方程

$$f(s) = D(s) + KN(s) = 0$$

解出。

也就是解出图 6-31 所示曲线 $f(s)$ 与 s 轴的交点，如图上 s_1，s_2 点，而变动 K 可使 s_1 和 s_2 靠拢，最后可重合，如图所示 s_0，s_0 为重根。可知在 s_0 点，同时满足。

$$f(s) = D(s) + KN(s) = 0 \qquad (a)$$
$$\frac{\mathrm{d}f(s)}{\mathrm{d}s} = D'(s) + KN'(s) = 0 \qquad (b) \qquad\qquad (6\text{-}43)$$

由 (6-43)b

$$K = -\frac{D'(s)}{N'(s)}$$

代入 (6-43)a

$$D(s) - \frac{D'(s)}{N'(s)}N(s) = \frac{D(s)N'(s) - D'(s)N(s)}{N'(s)} = 0$$

s_0 即由

$$D(s)N'(s) - D'(s)N(s) = 0 \qquad\qquad (6\text{-}44)$$

解出。

而由 (6-43)a 式有

$$K = -\frac{D(s)}{N(s)}$$

$$\frac{dK}{ds} = \frac{D(s)N'(s) - D'(s)N(s)}{N^2(s)} = 0$$

等价于解

$$D(s)N'(s) - D'(s)N(s) = 0 \qquad (6\text{-}45)$$

这与(6-44)式相同。

所以根轨迹分离点 s_0(即对应闭环特征方程有重根的点)由(6-45)式求出。

法则 7 若有两支根轨迹从实轴上分离,则其出射角为 $\pm\frac{\pi}{2}$;若有两支根轨迹在实轴上相遇,则其入射角为 $\pm\frac{\pi}{2}$。

证明:见法则 8。

法则 8 根轨迹从复数极点的出射角为

$$\varphi_j^0 = \sum_{i=1}^{z}\theta_i - \sum_{\substack{i=1 \\ i \neq j}}^{z}\varphi_i \mp (2n+1)\pi \qquad (6\text{-}46)$$

根轨迹到复数零点的入射角为

$$\theta_j^0 = \sum_{i=1}^{P}\varphi_i - \sum_{\substack{i=1 \\ i \neq j}}^{z}\theta_i \pm (2n+1)\pi \qquad (6\text{-}47)$$

其中 θ_i, φ_i 为开环零点、极点到所考虑的点所引向量与实轴的夹角。

证明:设 s_0 为根轨迹上的一点并刚刚离开某复极点 p_j,因此向量 $s_0 - p_j$ 可被认为是在 p_j 点根轨迹的切线上,这一切线的角度即为出射角。根据幅角原理有

$$\angle G(s_0)H(s_0) = \sum_{i=1}^{z}\theta_i - \sum_{\substack{i=1 \\ i \neq j}}^{z}\varphi_i - \varphi_j^0 = \pm(2n+1)\pi$$

$$\varphi_j^0 = \sum_{i=1}^{z}\theta_i - \sum_{\substack{i=1 \\ i \neq j}}^{z}\varphi_i \mp (2n+1)\pi$$

由于 s_0 离 p_j 很近,其它零点、极点到 s_0 所引向量的角度可认为是到 p_j 所引向量的角度。

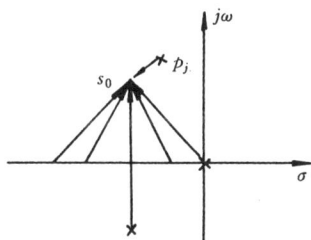

图 6-32 法则 8 示意图

同理可证在零点的入射角计算公式。

推论:当根轨迹从实轴上重极点分离时,其右边为偶数个奇异点,因此其它零点、极点到这点所引向量的幅角为 0 或 2π,在幅角准则公式中不起作用。因此这双重极点相角之和为 $\pm(2n+1)\pi$,即根轨迹在该点的 $\pm\frac{\pi}{2}$ 分离。同理可证从复零点入射角为 $\pm\frac{\pi}{2}$。

法则 9 根轨迹在 S 左半平面系统稳定,否则不稳定。根轨迹与虚轴相交处的 K 值,可由劳斯判别法或令特征方程中 $s = j\omega$,然后分别使其实部、虚部等于零,解出 ω 值和 K 值。

法则 10 根轨迹对称于实轴。

例 6-14 已知 $G(s)H(s) = \dfrac{K(s+0.8)}{s^2(s+4)(s+6)}$,画根轨迹图,求根轨迹和虚轴的交点。

解: 系统特征方程为

$$1 + \frac{K(s+0.8)}{s^2(s+4)(s+6)} = 0$$

$$s^4 + 10s^3 + 24s^2 + Ks + 0.8K = 0$$

劳斯数列

s^4	1	24	$0.8K$
s^3	10	K	0
s^2	$\dfrac{240-K}{10}$	$0.8K$	0
s^1	$\dfrac{(240-K)K-80K}{240-K}$	0	0
s^0	$0.8K$		

由第一列中 s^1 项等于零求 K 值：

$$\frac{(240-K)K-80K}{240-K} = 0$$

解得 $K=160$,代入 s^2 行组成的辅助方程并解之,有

$$\frac{240-K}{10}s^2 + 0.8K = 8s^2 + 128 = 0$$

得 $s=j\omega=\pm j4$,即穿越虚轴频率为 $\omega=\pm4$。

现画根轨迹图如图6-33。

$G(s)H(s)$ 有:四个极点 $p_{1,2}=0$, $p_3=-4$, $p_4=-6$,

一个零点 $z_1=-0.8$。分别示于图上。

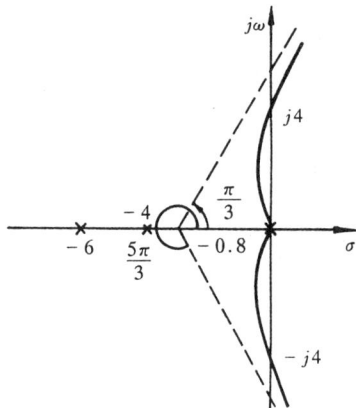

图6-33 例6-14的根轨迹图

从 σ 轴右边向左数零点 -0.8 是第三个奇异点,因此其左边有一段实轴必是根轨迹,它从极点 -4 出发,终止于 -0.8。再向左到极点 -6 是第五个奇异点,其左边实轴必是根轨迹,极点数 $P=4$,零点数 $Z=1$,因此有 $P-Z=3$ 条根轨迹终止于无穷远处,其中一条是极点 -6 左边的实轴,另两条从 $p_{1,2}=0$ 出发,根据法则6,从 $p_{1,2}$ 出发的根轨迹脱离角为 $\pm\dfrac{\pi}{2}$。这两条根轨迹的渐近线方程为

$$\omega = M\left(\sigma - \frac{\sum p_i - \sum z_i}{P-Z}\right) = \tan\frac{(2n+1)\pi}{P-Z} \times \left(\sigma - \frac{\sum p_i - \sum z_i}{P-Z}\right)$$

与实轴交角为

$$\alpha = \text{arc}\tan M = \frac{(2n+1)\pi}{P-Z} = \frac{(2n+1)\pi}{3} = \begin{cases} \dfrac{\pi}{3}, & n=0 \\[2mm] \pi, & n=1 \\[2mm] \dfrac{5}{3}\pi, & n=2 \end{cases}$$

与实轴交于

$$s_b = \frac{\sum p_i - \sum z_i}{P-Z} = \frac{-10+0.8}{3} = -3.07$$

根轨迹如图6-33所示。

例 6-15 设系统开环传递函数 $G(s)H(s)=\dfrac{K(s+2)}{s^2+2s+3}$ 画根轨迹图,分析闭环稳定性。

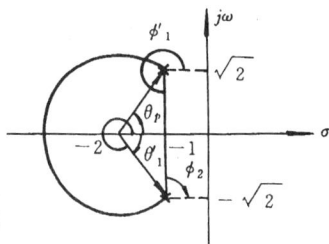

图 6-34 例 6-15 的根轨迹图

解: ① $G(s)H(s)$ 有一个零点 $z_1=-2$,两个极点 $p_1=-1+j\sqrt{2}$,$p_2=-1-j\sqrt{2}$,将它们示于图 6-34 上。

② 实轴上只有一零点在它左边,必是根轨迹。

③ $P=2$,$Z=1$,有 $P-Z=1$ 条渐近线,其角度 $\alpha=\dfrac{\pi}{1}=\pi$。

④ 两条根轨迹从极点出发,求出射角:

$$\varphi_1^0=\theta_1-\varphi_2+180°=\arctan\frac{\sqrt{2}}{1}-90°+180°=54.7°-90°+180°=144.7°$$

$$\varphi_2^0=\theta_1'-\varphi_1'+180°=-\arctan\frac{\sqrt{2}}{1}-270°+180°=-144.7°$$

⑤ 根轨迹图形对称,必在实轴某点会合后再分向 $-\infty$ 和 -2,求会合点。

从 $1+G(s)H(s)=0$

可求出

$$K=-\frac{s^2+2s+3}{s+2}$$

由

$$\frac{\mathrm{d}K}{\mathrm{d}s}=\frac{s^2+4s+1}{-(s+2)^2}$$

得

$$s_{1,2}=-2\pm\sqrt{3}=\begin{cases}-0.2679\\-3.732\end{cases}$$

在 -0.27 没有根轨迹,所以会合点在 $-3.732+j0$ 点且在会合点以 $\pm\dfrac{\pi}{2}$ 进入,从图 6-34 上可见,根轨迹在所有 $K>0$ 时,全在左半 S 平面,故系统稳定。

复 习 思 考 题

1. 如何区分稳定系统和不稳定系统?

2. 判别系统稳定与否的基本出发点是什么?

3. 劳斯—胡尔维茨判别系统稳定的充要条件是什么?

4. 乃奎斯特方法判别系统稳定性的基本原理和方法,为什么能用开环传递函数并结合开环乃奎斯特图就可以判定闭环系统的极点位置?

5. 当系统开环传递函数在虚轴上有极点存在时,如何处理对应于极点处的乃奎期特图?

6. 当系统开环传递函数在原点或虚轴上存在重极点时,对应的乃奎斯特图与无重极点的有什么不同?

7. 相位裕量和幅值裕量是如何定义的,在极坐标和对数坐标上如何表示?

8. 根轨迹是如何定义的? 它应满足什么条件?

9. 根据哪些特征就能方便地画出根轨迹的近似线?

6-1　设(图题 6-1)系统开环传递函数为 $G(s)$,试判别闭
　　环系统稳定与否。

　　　　(1) $G(s) = \dfrac{10(s+1)}{s(s-1)(s+5)}$

　　　　(2) $G(s) = \dfrac{10}{s(s-1)(2s+3)}$

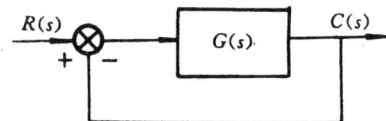

图题 6-1

6-2　系统如图题 6-1 所示,采用劳斯－胡尔维茨判据来
　　判别系统稳定与否。

　　　　(1) $G(s) = \dfrac{K(s+1)(s+2)}{s^2(s+3)(s+4)(s+5)}$

　　　　(2) $G(s) = \dfrac{0.2(s+2)}{s(s+0.5)(s+0.8)(s+3)}$

　　　　(3) $G(s) = \dfrac{K(s+6)}{(s^2+2s+3)(s^2+4s+5)}$

　　　　(4) $G(s) = \dfrac{100}{s(s^2+8s+24)}$

　　　　(5) $G(s) = \dfrac{3s+1}{s^2(300s^2+600s+50)}$

　　　　(6) $G(s) = \dfrac{24}{s(s+2)(s+4)}$

6-3　判别图题 6-3(a),(b)所示系统的稳定性。

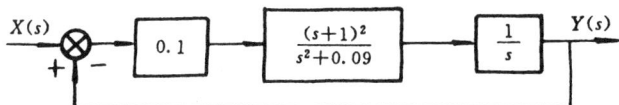

(a)

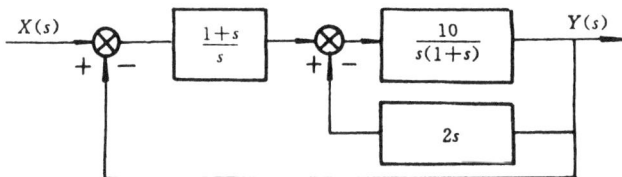

(b)

图题 6-3

6-4　画出下列各开环传递函数的乃奎斯特图,并判别系统是否稳定。

　　　　(1) $G(s)H(s) = \dfrac{100}{(1+s)(1+0.1s)}$

　　　　(2) $G(s)H(s) = \dfrac{100}{\left(1+\dfrac{s}{2}\right)\left(1+\dfrac{s}{5}\right)\left(1+\dfrac{s}{20}\right)}$

(3) $G(s)H(s) = \dfrac{200}{s(1+s)(1+0.1s)}$

(4) $G(s)H(s) = \dfrac{10}{(1+s)(1+2s)(1+3s)}$

(5) $G(s)H(s) = \dfrac{10}{s^2(1+0.1s)(1+0.2s)}$

(6) $G(s)H(s) = \dfrac{2}{s^2(1+0.1s)(1+10s)}$

6-5 设单位反馈控制系统的开环传递函数为

$$G(s)H(s) = \dfrac{10K(s+0.5)}{s^2(s+2)(s+10)}$$

画出 $G(s)H(s)$ 在 $K=1$ 和 $K=40$ 时的乃奎斯特图,并用乃奎斯特判据判别系统的稳定性。

6-6 设单位反馈控制系统的开环传递函数为

$$G(s) = \dfrac{\alpha s + 1}{s^2}$$

试确定使相位裕量等于 45°时的 α 值。

6-7 有下列开环传递函数

(1) $G(s)H(s) = \dfrac{20}{s(1+0.5s)(1+0.1s)}$

(2) $G(s)H(s) = \dfrac{50(0.6s+1)}{s^2(4s+1)}$

(3) $G(s)H(s) = \dfrac{775(0.1s+1)(0.2s+1)}{s(0.5s+1)(s+1)(0.065\times10^{-4}s^2+6.55\times10^{-5}s+1)}$

试绘制系统的伯德图并分别求它们的幅值裕量和相位裕量。

6-8 有系统如图题 6-8 所示。分别画出其乃奎斯特图和伯德图,求出其相位裕量并在所作出的上述两图上标出。

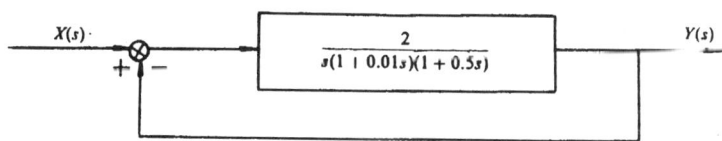

图题 6-8

6-9 设图题 6-9 所示系统中

$$G(s) = \dfrac{10}{s(s-1)}$$

$$H(s) = 1 + K_n s$$

试确定闭环系统稳定时的 K_n 的临界值。

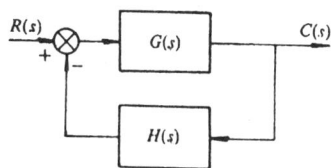

图题 6-9

6-10 设开环极点、零点如题图 6-10 中各图所示,试画出各自相应的根轨迹图。

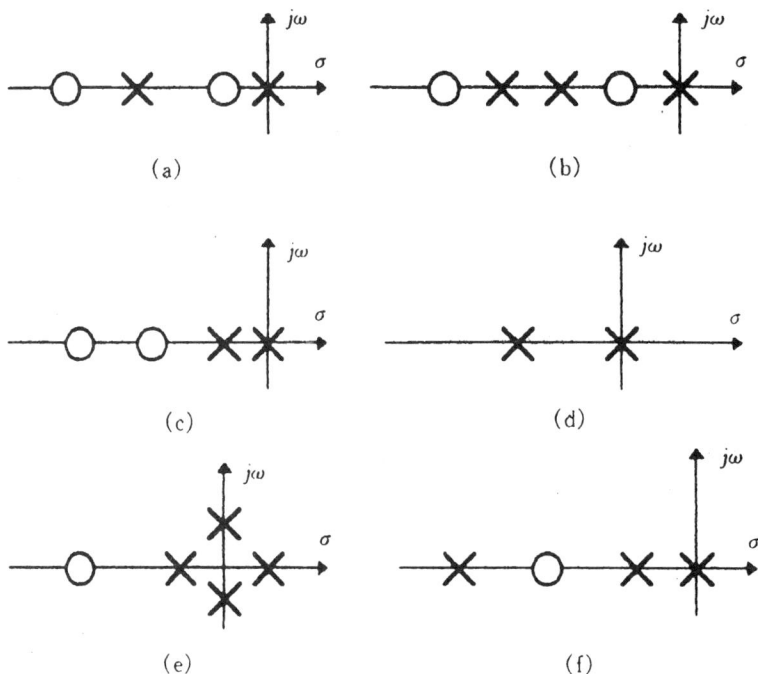

(a)

(b)

(c)

(d)

(e)

(f)

图题 6-10 的开环零点、极点分布图

6-11 一单位负反馈的系统具有如下各前向传递函数：

① $G(s) = \dfrac{K}{s(1+0.1s)(1+s)}$

② $G(s) = \dfrac{K}{s^2}$

③ $G(s) = \dfrac{K(s+1)}{s(s^2+8s+16)}$

试分别作出其根轨迹图并作出必要的解释,并说明当 K 为何值时系统将不稳定。

6-12 设控制系统中：

$$G(s) = \frac{K}{s^2(s+1)} \qquad H(s) = 1$$

该系统在增益 K 为任何值时均不稳定,试画出该系统的根轨迹图,利用作出的根轨迹图,说明在负载轴上加一个零点,即把 $G(s)$ 改为

$$G_1(s) = \frac{K(s+a)}{s^2(s+1)} \qquad (0 \leqslant a < 1)$$

可以使该系统稳定。

第 7 章　机械工程控制系统的校正与设计

在第 4 章介绍了系统在时域中的动态性能,第 5 章介绍了系统在频域中的动态性能以及第 6 章介绍了系统稳定性概念和评定方法。他们都是在系统结构和参数已知的情况下分析和评定系统的稳定性、快速性和准确性。而本章将要介绍的内容,却是在预先规定了系统的各项性能指标,选择适当的环节和参数使系统满足这些要求。

本章首先简单地介绍系统的时域性能指标、频域性能指标以及它们之间相互关系,实现校正的各种方式,还着重介绍了相位超前、相位滞后和相位超前-滞后校正环节,讨论并联校正中的反馈校正和顺馈校正,最后介绍了按主导极点位置配置的 PID 校正器。

7-1　控制系统的性能指标及校正方式

1. 系统的时域和频域性能要求

系统的性能指标按其类型可分为:

时域性能指标,它包括瞬态性能指标和稳态性能指标。

频域性能指标,它不仅反映系统在频域方面的特性,而且,当时域性能无法求得时,可先用频率特性实验来求得该系统在频域中的动态性能,再由此推出时域中的动态性能。

（1）时域性能指标

① 瞬态性能指标

系统的瞬态性能指标一般是在单位阶跃输入下,由输出的过渡过程所给出的。通常采用下列五个性能指标:

延迟时间　　　t_d

上升时间　　　t_r

峰值时间　　　t_p

最大超调量　　M_p

调整时间　　　t_s

② 稳态性能指标

采用下列指标:

稳态误差　　　e_{ss}

（2）频域性能指标

相位裕量　　　　　　　　　　　　　γ

幅值裕量　　　　　　　　　　　　　K_g

截止频率 ω_b 及频宽（简称带宽）　　$0 \sim \omega_b$

谐振频率 ω_r 及谐振峰值 M_r

（3）不同域中性能指标的相互转换

对于二阶系统而言，不同域中的性能指标转换有严格的数学关系，由第 5 章可知

$$M_p = e^{-\pi \cdot \sqrt{\left(M_r - \sqrt{M_r^2 - 1}\right) / \left(M_r + \sqrt{M_r^2 - 1}\right)}}$$

$$\omega_r = \frac{3}{t_s \zeta} \sqrt{1 - 2\zeta^2}$$

$$\omega_b = \frac{3}{t_s \zeta} \sqrt{(1 - 2\zeta^2) + \sqrt{2 - 4\zeta^2 + 4\zeta^4}}$$

$$\gamma = \arctan \frac{2\zeta}{\sqrt{\sqrt{1 + 4\zeta^4} - 2\zeta^2}}$$

而对于高阶系统来说，其关系比较复杂，通常取其主导极点，近似为二阶系统进行分析计算，工程上常用近似公式或曲线来表达它们之间的相互联系。

（4）频率特性曲线与系统性能关系

由于开环系统的频率特性与闭环系统的时间响应密切有关，而频率域的设计方法又较为简便，因此了解两者之间的关系是很必要的。

一般将系统开环频率特性的幅值穿越频率 ω_c 看成是频率响应的中心频率，并将在 ω_c 附近的频率区称为中频段；把频率 $\omega \ll \omega_c$ 的区间称为低频段；把 $\omega \gg \omega_c$ 的区间称为高频段。由第 4 章可知，决定闭环系统稳定特性好坏的主要参数（如开环增益 K，系统的型次等）可以通过系统的开环频率特性低频段求得；而决定系统动特性好坏的主要参数（如幅值穿越频率 ω_c，相位裕量 γ 等）可以通过系统开环频率特性的中频段求得；系统的抗干扰能力等，则可以由系统开环频率特性的高频段来表示。

基于上述分析，我们可以得出：开环频率特性的低频段表征了闭环系统的稳态特性；中频段表征了闭环系统的动态特性；高频段表征了闭环系统的复杂性。用频率法设计系统的实质，就是对开环频率特性的曲线形状作某些修改，使之变成我们所期望的曲线形状，即低频段的增益充分大，以保证稳态误差的要求。在幅值穿越频率 ω_c 附近，使对数幅频特性的斜率等于 -20 [dB/dec] 并占据充分宽的频带，以保证系统具有适当的相位裕量。在高频段的增益应尽快减小，以便使噪声影响减到最小。

2. 实现校正的各种方式

所谓校正（或称补偿），就是指在系统中增加新的环节或改变某些参数，以改善系统性能的方法，工程系统中常用的校正方案有：

（1）串联校正

串联校正指校正环节 $G_c(s)$ 串联在原传递函数方框图的前向通道中，如图 7-1 所示。为了减少功率消耗，串联校正环节一般都放在前向通道的前端，即低功率部分。

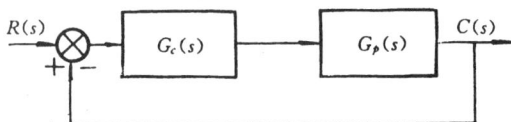

串联校正按校正环节 $G_c(s)$ 的性能可分为：增益调整、相位超前校正、相位滞后校正、相位超前-滞后校正。

图 7-1　串联校正

(2) 并联校正

并联校正按校正环节 $G_c(s)$ 的并联方式可分为:反馈校正,如图 7-2;顺馈校正,如图 7-3。

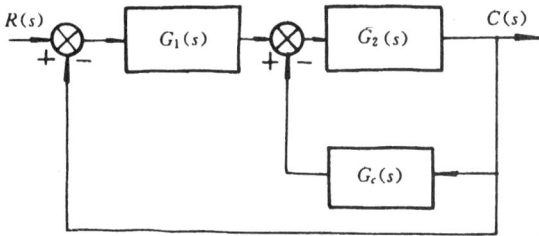

图 7-2　反馈校正　　　　　　　　　　　　　　图 7-3　顺馈校正

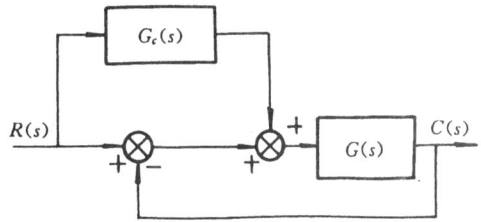

由于信号是从高功率流向低功率部分,因此反馈校正一般不再附加放大器,所用的器件也较少。

(3) PID 校正器

在工业控制上,常采用能够实现比例(P)、微分(D)、积分(I)等控制作用的校正器,实现超前、滞后、超前-滞后的校正作用。它的基本原理与串联校正、并联校正相比并无特殊之处,但结构的组合形式、产生的调节效果却有所不同。PID 校正器与串联校正、并联校正相比有如下特点:

① 对被控对象的模型要求低,甚至在系统模型完全未知的情况下,也能进行校正。

② 校正方便,在 PID 校正器中,其比例、积分、微分的校正作用相互独立,最后以求和的形式出现。人们可以任意改变其中的某一校正规律,这就大大地增加了使用的灵活性。

③ 适应范围较广。采用一般的校正装置,当原系统参数变化时,系统性能将会产生很大改变,而 PID 的校正器的适应范围要广得多,在一定的变化区间中,仍有很好的校正效果。

正因为 PID 校正器有上述优点,使之在工业控制中,得到了广泛的应用。

7-2　控制系统的串联校正

大多数控制系统均要求满足稳态精度和相对稳定性。稳态精度由系统的开环增益 K 决定,而相对稳定性由相位裕量和幅值裕量来决定。当这两个要求不能满足时,就要在系统中加入校正环节或改变某些参数,使系统满足规定的性能指标。

1. 控制系统的增益校正

调正增益是改进控制系统不可缺少的一步,它对系统的稳态精度和瞬态响应都有影响,多数情况可以用稳态精度性能指标来求出所得的增益。

图 7-4 为一位置控制系统的伯德图。系统的开环传递函数为

$$G_p(s) = \frac{250}{s(1 + s/10)} \qquad (7-1)$$

要求改变增益,使系统具有 45°的相位裕量。

首先作系统开环频率特性伯德图如图 7-4。由图(b)的曲线可知,校正前系统的幅值穿越

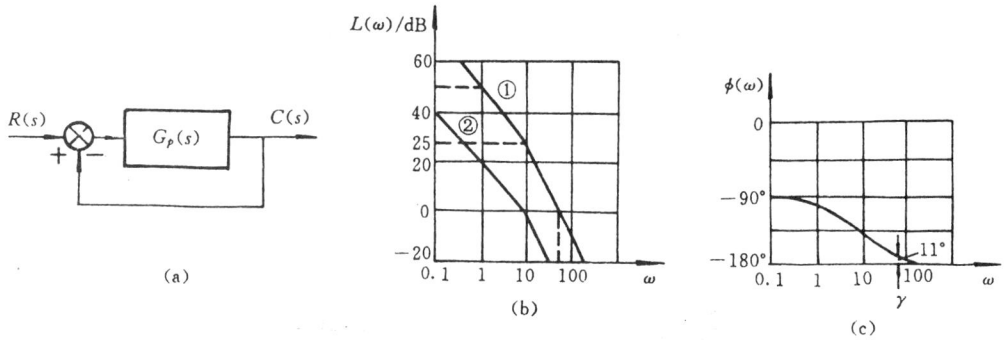

图 7-4　位置控制系统

频率 $\omega_c \approx 50$，系统的相位裕量 $\gamma \approx 11°$，显然大大小于要求的相位裕量 45°。由相频曲线可知，在 $\omega = 10$ 处，该频率处的相位角为 $-135°$，如果能使这个频率作为幅值穿越频率，那么相位裕量就达到要求。但系统在未校正前，在 $\omega = 10$ 处的幅值为 $20\lg |G_p(j\omega)|_{\omega=10} = 25(\text{dB})$，也就是说，$|G_p(j\omega)|_{\omega=10} = 18$，因此如果能使 $|G_p(j\omega)|_{\omega=10} = 1$，相当于将原系统的增益减少 $1/18$，就满足了 $\gamma = 45°$ 的要求。校正后系统的传递函数为

$$G(s) = G_p(s) \cdot \frac{1}{18} = \frac{10}{s(1 + s/10)} \tag{7-2}$$

校正后的曲线为 2，这时满足了 $\gamma = 45°$ 的指标，但系统的稳态精度也降低了。

2. 相位超前校正

大家知道，增加系统的开环增益可以提高系统的稳态精度和响应速度，但又会使相位裕量（或幅值裕量）减小，从而使系统的稳定性下降。为了既能提高系统的响应速度，又能保证系统的其它特性不变坏，就需要对系统进行相位超前校正。

相位超前校正使输出相位超前于输入相位。图 7-5 为一无源的超前校正网络，它的传递函数为

$$G_c(s) = \frac{U_0(s)}{U_i(s)} = \left(\frac{R_2}{R_1 + R_2} \right) \left[\frac{1 + R_1 Cs}{1 + \dfrac{R_2}{R_1 + R_2} R_1 Cs} \right]$$

$$= \frac{1}{\alpha} \left(\frac{1 + \alpha Ts}{1 + Ts} \right) \tag{7-3}$$

式中　$\alpha = \dfrac{R_1 + R_2}{R_2} > 1$

$T = \left(\dfrac{R_2}{R_1 + R_2} \right) R_1 C$

$\phi = \text{arc} \tan \alpha T\omega - \text{arc} \tan T\omega \tag{7-4}$

位超前环节的伯德图如图 7-6，其转角频率分别为 $\omega_1 = 1/\alpha T$ 和 $\omega_2 = 1/T$。

由式(7-4)可见，ϕ 为正值，并随 α 增大而增大，对式(7-4)求导

令

$$\frac{\partial \phi}{\partial \omega} = 0$$

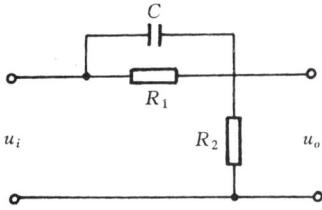

图 7-5　*RC* 超前网络

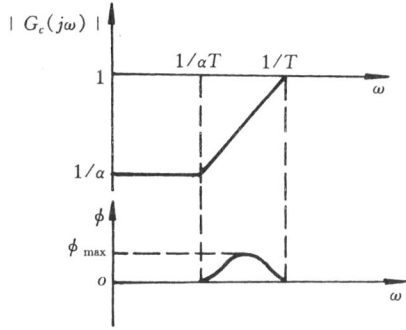

图 7-6　超前网络伯德图

得

$$\omega_m = \frac{1}{T\sqrt{\alpha}} = \sqrt{\omega_1 \cdot \omega_2} \tag{7-5}$$

ω_m 即为最大超前相位处的频率。而最大超前相位为

$$\phi_{\max} = \text{arc tan}\alpha T\omega_m - \text{arc tan}T\omega_m \tag{7-6}$$

将式(7-5)代入式(7-6)得

$$\phi_{\max} = \text{arc tan}\frac{\alpha-1}{2\sqrt{\alpha}}$$

由几何关系可得

$$\sin\phi_{\max} = \frac{\alpha-1}{\alpha+1} \tag{7-7}$$

由式(7-3)令 $s=j\omega$。

当 $\omega < 1/\alpha T$ 即为低频部分

$$|G_c(j\omega)| \approx 1/\alpha < 1$$

当 $\omega > 1/T$ 即为高频部分

$$|G_c(j\omega)| \approx 1$$

因此超前校正网络相当于一个高通滤波器,它能使系统的瞬态响应得到显著改善。

下面用一例子来说明采用相位超前校正的步骤。

图 7-7 为单位反馈控制系统,给定的性能指标:
单位斜坡输入时的稳态误差 $e_{ss} = 0.05$,相位裕量
$\gamma \geqslant 50°$,幅值裕量 $20\lg K_g \geqslant 10(\text{dB})$。

(1)首先根据稳态误差确定开环增益 K 因为是
Ⅰ型系统,所以

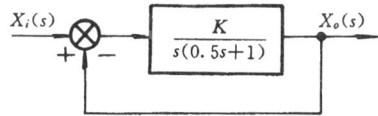

图 7-7　控制系统方块图

$$K = \frac{1}{e_{ss}} = \frac{1}{0.05} = 20(s^{-1})$$

(2)作开环频率特性的伯德图,并找出未校正前系统的相位裕量和幅值裕量。

开环频率特性伯德图如图 7-8。由图可知,校正前系统相位裕量为 17°,幅值裕量为无穷
大,因此系统是稳定的。但因相位裕量小于 50°,故相对稳定性不合要求。为了在不减小幅值裕

量的前提下,将相位裕量从 17°提高到 50°,需要采用相位超前校正环节。

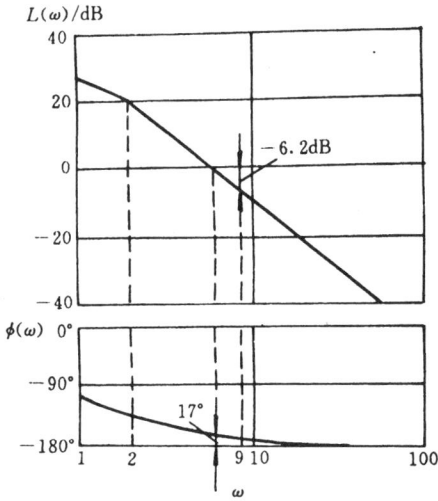

图 7-8 校正前伯德图

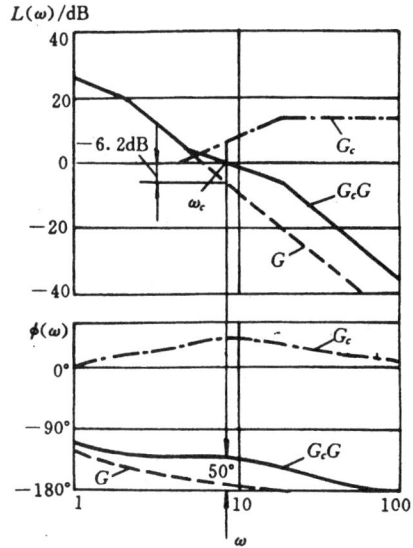

图 7-9 校正后的 $G_k(j\omega)$ 伯德图

(3) 确定在系统上需要增加的相位超前角 ϕ_m

由于串联相位超前校正环节会使系统的幅值穿越频率 ω_c 在对数幅频特性的坐标轴上向右移,因此在考虑相位超前量时,要增加 5°左右,以补偿这一移动,因而相位超前量为

$$\phi_m = 50° - 17° + 5° = 38°$$

相位超前校正环节应产生这一相位才能使校正后的系统满足设计要求。

(4) 利用方程(7-7)确定系数 α

由

$$\phi_m = \text{arc} \sin \frac{\alpha - 1}{\alpha + 1} = 38°$$

可计算得到 $\alpha = 4.17$

由式(7-5)可知,ϕ_m 发生在 $\omega_m = 1/(T\sqrt{\alpha})$ 的点上。在这点上超前环节的幅值为

$$20\lg\left|\frac{1 + j\alpha T\omega_m}{1 + jT\omega_m}\right| = 20\lg\left|\frac{1 + \sqrt{\alpha}\,j}{1 + \frac{1}{\sqrt{\alpha}}j}\right| = 6.2(\text{dB})$$

这就是超前校正环节在 ω_m 点上造成的对数幅频特性的上移量。

从图 7-8 上可以找到幅值为 $-6.2(\text{dB})$ 时的频率约为 $\omega = 9(s^{-1})$,这一频率就是校正后系统的幅值穿越频率 ω_c。

$$\omega_c = \omega_m = \frac{1}{T\sqrt{\alpha}} = 9(s^{-1})$$

故 $T = 0.055(s)$ $\alpha T = 0.23(s)$

由此得相位超前校正环节的频率特性为

$$G_c(j\omega) = \frac{1}{\alpha} \cdot \frac{1 + j\alpha T\omega}{1 + jT\omega} = \frac{1}{4.17} \times \frac{1 + j0.23\omega}{1 + j0.055\omega}$$

为了补偿超前校正造成的幅值衰减,原开环增益要加大 K_1 倍,使 $K_1/\alpha=1$,所以

$$K_1 = 4.17$$

校正后系统的开环传递函数为

$$G_k(s) = G_c(s)G(s)$$

$$= \frac{1 + 0.23s}{1 + 0.055s} \cdot \frac{20}{s(1 + 0.5s)}$$

图 7-9 是校正后的 $G_k(j\omega)$ 伯德图。比较图 7-8 与图 7-9 可以看出,校正后系统的带宽增加,相位裕量从 17° 增加到 50°,幅值裕量也足够。

综上所述,串联超前校正环节增大了相位裕量,加大了带宽,这就意味着提高了系统的相对稳定性,加快了系统的响应速度,使过渡过程得到显著改善。但由于系统的增益和型次都未变,所以稳态精度变化不大。

3. 相位滞后校正

系统的稳态误差取决于开环传递函数的型次和增益,为了减小稳态误差而又不影响稳定性和响应的快速性,只要加大低频段的增益即可。为此目的,采用相位滞后校正环节,它使输出相位滞后于输入相位,对控制信号产生相移的作用。

图 7-10 为一无源的滞后校正网络,它的传递函数为

$$G_c(s) = \frac{U_0(s)}{U_i(s)} = \frac{R_2Cs + 1}{(R_1 + R_2)Cs + 1}$$

$$= \frac{Ts + 1}{\alpha Ts + 1} \tag{7-8}$$

$$\phi = \text{arc tan}\omega T - \text{arc tan}\omega \alpha T \tag{7-9}$$

式中　　$T = R_2 C$。

$$\alpha = \frac{R_1 + R_2}{R_2} > 1$$

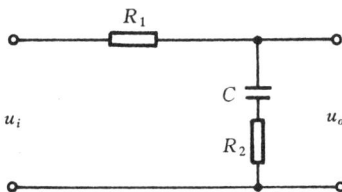

图 7-10　RC 滞后网络　　　　图 7-11　滞后网络伯德图

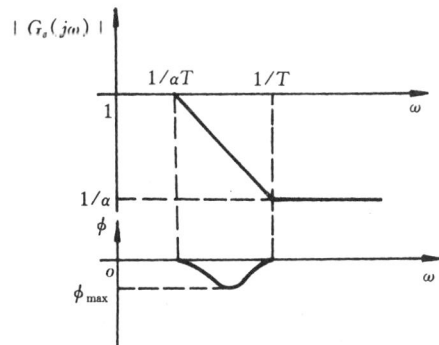

滞后环节的伯德图如图 7-11 所示,其转角频率分别为

$$\omega_1 = \frac{1}{\alpha T}$$

和
$$\omega_2 = \frac{1}{T}$$

由式(7-9)可见,ϕ 为负值,并随 α 增大而减小。对式(7-9)求导

令
$$\frac{\partial \phi}{\partial \omega} = 0$$

得
$$\omega_m = \frac{1}{T \sqrt{\alpha}} = \sqrt{\omega_1 \cdot \omega_2} \tag{7-10}$$

即为最大滞后相位处的频率,而最大相位滞后为
$$\phi_{max} = \text{arc tan}\omega_m T - \text{arc tan}\omega_m \alpha T \tag{7-11}$$

将式(7-10)代入式(7-11)得
$$\phi_{max} = \text{arc tan} \frac{\alpha - 1}{2 \sqrt{\alpha}}$$

由几何关系可得
$$\sin\phi_{max} = \frac{\alpha - 1}{\alpha + 1} \tag{7-12}$$

由式(7-8),$s = j\omega$,当 $\omega < 1/\alpha T$,即为低频部分时
$$|G_c(j\omega)| \approx 1$$

而当 $\omega > 1/T$,即为高频部分时
$$|G_c(j\omega)| \approx 1/\alpha < 1$$

因此滞后校正网络相当于一个低通滤波器,它能使系统的稳态精度得到显著提高。

下面用一例子来说明采用相位滞后校正的步骤。

设有单位反馈控制系统,其开环传递函数为
$$G(s) = \frac{K}{s(s + 1)(0.5s + 1)}$$

给定的性能指标:单位斜坡输入时的静态误差 $e_{ss} = 0.2$,相位裕量 $\gamma = 40°$,幅值裕度 $20\lg K_g \geqslant 10(\text{dB})$。

(1) 按给定的稳态误差确定开环增益 K

对于 I 型系统
$$K = \frac{1}{e_{ss}} = \frac{1}{0.2} = 5(\text{s}^{-1})$$

(2) 作 $G(j\omega)$ 的伯德图,找出未校正系统的相位裕量和幅值裕量

图 7-12 中虚线是开环频率特性 $G(j\omega)$ 的伯德图。由图可知原系统的相位裕量为 $-20°$,幅值裕量 $20\lg K_g = -8(\text{dB})$,系统是不稳定的。

(3) 在 $G(j\omega)$ 的伯德图上找出相位裕量为 $\gamma = 40° + (5 \sim 12°)$ 的频率点,并选这点作为已校正系统的幅值穿越频率。

由于在系统中串联相位滞后环节后,对数相频特性曲线在幅值穿越频率 ω_c 处的相位将有所滞后,所以增加 $10°$ 作为补充。现取设计相位裕量为 $50°$,由图可知,对应于相位裕量为 $50°$ 的频率大致为 $0.6(\text{s}^{-1})$,将校正后系统的幅值穿越频率 ω_c 选在该频率附近为 $0.5(\text{s}^{-1})$。

（4）相位滞后校正环节的零点转角频率 ω_T 选为已校正系统的 ω_c 的 $1/10 \sim 1/5$

相位滞后校正环节的零点转角频率 $\omega_T = 1/T$，应远低于已校正系统的幅值穿越频率，选 $\omega_c/\omega_r = 5$。

$$\text{所以} \quad \omega_T = \frac{\omega_c}{5} = 0.1(\text{s}^{-1})$$

$$T = \frac{1}{\omega_T} = 10(\text{s})$$

（5）确定 α 值和相位滞后校正环节的极点转角频率

在 $G(j\omega)$ 的伯德图中，在已校正系统的幅值穿越频率点上，找到使 $G(j\omega)$ 的对数幅频特性下降到零分贝所需的衰减分贝值，这一衰减分贝值等于 $-20\lg\alpha$，由此确定了 α 值，也确定了相位滞后校正环节的极点转角频率。

由 7-12 图可知，要使 $\omega = 0.5(\text{s}^{-1})$ 成为已校正系统的幅值穿越频率 ω_c，就需要在该点将 $G(j\omega)$ 的对数幅值特性移动 $-20(\text{dB})$。所以该点的滞后校正环节的对数幅频特性分贝值应为

$$20\lg\left|\frac{1+jT\omega_c}{1+j\alpha T\omega_c}\right| = -20(\text{dB})$$

当 $\alpha T \gg 1$ 时，有

$$20\lg\left|\frac{1+jT\omega_c}{1+j\alpha T\omega_c}\right| \approx -20\lg\alpha$$

$$-20\lg\alpha = -20(\text{dB})$$

得 $\quad \alpha = 10$

显然，极点转角频率

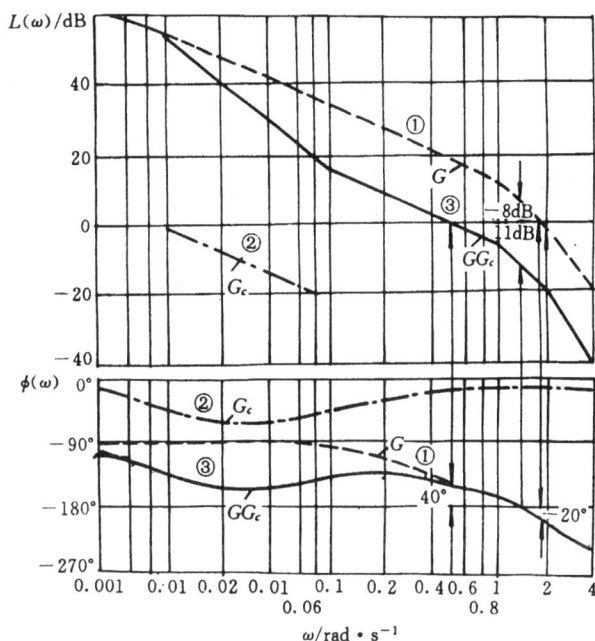

图 7-12 滞后校正前后的开环伯德图

$$\omega_T = \frac{1}{\alpha T} = 0.01(\text{s}^{-1})$$

相位滞后校正环节的频率特性为

$$G_c(j\omega) = \frac{1+jT\omega_c}{1+j\alpha T\omega_c} = \frac{1+j10\omega}{1+j100\omega}$$

$G_c(j\omega)$ 的伯德图为图 7-12 中的点划线所示。

已校正系统的开环传递函数为

$$G_k(s) = G_c(s)G(s) = \frac{5(10s+1)}{s(0.5s+1)(s+1)(100s+1)}$$

图中实线为校正后的 $G_k(s)$ 伯德图。图中相位裕量 $\gamma = 40°$，幅值裕量 $20\lg K_g \approx 11(\text{dB})$，系统的性能指标得到满足。但由于校正后的开环幅值穿越频率从 1.85 降到了 0.55，闭环系统的带宽

也随之下降,所以这种校正会使系统的响应速度降低。

4. 相位滞后-超前校正环节

超前校正的效果是使系统带宽增加,提高时间响应速率,但对稳态误差影响较小;滞后校正则可以提高稳态性能,但使系统带宽减小,对时间响应减慢。

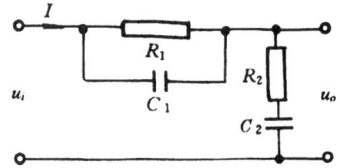

图 7-13 滞后-超前网络

采用滞后-超前校正环节,则可以同时改善系统的瞬态响应和稳态精度。

图 7-13 为一无源的滞后-超前校正环节,它的传递函数为

$$G_c(s) = \frac{U_0(s)}{U_i(s)}$$

$$= \frac{(R_1C_1s + 1)(R_2C_2s + 1)}{(R_1C_1s + 1)(R_2C_2s + 1) + R_1C_2s} \tag{7-13}$$

令

$$R_1C_1 = T_1 ; R_2C_2 = T_2$$

$$（取 T_2 > T_1） \tag{7-14}$$

$$R_1C_2 + R_2C_2 + R_1C_2 = \frac{T_1}{\alpha} + \alpha T_2 \tag{7-15}$$

$$（取 \alpha > 1）$$

由式(7-14),(7-15)代入式(7-13)得

$$G_c(s) = \frac{(T_1s + 1)}{(\frac{T_1}{\alpha}s + 1)} \cdot \frac{(T_2s + 1)}{(\alpha T_2s + 1)}$$

$$= \frac{(1 + T_1s)}{(1 + \frac{T_1}{\alpha}s)} \cdot \frac{(1 + T_2s)}{(1 + \alpha T_2s)} \tag{7-16}$$

式(7-16)中的第一项相当于超前网络,而第二项相当于滞后网络。从伯德图 7-14 可以看出:当 $0 < \omega < 1/T_2$ 时起滞后网络作用;当 $1/T_2 < \omega < \infty$ 时,起超前网络作用;在 $\omega = 1/\sqrt{T_1T_2}$ 时,相角等于零。

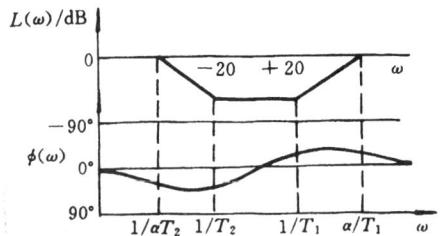

图 7-14 滞后-超前网络伯德图

下面用一例子来说明采用滞后-超前校正的步骤。

设单位反馈系统的开环传递函数为

$$G(s) = \frac{K}{s(s + 1)(0.5s + 1)}$$

给定的性能指标为:单位斜坡输入时稳态误差 $e_{ss} = 0.1$,相位裕量 $\gamma = 50°$,幅值裕量 $20\lg K_g \geqslant 10(dB)$。

(1)首先根据稳态性能指标确定开环增益 K

对于 I 型系统

· 190 ·

$$K = \frac{1}{e_{ss}} = \frac{1}{0.1} = 10(\text{s}^{-1})$$

（2）画出 $G(j\omega)$ 的伯德图（如图 7-15 中的虚线所示）

由图可见，系统的相位裕量约为 $-32°$，显然系统是不稳定的。现在采用超前校正，使相角在 $\omega = 0.4(\text{s}^{-1})$ 以上超前，但若单纯采用超前校正，则低频段衰减太大，若附加增益 K_1，则幅值穿越频率右移，ω_c 仍可能在相位穿越频率 ω_g 右边，系统仍然不稳定。因此，在此基础上再采用滞后校正，可使低频段有所衰减，有利于 ω_c 左移。

（3）选择未校正前的相位穿越频率

若选择未校正前的相位穿越频率 $\omega_g = 1.5(\text{s}^{-1})$ 为新系统的幅值穿越频率，则取相位裕量 $\gamma = 50°$。

（4）选滞后部分的零点转角频率远低于 $\omega = 1.5(\text{s}^{-1})$

即 $\omega_{T_2} = 1.5/10 = 0.15(\text{s}^{-1})$，

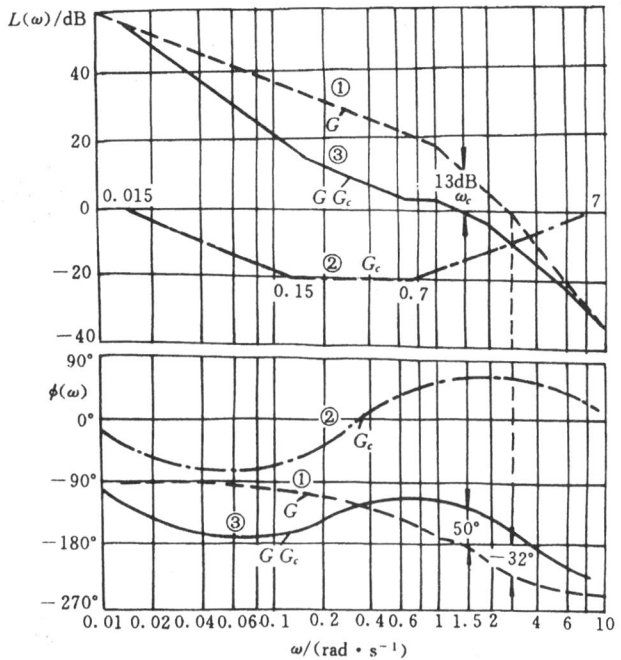

图 7-15　系统伯德图

$T_2 = 1/\omega_{T_2} = 6.67(\text{s})$，选 $\alpha = 10$，则极点转角频率为 $1/\alpha T_2 = 0.015(\text{s}^{-1})$，因此滞后部分的频率特性为

$$\frac{1 + jT_2\omega}{1 + j\alpha T_2\omega} = \frac{1 + j6.67\omega}{1 + j66.7\omega}$$

由图可知，当 $\omega = 1.5(\text{s}^{-1})$ 时，幅值 $= 13(\text{dB})$。因为这一点是校正后的幅值穿越频率，所以校正环节在 $\omega = 1.5(\text{s}^{-1})$ 点上应产生 $-13(\text{dB})$ 增益。在伯德图上过点 $(1.5(\text{s}^{-1}), -13(\text{dB}))$ 作斜率为 $20(\text{dB/dec})$ 的斜线。它和零分贝线和 $-20(\text{dB})$ 线的交点就是超前部分的极点和零点的转角频率。如图所示，超前部分的零点转角频率 $\omega_r \approx 0.7(\text{s}^{-1})$，$T_1 = 1/\omega_r = 1.43(\text{s})$。极点转角频率为 $7(\text{s}^{-1})$，则超前部分的频率特性为

$$\frac{T_1}{\alpha} = \frac{1.43}{10} = 0.143$$

$$\frac{1 + jT_1\omega}{1 + j\frac{T_1}{\alpha}\omega} = \frac{1 + j1.43\omega}{1 + j0.143\omega}$$

（5）滞后-超前校正环节的频率特性
即为

$$G_c(j\omega) = \frac{(1 + j6.67\omega)(1 + j1.43\omega)}{(1 + j66.7\omega)(1 + j0.143\omega)}$$

其特性曲线如图中的点划线。

校正后系统的开环传递函数为

$$G_k(s) = G_c(s)G(s) = \frac{10(6.67s + 1)(1.43s + 1)}{s(s + 1)(0.5s + 1)(66.7s + 1)(0.143s + 1)}$$

其伯德图如图中的实线所示。

7-3　反馈和顺馈校正

串联校正实现比较简单,使用也较为普遍,但有时由于系统本身特性所决定,还常采用反馈和顺馈校正的方法来改善系统的动特性。

1. 反馈校正

所谓反馈校正,是从系统某一环节的输出中取出信号,经过校正网络加到该环节前面某一环节的输入端,并与那里的输入信号叠加,从而改变信号的变化规律,实现对系统进行校正的目的。应用较多的是对系统的部分环节建立局部负反馈,如图 7-16 所示。

从控制的观点讲,反馈校正比串联校正更

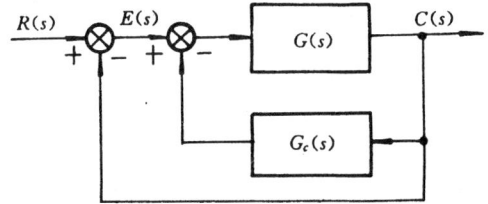

图 7-16　反馈系统方块图

有其突出的优点:利用反馈能有效地改变被包围环节的动态结构参数,甚至在一定条件下能用反馈校正完全取代包围环节,从而大大减弱这部分环节由于特性参数变化及各种干扰给系统带来的不利影响。

下面用一些例子来说明采用反馈校正对系统结构和参数的影响。

（1）改变系统的型次

设图 7-16 中的 $G(s) = K/s$,采用的反馈校正装置 $G_c(s) = K_H$,则

$$\frac{C(s)}{E(s)} = \frac{G(s)}{1 + G(s)G_c(s)} = \frac{\dfrac{1}{K_H}}{1 + \dfrac{s}{KK_H}} \tag{7-17}$$

将原来的积分作用变成了惯性环节,降低了原系统的型次,虽然这意味着降低了大回路系统的稳态精度,但有可能提高系统的稳定性。

（2）改变系统时间常数

设图 7-16 中

$$G(s) = \frac{K}{1 + Ts}$$

反馈校正装置

$$G_c(s) = K_H$$

则

$$\frac{C(s)}{E(s)} = \frac{G(s)}{1 + G(s)G_c(s)} = \frac{\dfrac{K}{1 + KK_H}}{1 + s\dfrac{T}{1 + KK_H}} \tag{7-18}$$

系统仍为一阶惯性环节,但时间常数由原来的 T 变为 $T/(1+KK_H)$,反馈系数 K_H 越大,时间常数越小,系统的响应也就越快。

(3) 增大系统的阻尼比

设图 7-16 中

$$G(s) = \frac{\omega_n^2}{s(s + 2\zeta\omega_n)}$$

反馈校正装置

$$G_c(s) = K_t s$$

则

$$\frac{C(s)}{E(s)} = \frac{\omega_n^2}{s^2 + (2\zeta\omega_n + K_t\omega_n^2)s + \omega_n^2} \tag{7-19}$$

系统仍为二阶振荡环节,但系统的阻尼比由原来的 $2\zeta\omega_n$ 增加到 $(2\zeta\omega_n+K_t\omega_n^2)$,可以有效地减弱小阻尼环节的不利影响,而又不影响系统的无阻尼自然频率。

希望系统具有较高的快速性,同时又具有良好平稳性的随动系统中,广泛地采用了这类速度反馈。但在工程实际中难以获得理想的微分环节,经常采用近似微分环节 $K_t s/(T_1 s+1)$ 来实现微分作用,只要 $T_1 s \ll 1$(一般 T_1 为 $10^{-2} \sim 10^{-4}(s)$)。T_1 越小,微分作用越显著。

2. 顺馈校正

前面讨论的闭环反馈控制,控制作用由误差 $E(s)$ 产生,是利用误差来减少误差,最后消除误差的过程。因此从原理上讲,误差是不可避免的。如果采用补偿的方法,使作用于系统的信号除误差以外,还引入与输入或扰动有关的补偿信号,这种方法称之为顺馈校正或复合控制。

顺馈校正的特点是在干扰引起误差之前就对它进行近似补偿,以便及时消除干扰的影响。由于补偿信号与输入或扰动有关,故可分为按输入校正和按扰动校正两种情况。

(1) 按输入校正

图 7-17 为按输入进行顺馈校正的控制系统。图中 $G_c(s)$ 为顺馈校正环节的传递函数。系统的输出

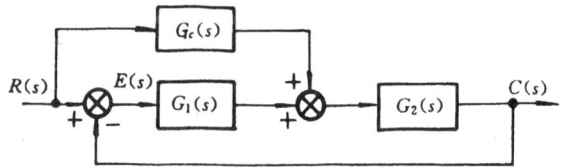

图 7-17　按输入校正的顺馈控制系统

$$C(s) = G_1(s)G_2(s)E(s) + G_c(s)G_2(s)R(s)$$
$$= C_{01}(s) + C_{02}(s) \tag{7-20}$$

此式表示顺馈补偿为开环补偿,相当于系统通过 $G_c(s)G_2(s)$ 增加了一个输出 $C_{02}(s)$,其闭环传递函数为

$$\frac{C(s)}{R(s)} = \frac{G_1(s)G_2(s) + G_c(s)G_2(s)}{1 + G_1(s)G_2(s)} \tag{7-21}$$

当

$$G_c(s) = \frac{1}{G_2(s)} \ \text{时}, \frac{C(s)}{R(s)} = 1$$

即 $E(s)=0$,称为全补偿的顺馈校正。

上述系统虽然加了顺馈校正,但稳定性不受影响,因为系统的特征方程仍然是

$$1 + G_1(s)G_2(s) = 0$$

为了减小顺馈控制信号的功率,大多将顺馈控制信号加在系统中信号综合放大器的输入端。同时为了使 $G_c(s)$ 的结构简单,在绝大多数情况下,不要求实现全补偿,只要通过部分补偿将系统的误差减小至允许范围之内便可。

(2) 按扰动校正

图 7-18 为按扰动校正的顺馈校正系统。图中 $N(s)$ 为扰动信号,$G_c(s)$ 为顺馈校正环节传递函数。

设 $G(s)$ 为原系统的传递函数,$G_N(s)$ 为干扰作用 $N(s)$ 的传递函数,为了消除干扰的影响,加入了顺馈校正环节 $G_c(s)$,系统的输出

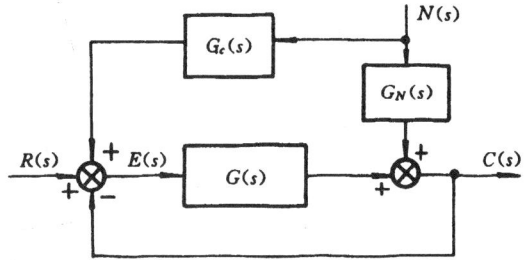

图 7-18 按扰动校正的顺馈校正系统

$$C(s) = G(s)E(s) + G_N(s)N(s) \tag{7-22}$$

$$E(s) = R(s) - C(s) + G_c(s)N(s) \tag{7-23}$$

所以

$$C(s) = G(s)[R(s) - C(s)] + [G(s)G_c(s) + G_N(s)]N(s) \tag{7-24}$$

如果适当地选取 $G_c(s)$ 使它满足

$$G_c(s) = \frac{-G_N(s)}{G(s)} \tag{7-25}$$

系统的扰动作用就可以被消除。当然要使工程上实现 $G_c(s)$ 完全满足上式是困难的,只能说达到近似的补偿。从补偿的原理来看,这种顺馈补偿的方法,实际上是采用开环的控制方式对扰动作用进行补偿,所以补偿并不改变闭环系统的特性,相反会减轻反馈控制抑制扰动作用的负担。在这种控制系统中,闭环部分的开环增益 K 也可以取得小一些,这样既有利于系统稳定性的提高,又给系统设计带来方便。

这里需要注意的是:由于顺馈控制是一种开环控制方式,根据开环控制的特性可知,开环装置中的元器件精度及其参数的稳定性直接影响控制的效果,为了获得比较好的补偿效果,应力求选择高质量的元器件。

下面研究如何利用顺馈校正来提高液压仿形刀架的车削精度。系统的输入量为模板的形状对触头的输入,输出量为刀具刀尖的轨迹。图 7-19 为系统的方块图和触头沿模板的运动情

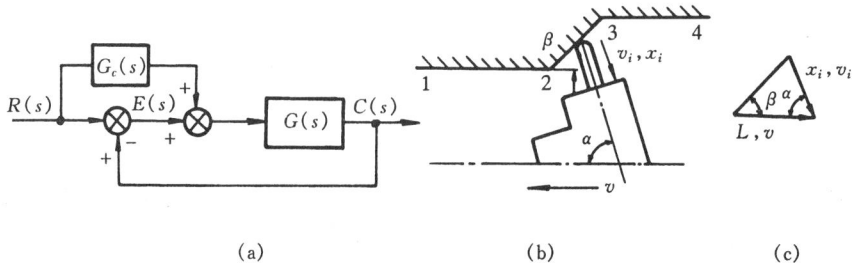

(a)   (b)   (c)

图 7-19 仿形刀架系统方块图和触头沿模板的运动情况

况,加工过程中,刀具刀尖随触头的运动作随动,仿形模板由两段和零件轴线平行的直线 1 到 2,3 到 4 和一段与零件轴线夹角为 β 的直线 2 到 3 组成。触头轴线和零件轴线夹角为 α,仿形刀架在零件轴线方向进给速度为 υ。

当触头在仿形模板 3 到 4,1 到 2 直线段运动时(加工外圆柱面),触头没有信号输入,$r(t)$ =0。自 3 点开始,触头沿仿形模板 3 到 2 直线段向左运动时(加工圆锥面),触头的输入为一斜坡信号 υ_i,输入信号 υ_i 与仿形刀架进给速度 υ 的关系如图 7-19(c)所示。

$$\upsilon_i = \frac{\sin\beta}{\sin(\alpha + \beta)}\upsilon \tag{7-26}$$

由于液压仿形刀架的传递函数为

$$G(s) = \frac{K}{s\left(\dfrac{s^2}{\omega_n^2} + \dfrac{2\zeta}{\omega_n}s + 1\right)} \tag{7-27}$$

即系统为 I 型。则当输入为 υ_i 斜坡函数时,系统的稳态误差为

$$e_{ss} = \frac{\upsilon_i}{K} = \frac{\upsilon}{K} \frac{\sin\beta}{\sin(\alpha + \beta)} \tag{7-28}$$

e_{ss} 表示在触头轴线方向刀尖将滞后触头的距离,产生仿形车削误差。为此若采用顺馈校正装置 $G_c(s)$(如图 7-19(a)),这时系统的输出为

$$C(s) = \frac{K}{s\left(\dfrac{s^2}{\omega_n^2} + \dfrac{2\zeta}{\omega_n}s + 1\right)}\left[R(s)G_c(s) + E(s)\right] \tag{7-29}$$

$$E(s) = R(s) - C(s) \tag{7-30}$$

从上二式消去 $C(s)$ 得

$$E(s) = \frac{1 - G_c(s)\dfrac{K}{s\left(\dfrac{s^2}{\omega_n^2} + \dfrac{2\zeta}{\omega_n}s + 1\right)}}{1 + \dfrac{K}{s\left(\dfrac{s^2}{\omega_n^2} + \dfrac{2\zeta}{\omega_n}s + 1\right)}}R(s) \tag{7-31}$$

在斜坡函数 $r(t) = \upsilon_i t$ 作用下,其稳态误差为

$$
\begin{aligned}
e_{ssr} &= \lim_{s \to 0} sE(s) \\
&= \lim_{s \to 0} s\frac{s\left[\dfrac{s^2}{\omega_n^2} + \dfrac{2\zeta}{\omega_n}s + 1\right] - G_c(s)K}{s\left[\dfrac{s^2}{\omega_n^2} + \dfrac{2\zeta}{\omega_n}s + 1\right] + K} \cdot \frac{\upsilon_i}{s^2}
\end{aligned}
\tag{7-32}
$$

若 $G_c(s) = s/K$,则将有

$$e_{ssr} = \lim_{s \to 0} \frac{\left[\dfrac{s^2}{\omega_n^2} + \dfrac{2\zeta}{\omega_n}s + 1\right] - 1}{s\left[\dfrac{s^2}{\omega_n^2} + \dfrac{2\zeta}{\omega_n}s + 1\right] + K}\upsilon_i = 0$$

上式说明,当输入信号为斜坡函数时,顺馈校正采用微分环节,从原理上说稳态误差可以为零。

由式(7-28)可知

$$K = \frac{\upsilon_i}{e_{ss}}$$

在实际中为了实现 $G_c(s)=s/K$，可以采用将模板沿工件纵向进给方向向后平移 L 距离即可。由图 7-19(c)可知

$$L = \frac{\sin(\alpha + \beta)}{\sin\beta} e_{ss} \tag{7-33}$$

从输入信号看，模板平移一段 L，相当于有一个导前输入，设原来输入量为 $r(t)$，平移 L 后变为 $r(t+T_d)$。

令

$$T_d = \frac{L}{v} = \frac{e_{ss}}{v_i} = \frac{1}{K}$$

对 $r(t+T_d)$ 作拉氏变换

$$R'(s) = L[r(t + T_d)] = \frac{v_i}{s^2} e^{T_d s}$$

而

$$e^{T_d s} = 1 + T_d s + \frac{1}{2!} e^{T_d s} + \cdots$$

当 $|T_d s| \ll 1$ 时，近似可取

$$e^{T_d s} \approx 1 + T_d s$$

得

$$R'(s) = \frac{v_i}{s^2}(1 + T_d s) = \frac{v_i}{s^2} + \frac{v_i}{s^2} T_d s \tag{7-34}$$

在 $R'(s)$ 输入下，系统的方块图如图 7-20。

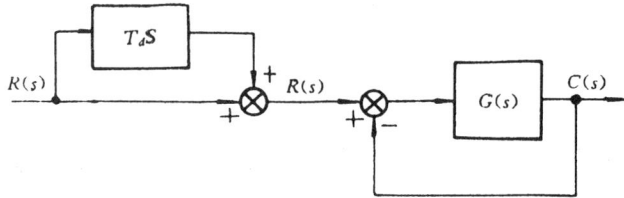

图 7-20　模板移动 L 后的方块图

如果将图 7-20 中的两个相加点交换位置，就变成为图 7-19(a)的方块图，T_d 即为所求的顺馈校正环节 $G_c(s)$。

因此当车削锥面时，为了减小稳态误差，可以将模板移动 L 距离，这相当于在原来斜坡函数输入的基础上再并联一个顺馈的微分校正环节 T_d，使系统的稳态误差为零。

7-4　PID 校正器的设计

PID 校正器有时也常称作为 PID 调节器，它可以用于串联校正的方式，也可用于并联校正的方式。

由第 4 章的分析可知，系统的稳态性能主要取决于系统的型次和开环增益，而系统的瞬态性能主要取决于系统零点、极点分布。如果在系统中加入一个环节，能使系统的零点、极点分布按性能要求来配置，这个环节一般就称为调节器。设计时一般是将调节器的增益调整到使系统

的开环增益满足稳态性能指标的要求,而所设置的调节器零点、极点,能使改变后的系统的闭环主导极点位于所希望的位置,满足瞬态性能指标的要求。

在实际校正时,通常给出的性能指标是一个允许范围,这样确定的希望闭环主导极点可以处于一个扇形范围内(如图 7-21 的阴影线所示),扇形域的边界由 M_p 和 t_s 的最大值确定。如 $M_p \leq 10\%$,$t_s \leq 4(s)$,则可计算出扇形域的边界为 $\zeta \geq 0.592$;若选取 $\delta = 2$ 则 $\zeta \omega_n \geq 4/t_s = 1$。在这范围里的极点 s_1,s_2 均符合要求。因此,根据性能指标确定希望闭环主导极点的位置不是唯一的,可以有较大的选择余地。

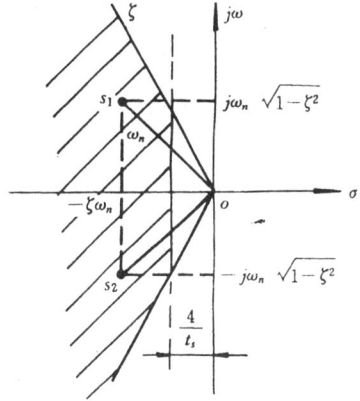

图 7-21 瞬态性能指标与主导极点分布域的关系($M_p \leq 10\%$ $t_s = 4(s)$)

调节器均是典型的具有恒定增益的简单放大器。当调节器输出信号与输入信号之间是一个简单的比例常数关系时,这种控制作用通常称为"比例控制"。从数学观点讲,一个线性连续调节器应该能够实现输入信号对时间的微分或积分、比例和其它如相加和相减的简单代数运算。因此,一个线性连续的调节器可以简单地描述成包含加法器(相加或相减)、放大器、衰减器、微分器和积分器等部件的一个器件。例如,最为大家所熟知的一种是 PID 调节器,PID 表示比例、积分和微分。PID 调节器的传递函数可以写为

$$G_c(s) = K_P + K_D s + \frac{K_I}{s} \tag{7-35}$$

设计的问题便是确定系数 K_P,K_D 和 K_I 的值,从而系统的性能也就被确定下来。

下面我们研究微分控制和积分控制的作用。

1. 微分控制对系统时间响应的作用

图 7-22 表示一个反馈控制系统的方块图,它有一个传递函数为 $G_p(s)$ 的二阶系统,并带有比例微分控制调节器(PD 调节器)。PD 调节器的传递函数为

$$G_c(s) = K_P + K_D s \tag{7-36}$$

整个系统的开环传递函数为

$$G_p(s) = \frac{\omega_n^2}{s(s + 2\zeta \omega_n)}$$

$$G(s) = G_c(s) G_p(s) = \frac{C(s)}{E(s)}$$

$$= \frac{\omega_n^2 (K_P + K_D s)}{s(s + 2\zeta \omega_n)}$$

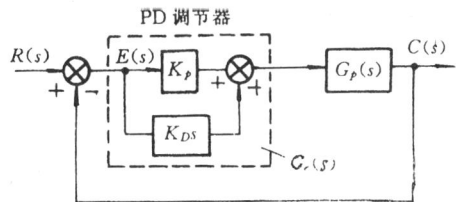

图 7-22 具有比例微分调节器的反馈控制系统

上式清楚地表明,微分控制相当于给开环传递函数增加了一个 $s = -K_P/K_D$ 的简单零点。

微分控制对反馈控制系统瞬态响应的作用可以通过图 7-23 所示的时间响应来分析。设系统仅有比例控制的单位阶跃响应如图 7-23(a)所示。相应的误差信号 $e(t)$ 和其对时间的导数 $de(t)/dt$ 分别示于图 7-23(b)和(c)。由图 7-23(a)所示,系统响应具有相当高的峰值超调和较

大的振荡。这样大的超调和连续振荡是由于在 $0 < t < t_1$ 时间内,误差 $e(t)$ 始终为正,产生较大的正方向补偿量,而在 $t_2 < t < t_3$ 时间内误差 $e(t)$ 始终为负,产生较大的负方向补偿量,从而导致向下的过调量。

图 7-22 系统的微分控制环节恰好给出上述的校正作用。设原比例控制系统的信号如图 7-23(b)所示,现在提供的信号则与 $e(t) + K_D de(t)/dt$ 成比例。换句话说,除误差信号外,又增加了误差对时间的变化比例信号。如图 7-23(c)所示,在 $0 < t < t_1$ 内,$e(t)$ 的导数为负。它恰好减小由 $e(t)$ 单独提供的信号。在 $t_1 < t < t_2$ 内,$e(t)$ 和 $de(t)/dt$ 两者均为负值,这说明所提供的负阻尼较比例控制情况下要大。因此,所有这些作用将导致较小的超调。显然,在 $t_2 < t < t_3$ 内,$e(t)$ 和 $de(t)/dt$ 的符号相反,所以向下过调量也被减小。

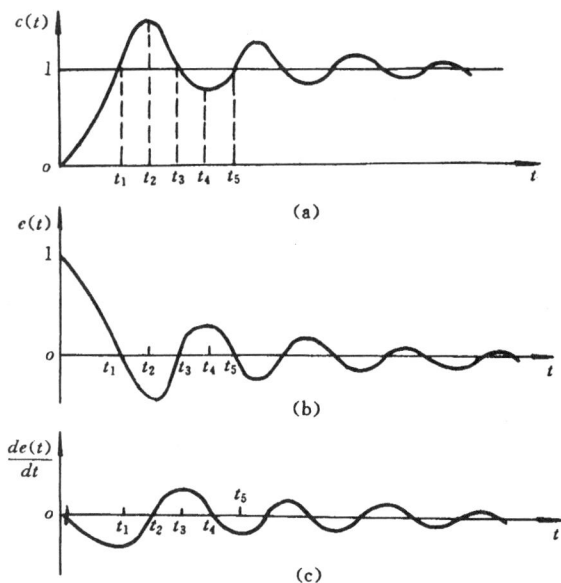

图 7-23　表明微分控制作用的 $c(t)$,$e(t)$ 和 $de(t)/dt$ 波形
(a)阶跃响应;(b)误差信号;
(c)误差信号对时间的变化率

因为 $de(t)/dt$ 表示 $e(t)$ 的斜率,所以微分控制实质上是一种预见型控制。另外也可发现,只有当误差随时间变化时,微分控制才会对系统起作用。如果系统的误差对时间而言是一常数,那么误差的导数就为零,微分控制对系统也就不起作用。

下面举例说明,若图 7-22 表示为一打印轮控制系统,$G_c(s)$ 为微处理机调节器,其程序编制成 PD 控制。

设打印轮系统的传递函数为

$$G_p(s) = \frac{400}{s(s + 48.5)}$$

则加入调节器环节后,整个系统的开环传递函数为

$$G(s) = \frac{C(s)}{E(s)} = \frac{400(K_P + K_D s)}{s(s + 48.5)}$$

$$(7\text{-}37)$$

图 7-24 表示该系统具有 PD 调节器,而且 $K_P = 2.94$ 和 $K_D = 0.0502$ 情况时的单位阶跃响应。为便于比较,我们设该系统仅有比例控制,且 $K_P = 2.94$,$K_D = 0$ 的响应也示于图中,考虑到在 K_P 值相对地比较低的情况下,微分控制的作用是增加阻尼,

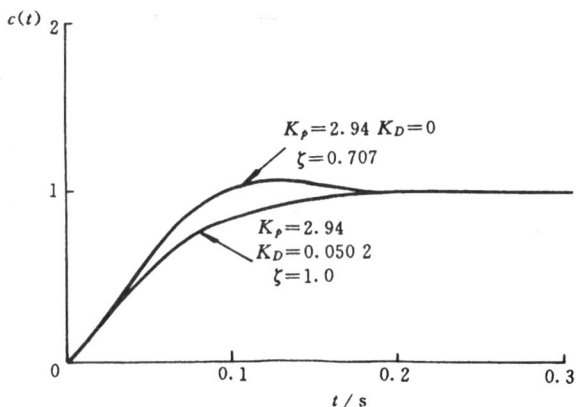

图 7-24　在 $K_P = 2.94$ 情况下的单位阶跃响应

使阶跃响应减缓。所以选择 $K_D = 0.0502$ 这个数值,恰好使系统的阻尼比为临界值($\zeta = 1.0$)。这可由闭环系统的特征方程进行计算。

$$s^2 + (48.5 + 400K_D)s + 400K_P = 0 \tag{7-38}$$

因

$$K_P = 2.94$$

$$\omega_n = \sqrt{400K_P} = \sqrt{1176} = 34.29$$

当 $\zeta = 1$ 时

则

$$2\zeta\omega_n = 48.5 + 400K_D = 68.59$$

得

$$K_D = 0.0502$$

实际上,由于缓慢的上升时间并不是希望的,所以当 $K_P = 2.94$ 时,几乎没有必要对系统施加微分控制。图 7-25 表示当 $K_P = 100$ 时的单位阶跃响应,没有微分控制时,阶跃响应出现 68% 的超调,当 $K_D = 0.0502$ 时,对瞬态响应有所改善,峰值超调降低到接近 40%,相应的阻尼比 ζ 由 0.12125 改善为 0.1715。为取得临界阻尼状态,令 K_D 等于 0.8788,这种情况下的响应既无超调,而且上升时间也非常短。所以如果恰当地设计 PD 调节器可以使系统响应曲线上升很快,且超调很少或没有。

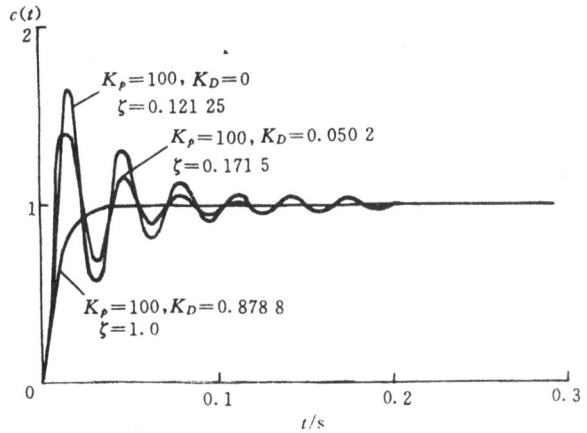

图 7-25　在 $K_P = 100$ 情况下的单位阶跃响应

2. 积分控制对系统时间响应的作用

PID 调节器中的积分部分产生一个与调节器输入对时间的积分成正比的信号。图 7-26 表示一个控制系统的方块图。

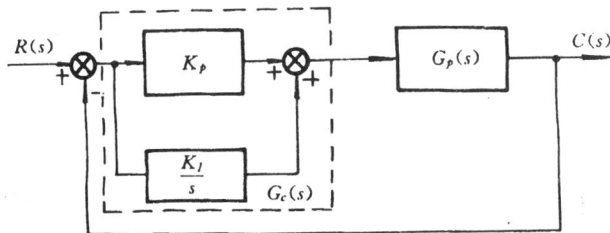

图 7-26　具有比例积分调节器的反馈控制系统

它包含有一个传递函数为 $G_p(s)$ 和一个具有比例积分控制的调节器(PI 调节器)。PI 调节器的传递函数为

$$G_c(s) = K_P + \frac{K_I}{s} \qquad\qquad (7\text{-}39)$$

整个系统的开环传递函数为

$$G(s) = G_c(s)G_p(s) = \frac{\omega_n^2(K_P s + K_I)}{s^2(s + 2\zeta\omega_n)}$$

在这种情况下,PI 调节器相当于在开环传递函数中增加一个零点$s = -K_I/K_P$和一个极点 $s = 0$,积分控制的一个明显作用便是使系统增加一阶,这样使没有积分控制的系统稳态误差得到了一级改善。也就是说,如果原系统对于给定输入稳态误差是一个常数,那么加了积分控制将使其减小至零。然而,因为系统变为三阶,它可能不如原来二阶系统稳定,如果参数 K_P 和 K_I 选择不当,甚至变为不稳定。

在具有 PI 控制的系统中,K_P 取值很重要,因为对 I 型系统,它决定了系统的斜坡误差系数,但如果 K_P 太大,可能会影响系统的稳定性,而其稳态误差则与 K_P 成反比。

通过采用 PI 调节器使 I 型系统转换成 II 型系统后,最后稳态误差变为零值。问题是选取配合适当的 K_P 和 K_I,以获得满意的瞬态响应。

下面举例说明,若图 7-26 表示控制系统,$G_c(s)$ 为微处理器调节器,其程序编制成 PI 控制,则整个系统的开环传递函数为

$$G(s) = \frac{400(K_P s + K_I)}{s^2(s + 48.5)}$$

取 $K_P = 100,\ K_I = 10$,则系统的闭环传递函数为

$$\frac{C(s)}{R(s)} = \frac{40\,000(s + 0.1)}{s^3 + 48.5s^2 + 40\,000s + 4\,000}$$

特征方程的三个根分别为

$$s_1 = -0.100\,01, \quad s_{2,3} = -24.2 \pm j198.5$$

可以看到,s_1 与闭环传递函数的零点十分接近,这样在实际应用中,闭环传递函数可以近似地写为

$$\frac{C(s)}{R(s)} = \frac{40\,000}{s^2 + 48.5s + 40\,000}$$

系统的单位阶跃响应见图 7-27。正如预料的那样,它非常接近于图 7-24 中 $K_P = 100$ 和 $K_D = 0$ 的响应。由于 K_P 不再影响稳态误差,所以为了改善瞬态响应,我们可以减小 K_P 值。图 7-27 中示出了当 $K_P = 10$ 和 $K_I = 1.0$ 时的单位阶跃响应。现在峰值超调下降为约 27%。若进一步降低 K_P 值,就有可能获得超调很小或没有超调的单位阶跃响应,如图中 $K_P = 2$ 和 $K_I = 0.2$ 时所示的那样。注意,在不同参数的调节器中,我们在减少 K_P 值的同时已经以同样比例减小 K_I

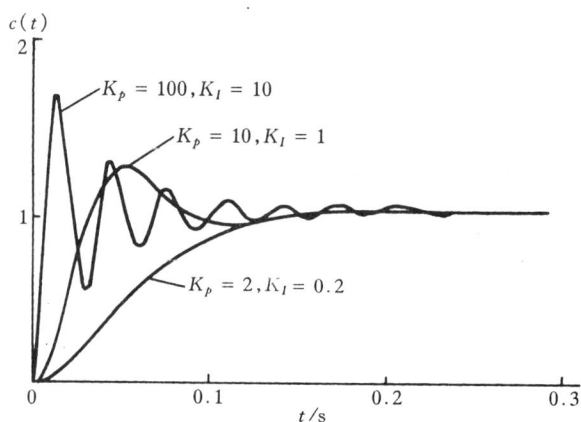

图 7-27　具有比例积分调节器的单位阶跃响应

值。这并不是完全必要的,这样做只是为了使传递函数的实数极点接近于它的零点,从而可以更好地由两个复数极点来决定它的瞬态响应。

K_I 对系统稳定性的影响可以用劳斯判据对特征方程进行研究

$$s^3 + 48.5s^2 + 400K_P s + 400K_I = 0$$

其结果是,若 $K_I \leqslant 48.5K_P$,则闭环系统稳定。

3. 比例、积分、微分对系统时间响应的作用

由上述分析可知,PD 调节器可以有效地改善系统的瞬态性能,但对稳态性能的改善却很有限,而 PI 调节器可以维持原有满意的瞬态性能的同时,有效地提高系统的稳态性能。因此,将它们结合起来,同时集中了比例、积分、微分三种基本控制规律优点的 PID 调节器,在工程上得到了广泛的应用。

图 7-28 表示一个同时具有比例、积分和微分环节的调节器,其传递函数为

$$G_c(s) = K_P + \frac{K_I}{s} + K_D s = K_P (1 + \frac{1}{T_I s} + T_D s)$$

或

$$G_c(s) = \frac{K_D \left[s + \frac{K_P + \sqrt{K_P^2 - 4K_I K_D}}{2K_D} \right] \left[s + \frac{K_P - \sqrt{K_P^2 - 4K_I K_D}}{2K_D} \right]}{s} \tag{7-40}$$

不难看出,引入 PID 调节器后,系统的型次增加了,在满足 $(K_P^2 - 4K_I K_D) > 0$ 的条件下,还提供了两个负实数零点,比 PI 调节时多了一个零点,因此,对提高系统的动态特性有很大的优越性。

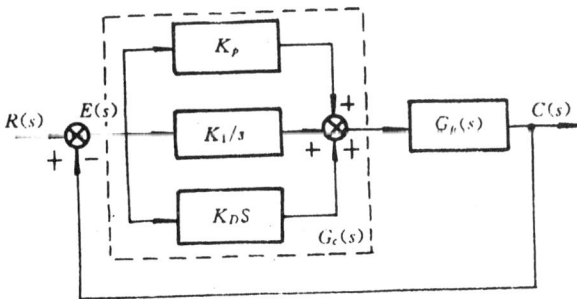

图 7-28　PID 调节器的反馈控制系统

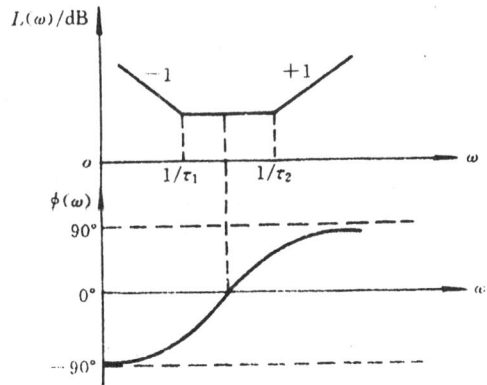

图 7-29　比例、积分、微分校正装置伯德图

如果将 $G_c(s)$ 改写成另一种形式:

$$G_c(s) = \frac{(\tau_1 s + 1)(\tau_2 s + 1)}{\tau_3 s}$$

式中　　$K_P = \dfrac{\tau_1 + \tau_2}{\tau_3}$

$T_I = \tau_1 + \tau_2$

$$T_D = \frac{\tau_1 \tau_2}{\tau_1 + \tau_2}$$

将其画成伯德图 7-29，它与前面介绍的滞后-超前校正环节的伯德图极为相似。

对于 PID 调节器，关键是如何选取 K_P, K_I, K_D 三个参数。在实际调试中，可以按照减小稳态误差、改变阻尼、增加稳定性等要求，变化 K_P, K_I 和 K_D 使系统获得尽可能好的特性，也可以采用前面已经介绍的滞后-超前校正的方法。在实际中还总结了不少有关 PID 参数选择的方法，读者可参考有关资料。

复 习 思 考 题

1. 一般采用哪些指标来衡量系统的性能，它们各自反映系统哪些方面的性能？
2. 试分析在串联校正中，各种形式校正环节的作用是什么？
3. 试分析串联校正和并联校正的特点。
4. 试分析顺馈校正的特点以及校正环节的作用。
5. 试分析 PID 校正器的作用及特点。

习　　题

7-1　试分别画出图示网络的伯德图。

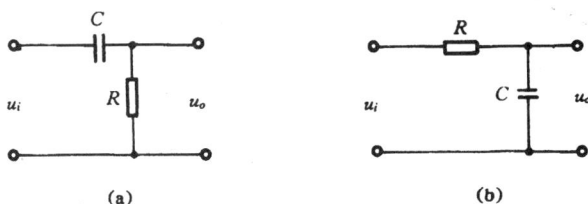

图题 7-1

7-2　如图所示系统，$G_c(s) = \tau s + 1$ 为串联校正装置，系统具有最佳阻尼比（系统闭环阻尼比为 $\zeta = \sqrt{2}/2$）时 τ 应如何选取？

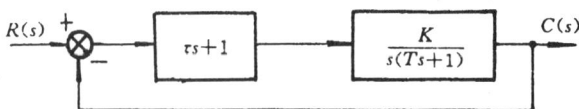

图题 7-2

7-3　为了使图题 7-3 所示系统的闭环主导极点具有 $\zeta = 0.5$ 和 $\omega_n = 3(\text{rad/s})$，设另一非主导极点为 $s_3 = -15$，试确定系统的 K_1, T_1 和 T_2 值。

7-4　某温度控制器如图题 7-4，其中 T_c 为被控对象炉子的输出温度，T_r 为给定温度，T_a 为炉子周围的环境温度，Q 为控制器输入给炉子的热量，试求：

① 引入前馈控制前的传递函数 $T_c(s)/T_a(s)$，若 T_a 增加 $10(℃)$ 时，T_c 的稳态值有何变化？

② 引入具有比例系数为 K 的前馈控制后（如图中虚线所示），求传递函数 $T_c(s)/T_a(s)$，为使 T_a

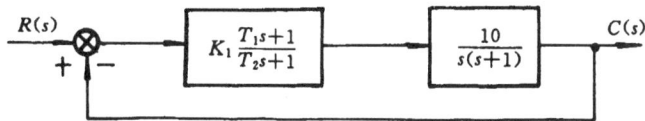

图题 7-3

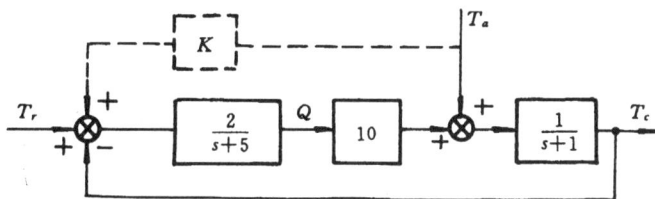

图题 7-4

对炉温的影响最小,K 的取值应是多少?

7-5 对图题 7-5 所示之系统,分别用调整增益、相位滞后校正和相位超前校正,使系统具有 50°的相位裕量。

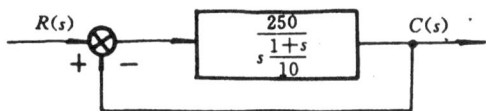

图题 7-5

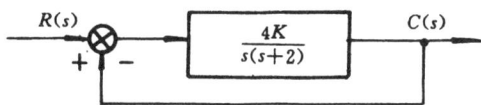

图题 7-6

7-6 对图题 7-6 所示之系统,若要使系统的静态速度误差系数为 $20(\mathrm{s}^{-1})$,相位裕量不小于 50°,幅值裕量不小于 10(dB)的 K 及校正装置。

7-7 研究图题 7-7 所示之系统,设计一个滞后校正网络,使系统静态速度误差系数为 100 (s^{-1}),相位裕量不小于 40°,幅值裕量不小于 10(dB)。

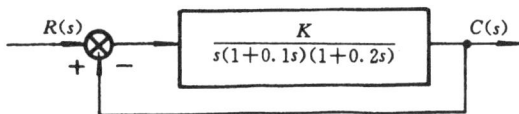

图题 7-7

7-8 图题 7-7 中,若改用滞后-超前网络校正,结果如何? 并进行比较。

第8章 控制系统的计算机仿真与辅助设计

在对控制系统进行分析、设计和综合时,首先要对控制系统的动态特性进行分析和研究,然后根据控制系统的性能指标要求,进行控制器的设计,以求获得满足性能指标的最优的控制系统。然而,对于一个实际系统而言,由于系统的复杂性,并考虑系统的安全性、实验研究的可能性和经济性等因素,往往不允许在实际系统上直接进行实验研究,例如导弹控制系统、飞行器控制系统、核反应堆控制系统等。因此有时就无法获得系统的动态特性并进行控制器的设计。这时,就需要建立实际系统的物理模型或数学模型,进行模拟研究,然后把模型实验研究的结果包括动态特性分析及控制器设计等应用到实际系统中去。这种模拟实验方法,简称为"仿真",它具有良好的安全性、经济性,实验周期短等优点,是进行控制系统分析、设计和综合的有效手段。

用物理模型来模拟实际系统,通常称为"物理仿真"。例如要设计一个大型电液振动台,可以先按相似原理设计一台小型电液振动台,然后在小型电液振动台上进行实验研究,利用实验研究的结果指导大型电液振动台的设计。但是随着实际系统的日趋复杂,建立物理模型的费用也会增加,同时要修改参数或改变结构都很困难。因此"物理仿真"的应用有一定的局限性。

用数学模型模拟实际系统,通常称为"数字仿真"。它是将实际系统的结构及它们之间的静态关系与动态规律全部用数学模型来表达,通常是微分方程与代数方程的组合,然后用计算机来求解这些方程,分析系统的动态特性并进行控制器的设计。由于计算机技术的飞跃发展,"数字仿真"日益为人们所重视,其主要优点是:所需设备(计算机)简单,经济性好,仿真试验周期短,试验数据处理方便。

由于数字仿真的主要工具是计算机,因此,一般又称为"计算机仿真"。计算机仿真分为三种,用模拟计算机进行仿真,称为"模拟仿真";用数字计算机进行仿真,称为"数字仿真";用数字计算机和模拟计算机联合进行仿真,称为"混合仿真"。

本章主要介绍线性连续系统的数字仿真方法,内容包括系统的时域特性、频域特性及根轨迹法的数字仿真基本原理及方法。

8-1 连续系统时域特性的数字仿真

连续系统的动态特性可由其数学模型(微分方程、传递函数和状态方程等)来描述。要分析和研究连续系统的瞬态响应,本质上就是要求解微分方程或状态方程。对于简单的控制系统,我们可以求出其解析解,但对于复杂的控制系统,则必须借助于计算机求其数值解。本节介绍面向微分方程的数字仿真方法及其基本原理。

1. 连续系统的数学模型及其转换

在经典控制理论中,连续系统的动态特性主要是由微分方程和传递函数这两种数学模型来描述。

(1) 微分方程

设连续系统的输入量为 $u(t)$,输出量为 $y(t)$,则一个线性定常系统可用如下的 n 阶微分方程来描述:

$$\frac{\mathrm{d}^n y}{\mathrm{d}t^n} + a_{n-1}\frac{\mathrm{d}^{n-1}y}{\mathrm{d}t^{n-1}} + \cdots + a_1\frac{\mathrm{d}y}{\mathrm{d}t} + a_0 y = b_m\frac{\mathrm{d}^m u}{\mathrm{d}t^m} + b_{m-1}\frac{\mathrm{d}^{m-1}u}{\mathrm{d}t^{m-1}} + \cdots + b_1\frac{\mathrm{d}u}{\mathrm{d}t} + b_0 u \tag{8-1}$$

式中 $a_0, a_1, \cdots, a_{n-1}$ 和 $b_0, b_1, \cdots, b_m$ 是常系数。

(2) 传递函数

在零初始条件下,对式(8-1)两边进行拉氏变换,可得

$$(s^n + a_{n-1}s^{n-1} + \cdots + a_1 s + a_0)Y(s) = (b_m s^m + b_{m-1}s^{m-1} + \cdots + b_1 s + b_0)U(s) \tag{8-2}$$

式中 $Y(s)$ 是系统输出的拉氏变换,$U(s)$ 是系统输入的拉氏变换。由式(8-2)可得系统的传递函数为

$$G(s) = \frac{Y(s)}{U(s)} = \frac{b_m s^m + b_{m-1}s^{m-1} + \cdots + b_1 s + b_0}{s^n + a_{n-1}s^{n-1} + \cdots + a_1 s + a_0} \tag{8-3}$$

由于在数字计算机上,求解一阶微分方程组或差分方程组要比求解与之对应的高阶微分方程或差分方程容易得多,因此我们往往需将式(8-1)表示的高阶微分方程转换成 n 个一阶微分方程组成的方程组,即状态空间方程组。

假定一个连续系统由式(8-1)的高阶微分方程描述,这时可取如下 n 个变量作为一组状态变量:

$$\left.\begin{array}{l}
x_1 = y - \beta_0 u \\
x_2 = \dot{x}_1 - \beta_1 u = \dot{y} - \beta_0 \dot{u} - \beta_1 u \\
x_3 = \dot{x}_2 - \beta_2 u = \ddot{y} - \beta_0 \ddot{u} - \beta_1 \dot{u} - \beta_2 u \\
\vdots \\
x_n = \dot{x}_{n-1} - \beta_{n-1}u = y^{(n-1)} - \beta_0 u^{(n-1)} - \beta_1 u^{(n-2)} - \cdots - \beta_{n-2}\dot{u} \cdots - \beta_{n-1}u
\end{array}\right\} \tag{8-4}$$

上式中 $x_1, x_2, \cdots, x_n$ 为状态变量。$\beta_0, \beta_1, \cdots, \beta_n$ 可按下式计算:

$$\left.\begin{array}{l}
\beta_0 = b_m \\
\beta_1 = b_{m-1} - a_{n-1}\beta_0 \\
\beta_2 = b_{m-2} - a_{n-1}\beta_1 - a_{n-2}\beta_0 \\
\vdots \\
\beta_n = b_{m-n} - a_{n-1}\beta_{n-1} - a_{n-2}\beta_{n-2} - \cdots - a_0\beta_0
\end{array}\right\} \tag{8-5}$$

由此即可得到系统的状态方程和输出方程为

$$\dot{X} = AX + Bu \tag{8-6}$$

$$Y = CX + DU \tag{8-7}$$

上两式中

$$\dot{X} = \begin{bmatrix} \dot{x}_1 \\ \dot{x}_2 \\ \vdots \\ \dot{x}_n \end{bmatrix}, \quad X = \begin{bmatrix} x_1 \\ x_2 \\ \vdots \\ x_n \end{bmatrix}, \quad A = \begin{bmatrix} 0 & 1 & 0 & \cdots & 0 \\ 0 & 0 & 1 & \cdots & 0 \\ \vdots & \vdots & \vdots & \vdots & \vdots \\ 0 & 0 & 0 & \cdots & 1 \\ -a_0 & -a_1 & -a_2 & \cdots & -a_{n-1} \end{bmatrix}$$

$$B = \begin{bmatrix} \beta_1 & \beta_2 & \cdots & \beta_n \end{bmatrix}^T, \quad C = \begin{bmatrix} 1 & 0 & \cdots & 0 \end{bmatrix}, \quad D = \beta_0 = b_m$$

式(8-4)表明,将微分方程转换成状态方程,本质上就是将一个 n 阶微分方程转换成 n 个一阶微分方程组成的微分方程组。

当系统的数学模型为传递函数时,同样可按上述方法转换成状态空间表达式。这里要说明的是:由微分方程或传递函数转换成状态方程和输出方程时,其形式不是唯一的。

2. 微分方程的数值解法(龙格－库塔方法)

利用计算机进行控制系统的仿真与辅助设计时,其时域性能必须通过求解微分方程来评价。一个 n 阶微分方程可由 n 个一阶微分方程组成,必须进行 n 次数值积分运算,因此数值积分方法是非常重要的。

对于一阶微分方程

$$\left. \begin{aligned} \frac{\mathrm{d}y}{\mathrm{d}t} &= f(y,t) \\ y(t_0) &= y_0 \end{aligned} \right\} \tag{8-8}$$

假设 $t_1 = t_0 + h$,这里 h 是计算步长,则在 t_1 时刻,$y_1 = y(t_0 + h)$,在 t_0 附近将 y_1 展开成泰勒级数,取到 h^2 项可得

$$\begin{aligned} y_1 &= y_0 + h \frac{\mathrm{d}y}{\mathrm{d}t}\big|_{t=t_0} + \frac{1}{2} h^2 \frac{\mathrm{d}^2 y}{\mathrm{d}t^2}\big|_{t=t_0} \\ &= y_0 + f(y_0,t_0)h + \frac{1}{2}\left(\frac{\partial f}{\partial t} + f \frac{\partial f}{\partial y}\right)h^2 \big|_{\substack{t=t_0 \\ y=y_0}} \end{aligned} \tag{8-9}$$

式(8-9)的解可以写成如下形式

$$\left. \begin{aligned} y_1 &= y_0 + (a_1 k_1 + a_2 k_2)h \\ k_1 &= f(y_0,t_0) \\ k_2 &= f(y_0 + b_2 k_1 h, t_0 + b_1 h) \end{aligned} \right\} \tag{8-10}$$

式中 k_2 的泰勒展开式为

$$k_2 = f(y_0,t_0) + b_1 h \frac{\partial f}{\partial t}\big|_{t=t_0} + b_2 k_1 h \frac{\partial f}{\partial y}\big|_{y=y_0}$$

则

$$y_1 = y_0 + a_1 h f(y_0,t_0), + a_2\left[f(y_0,t_0) + b_1 h \frac{\partial f}{\partial t} + b_2 k_1 h \frac{\partial f}{\partial y}\right]h \tag{8-11}$$

将式(8-9)与式(8-11)比较可得

$$a_1 + a_2 = 1$$

$$a_2 b_1 = \frac{1}{2}$$

$$a_2 b_2 = \frac{1}{2}$$

取 $b_1=b_2=1$，于是 $a_1=a_2=\dfrac{1}{2}$，代入式(8-10)可得

$$\left.\begin{array}{l}y_1 = y_0 + \dfrac{h}{2}(k_1 + k_2) \\[2mm] k_1 = f(y_0;t_0) \\[2mm] k_2 = f(y_0 + k_1h_1,t_0 + h)\end{array}\right\} \qquad (8\text{-}12)$$

由于式(8-9)只取到泰勒级数的 h^2 项，而将 h^3 以上的高阶项略去，故称这种方法为两阶龙格-库塔方法。为了提高计算精度，需要采用高阶的龙格-库塔方法，但相应的计算工作量会增大，通常采用四阶龙格-库塔方法，其计算公式为

$$\left.\begin{array}{l}y_1 = y_0 + \dfrac{h}{6}(k_1 + 2k_2 + 2k_3 + k_4) \\[2mm] k_1 = f(y_0,t_0) \\[2mm] k_2 = f\left(y_0 + \dfrac{h}{2}k_1,t_0 + \dfrac{h}{2}\right) \\[2mm] k_3 = f\left(y_0 + \dfrac{h}{2}k_2,t_0 + \dfrac{h}{2}\right) \\[2mm] k_4 = f(y_0 + hk_3,t_0 + h)\end{array}\right\} \qquad (8\text{-}13)$$

上述龙格-库塔法的基本思想可由中值定理进一步阐述。根据中值定理对于一阶微分方程(式(8-8))则有

$$y(t_1) = y(t_0) + hf[t_0 + \theta h,y(t_0 + \theta h)] \qquad 0 \leqslant \theta \leqslant 1$$

记 $\overline{K}=f[t_0+\theta h,y(t_0+\theta h)]$，$\overline{K}$ 称为在区间 $[t_0,t_1]$ 上的平均斜率。对照式(8-12)，可知二阶龙格-库塔法是取区间 $[t_0,t_1]$ 上两点 t_0 和 t_1 上斜率的算术平均值作为平均斜率 $\overline{K}$ 的近似值，而四阶龙格-库塔法(见式8-13)，是取区间 $[t_0,t_1]$ 从四点上斜率的加权平均值作为 $\overline{K}$ 的近似值。从这点而言，阶数愈高，$\overline{K}$ 的估计值的精度就愈高，但相应要计算的斜率值的个数也增加，计算时间也会增加。

当控制系统的数学模型是用 n 阶微分方程(或 n 阶传递函数)描述时，可将其转换成 n 个一阶微分方程组成的方程组，第 i 个方程可表示为

$$\dot{x}_i = a_{i1}x_1 + a_{i2}x_2 + \cdots + a_{in}x_n + \beta_i u = f_i(t,x_i)$$

由四阶龙格-库塔方法的计算公式，可得上式的递推公式为

$$x_i^1 = x_i^0 + \dfrac{h}{6}(k_{i1} + 2k_{i2} + 2k_{i3} + k_{i4}) \qquad (8\text{-}14)$$

$$\left.\begin{array}{l}k_{i1} = f_i(t_0,x_i^0) \\[2mm] k_{i2} = f_i\left(t_0 + \dfrac{h}{2},x_i^0 + \dfrac{h}{2}k_{i1}\right) \\[2mm] k_{i3} = f_i\left(t_0 + \dfrac{h}{2},x_i^0 + \dfrac{h}{2}k_{i2}\right) \\[2mm] k_{i4} = f_i(t_0 + h,x_i^0 + hk_{i3})\end{array}\right\} \qquad (8\text{-}15)$$

由式(8-15)求出 k_{i1},k_{i2},k_{i3} 和 k_{i4}，代入式(8-14)即可由 x_i^0 求出 x_i^1。这里 x_i^0 为 $t=t_0$ 时刻的 x_i 值(初值)，x_i^1 为 $t=t_0+h$ 时刻的 x_i 值。这样依次计算和迭代，一直到规定的步数为止。再根据输出方程 $y_i=Cx_i$ 求出输出量。因此四阶龙格-库塔方法子程序的主要任务就是计算 $k_{ij}(i=1,2,$

$\cdots, n; j = 1, 2, 3, 4)$。其计算流程图见图 8-1。

下面以四阶龙格-库塔法求解两个一阶微分方程的方程组为例，说明微分方程组的解法。设一连续系统为

$$\left.\begin{array}{l} \dot{x}_1 = f_1(t, x_1, x_2) \\ \dot{x}_2 = f_2(t, x_1, x_2) \end{array}\right\} \tag{8-16}$$

其四阶龙格-库塔法的计算公式为

$$\left.\begin{array}{l} x_1^1 = x_1^0 + \dfrac{h}{6}(K_{11} + 2K_{12} + 2K_{13} + K_{14}) \\ x_2^1 = x_2^0 + \dfrac{h}{6}(K_{21} + 2K_{22} + 2K_{23} + K_{24}) \end{array}\right\} \tag{8-17}$$

式中

$$K_{11} = f_1(t_0, x_1^0, x_2^0)$$
$$K_{21} = f_2(t_0, x_1^0, x_2^0)$$
$$K_{12} = f_1\left(t_0 + \frac{h}{2}, x_1^0 + \frac{h}{2}K_{11}, x_2^0 + \frac{h}{2}K_{21}\right)$$
$$K_{22} = f_2\left(t_0 + \frac{h}{2}, x_1^0 + \frac{h}{2}K_{11}, x_2^0 + \frac{h}{2}K_{21}\right)$$
$$K_{13} = f_1\left(t_0 + \frac{h}{2}, x_1^0 + \frac{h}{2}K_{12}, x_2^0 + \frac{h}{2}K_{22}\right)$$
$$K_{23} = f_2\left(t_0 + \frac{h}{2}, x_1^0 + \frac{h}{2}K_{12}, x_2^0 + \frac{h}{2}K_{22}\right)$$
$$K_{14} = f_1(t_0, x_1^0 + hK_{13}, x_2^0 + hK_{23})$$
$$K_{24} = f_2(t_0, x_1^0 + hK_{13}, x_2^0 + hK_{23})$$

计算 K_{ij} 时，必须按次序计算。

以下就龙格-库塔法步长 h 的选择做一简要说明。根据龙格-库塔法的基本原理，步长减小，计算精度高，则在一定时间范围内完成的计算次数 M 要增加，计算工作量和计算时间加大。若取的过小，还会因计算机的有效位数（例如 16 位等）限制，反而使计算精度下降。步长增大，除计算精度差，计算时间短这些特点外，还会影响计算的稳定性。通常，四阶龙格-库塔法的计算步长为

$$h = \frac{t_s}{40}\left(\text{或} \frac{t_r}{10}\right)$$

式中　t_s——系统阶跃响应的调整时间；

　　t_r——系统阶跃响应的上升时间。

t_r 和 t_s 的估计可参照 4-5 中的有关说明。计算步长 h 一旦选定，计数次数 M 可依公式 $Mh \geqslant t_s$ 选定。对于复杂的系统，可采用变步长控制策略，即在起始段动态响应变化较快时，步长取小，在最后段步长取大，这样既可以保证计算精度，又可以加快计算速度。

3. 连续系统瞬态响应的数字仿真

当连续系统的输入为阶跃函数时，在用四阶龙格-库塔法求得的连续系统的数值解，即为系统的阶跃响应。由第 4 章可知，瞬态响应的性能由其阶跃响应的性能指标来衡量，主要性能

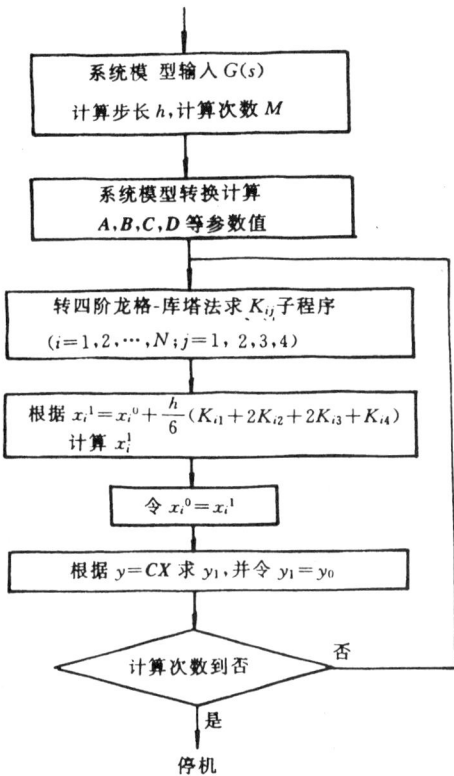

图 8-1 面向微分方程的四阶龙格-库塔法计算流程图

指标包括，延迟时间 t_d，上升时间 t_r，峰值时间 t_p，超调量 M_p，调整时间 t_s。其计算方法在第 4 章已详细说明。

瞬态响应的数字仿真框图如图 8-2 所示。由于计算点数 M 有限，很难找出准确等于 $0.5y_\infty$ 和 $0.9y_\infty$ 的点 y_i，因此必须事先选定较小的正数 ε_1 和 ε_2。当 $|y_i - 0.5y_\infty| < \varepsilon_1$ 和 $|y_i - 0.9y_\infty| < \varepsilon_2$ 时，即认为对应的时间为延迟时间 t_d 和上升时间 t_r。

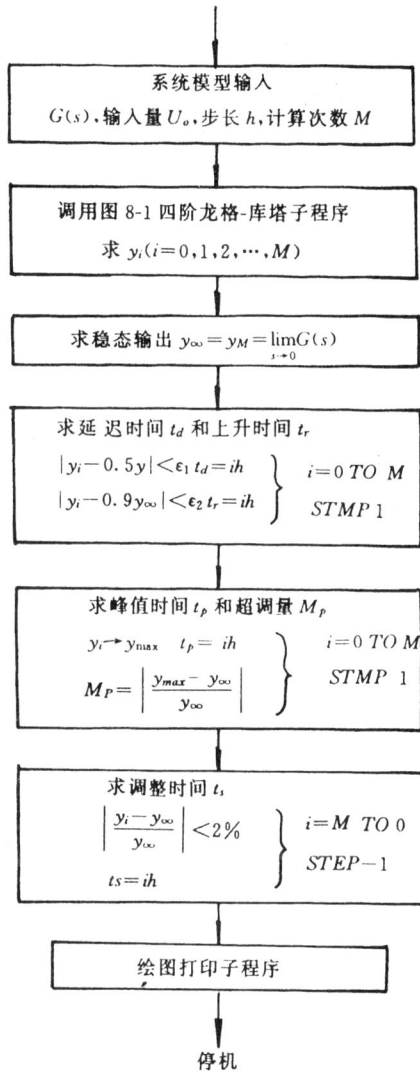

图 8-2　瞬态响应数字仿真流程图

8-2　连续系统频率特性的数字仿真

在用频率法进行系统分析和设计时，其基本思路是通过系统开环频率特性的分析，对系统闭环频率特性和性能指标进行估计。本节重点介绍频率特性的计算及闭环系统频域性能的计算，同时还简要介绍控制系统串联校正的计算机辅助设计。

1. 连续系统频率特性的数字仿真

设一闭环系统如图 8-3 所示,开环传递函数可写为

$$G(s)H(s) = \frac{K\prod_{i=1}^{k_1}(T_{zi}s+1)\prod_{i=1}^{k_2}\left(\dfrac{s^2}{\omega_{zi}^2}+2\zeta_{zi}\dfrac{s}{\omega_{zi}}+1\right)}{S^{\lambda}\prod_{i=1}^{k_3}(T_{pi}s+1)\prod_{i=1}^{k_4}\left(\dfrac{s^2}{\omega_{pi}^2}+2\zeta_{pi}\dfrac{s}{\omega_{pi}}+1\right)} \tag{8-18}$$

式中 λ——积分环节的阶数;

K——开环增益;

K_1,K_2,K_3,K_4——一阶和二阶环节

的个数;

T_{pi},T_{zi}——一阶环节时间常数;

$\omega_{pi},\zeta_{pi},\omega_{zi},\zeta_{zi}$——二阶环节固有频率

及阻尼比。

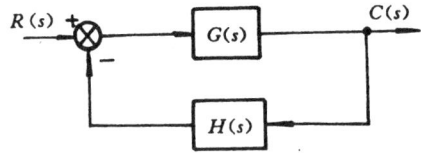

图 8-3 系统方框图

开环幅频特性为

$$|G(j\omega)H(j\omega)| = \frac{K\prod_{i=1}^{k_1}\sqrt{1+T_{zi}^2\omega^2}\prod_{i=1}^{k_2}\sqrt{\left(1-\dfrac{\omega^2}{\omega_{zi}^2}\right)^2+\left(\dfrac{2\zeta_{zi}\omega}{\omega_{zi}}\right)^2}}{\omega^{\lambda}\prod_{i=1}^{k_3}\sqrt{1+T_{pi}^2\omega^2}\prod_{i=1}^{k_4}\sqrt{\left(1-\dfrac{\omega^2}{\omega_{pi}^2}\right)^2+\left(\dfrac{2\zeta_{pi}\omega}{\omega_{pi}}\right)^2}} \tag{8-19}$$

或

$$L(\omega) = 20\lg|G(j\omega)H(j\omega)|$$

$$= 20\lg K + \sum_{i=1}^{K_1}10\lg(1+T_{zi}^2\omega^2) + \sum_{i=1}^{K_1}10\lg\left[\left(1-\frac{\omega^2}{\omega_{zi}^2}\right)^2+\left(\frac{2\zeta_{zi}\omega}{\omega_{zi}}\right)^2\right]$$

$$- 20\lambda\lg\omega - \sum_{i=1}^{K_3}10\lg(1+T_{pi}^2\omega^2) - \sum_{i=1}^{K_4}10\lg\left[\left(1-\frac{\omega^2}{\omega_{pi}^2}\right)^2+\left(\frac{2\zeta_{pi}\omega}{\omega_{pi}}\right)^2\right] \tag{8-20}$$

开环相频特性为

$$\varphi(\omega) = \sum_{i=1}^{K_1}\arctan(T_{zi}\omega) + \sum_{i=1}^{K_2}\arctan\left[\frac{2\zeta_{zi}\omega/\omega_{zi}}{1-\dfrac{\omega^2}{\omega_{zi}^2}}\right]$$

$$- \lambda\cdot\frac{\pi}{2} - \sum_{i=1}^{K_3}\arctan(T_{pi}\omega) - \sum_{i=1}^{K_4}\arctan\left[\frac{2\zeta_{pi}\omega/\omega_{pi}}{1-\dfrac{\omega^2}{\omega_{pi}^2}}\right] \tag{8-21}$$

闭环系统频域性能指标计算如下:

(1) 相位余量 γ

当 $|G(j\omega_c)H(j\omega_c)|=1$ 或 $L(\omega_c)=0$ 时

$$\gamma = 180° + \varphi(\omega_c) \tag{8-22}$$

(2) 幅值余量 K_g

当 $\varphi(\omega_g)=-180°$ 时

$$K_g = \frac{1}{|G(j\omega_g)H(j\omega_g)|} \tag{8-23}$$

（3）谐振峰值 M_r 及谐振频率 ω_r

闭环频率特性为

$$M(j\omega) = \frac{C(j\omega)}{R(j\omega)} = \frac{G(j\omega)}{1 + G(j\omega)H(j\omega)} = \frac{G(j\omega)H(j\omega)}{1 + G(j\omega)H(j\omega)} \cdot \frac{1}{H(j\omega)}$$

若令 $G(j\omega)H(j\omega) = \mathrm{Re}(\omega) + j\mathrm{Im}(\omega)$，则

$$M(\omega) = \left| \frac{C(j\omega)}{R(j\omega)} \right| = \left| \frac{\mathrm{Re}(\omega) + j\mathrm{Im}(\omega)}{1 + \mathrm{Re}(\omega) + j\mathrm{Im}(\omega)} \right| \cdot \left| \frac{1}{H(j\omega)} \right|$$

$$= \sqrt{\frac{\mathrm{Re}(\omega)^2 + \mathrm{Im}(\omega)^2}{(1 + \mathrm{Re}(\omega))^2 + \mathrm{Im}(\omega)^2}} \cdot \frac{1}{|H(j\omega)|} \qquad (8\text{-}24)$$

$$\angle M(j) = \angle \frac{C(j\omega)}{R(j\omega)} = \mathrm{arc\ tan}\frac{\mathrm{Im}(\omega)}{\mathrm{Re}(\omega)} - \mathrm{arc\ tan}\frac{\mathrm{Im}(\omega)}{\mathrm{Re}(\omega) + 1} - \angle H(j\omega) \quad (8\text{-}25)$$

改变 ω，即可近似求得 ω_r 及 M_r。

（4）截止频率 ω_b

$$20\lg M(\omega_b) = 20\lg M(0) - 3 \quad (\mathrm{dB}) \qquad (8\text{-}26)$$

根据以上基本公式，系统频率特性的计算流程图如图 8-4 所示。

频率 ω 的选择应注意以下几点：

① 起始频率 ω_0 应小于最低转折频率 ω_T，通常可取 $\omega_0 = \omega_T/100$；上限频率可以 $L(\omega) \leqslant -(60\sim80)\mathrm{dB}$ 确定。ω 的增加在低频段应缓慢，在高频段可以倍频增加。

② 在转折频率附近，频率 ω 变化应小。

③ 为了准确计算相位余量和幅值余量，在 $L(\omega)$ 接近零到 $\varphi(\omega)$ 接近 $-180°$ 这一段，频率 ω 变化应尽量小，以保证较精确找到 ω_c 和 ω_g，使 $L(\omega_c) \approx 0$ 和 $\varphi(\omega_g) \approx -180°$。

2. 控制系统的串联校正

控制系统的串联校正，相当于改变闭环系统的开环传递函数，即由 $G(s)H(s)$ 改变为 $G(s)H(s)G_c(s)$（见图 8-5）。因此，校正前后系统频率特性计算及频域性能的计算公式保持不变。

串联校正计算机辅助设计的主要任务是

① 确定性能指标；

② 计算未校正前系统的频率特性及频域性能；

③ 判别系统性能是否满足性能指标要求；

④ 确定校正环节及其参数；

⑤ 计算校正后系统的频率特性及频域性能，若满足性能指标要求可停机，不满足则改变校正环节参数，重新计算直到满足性能指标要求为止。

由于校正环节的不同，参数的选择步骤会有所不同，其内容可见第 7 章的有关内容。

串联校正的计算机辅助设计流程图见图 8-6。

系统模型输入

$K, \lambda, T_{pi}, T_{zi}, \xi_{pi}\xi_{zi}, \omega_{pi}, \omega_{zi}$

频率输入 $\omega_i i = 1, 2, \cdots, n$

计算频率特性

$|G(j\omega_i)H(j\omega_i)|, \mathrm{Re}(\omega_i), \mathrm{Im}(\omega_i)|H(j\omega)|$

$L(\omega_i)$

$\varphi(\omega_i) \quad \angle H(j\omega_i)$

$i = \phi\ TO_n$

$STEP\ 1$

搜索最接近零值的 $L(\omega_i)$ 和 ω_i

$|L(\omega_i)| < \varepsilon$ N $\omega_i = \omega_i + \Delta\omega$

Y

计算相位余量 $r = 180° + \varphi(\omega_i)$

搜索最接近 $-180°$ 的 $\varphi(\omega_i)$ 和 ω_i

$|\varphi(\omega) + 180°| < \Delta\theta$ N $\omega_i = \omega_i + \Delta\omega$

Y

计算幅值余量 $K_g = 1/|G(j\omega_i)H(j\omega_i)|$

计算闭环频率特性

$M(\omega_i) = \left|\dfrac{C(j\omega)}{R(j\omega)}\right| = \sqrt{\mathrm{Re}^2(\omega_i) + \mathrm{Im}^2(\omega_i)} / \sqrt{[1 + \mathrm{Re}(\omega_i)]^2 + \mathrm{Im}^2(\omega_i)} \cdot |H(j\omega_i)|$

$\varphi_M(\omega_i) = \angle\dfrac{C(j\omega_i)}{R(j\omega_i)} = \mathrm{tg}^{-1}\dfrac{\mathrm{Im}(\omega_i)}{\mathrm{Re}(\omega_i)} - \mathrm{tg}^{-1}\dfrac{\mathrm{Im}(\omega_i)}{1 + \mathrm{Re}(\omega_i)} - \angle H(j\omega_i)$

绘开环和闭环频率特性图

停机

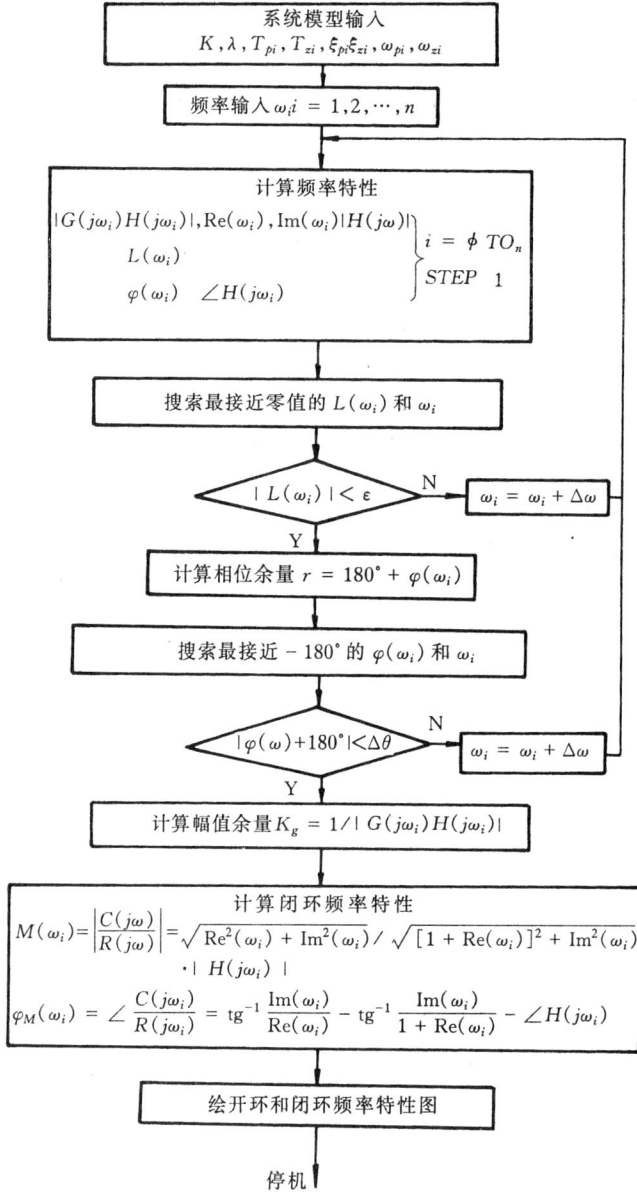

图 8-4 系统频率特性计算流程图

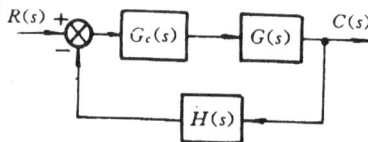

图 8-5 串联校正系统方框图

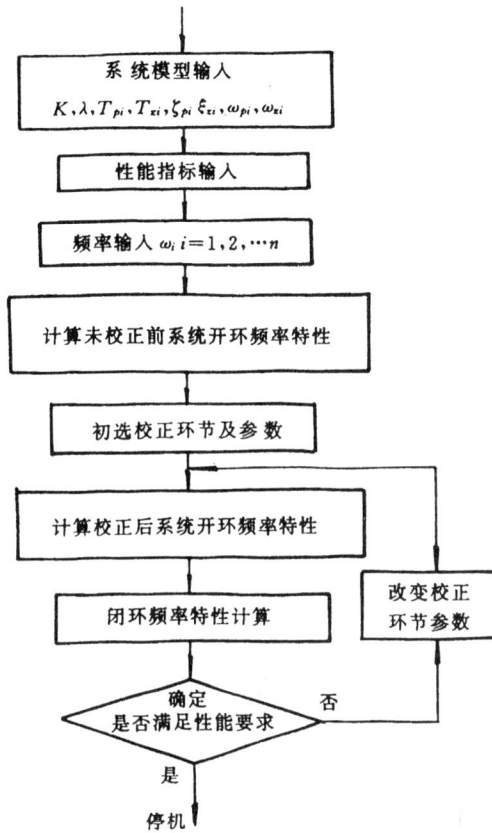

图 8-6 串联校正计算机辅助设计的程序框图

8-3 连续系统根轨迹的数字仿真

根轨迹法是控制系统分析与设计的重要方法之一,但是要人工绘制高阶系统的根轨迹却是一件颇为困难的工作。本节重点介绍计算机绘制根轨迹的基本原理与方法。

1. 半平面搜索法求根轨迹的基本原理

由于根轨迹具有与实轴对称的性质,因此,只要能求出根平面(S 平面)上半平面的根轨迹,就可对应的绘出下半平面的根轨迹。所谓半平面搜索法,就是用计算机沿着与虚轴平行的直线上(S 上半平面),按一定规律搜索这些直线与根轨迹的交点,连接这些交点,就可得到要求的根轨迹。

设一反馈控制系统的开环传递函数为

$$G(s)H(s) = K \frac{(s - z_1)(s - z_2)\cdots(s - z_m)}{(s - p_1)(s - p_2)\cdots(s - p_n)}$$

$$= K \frac{\prod\limits_{i=1}^{m}(s - z_i)}{\prod\limits_{j=1}^{n}(s - p_j)} \tag{8-27}$$

系统的特征方程为 $1+G(s)H(s)=0$,根据绘制根轨迹的基本条件——幅角条件和幅值条件,可得

$$\frac{\prod\limits_{i=1}^{m}|(s - z_i)|}{\prod\limits_{j=1}^{n}|(s - p_j)|} = \frac{1}{K} \tag{8-28}$$

$$\angle G(s)H(s) = \sum_{i=1}^{m}\angle(s - z_i) - \sum_{j=1}^{n}\angle(s - p_j) = (2K + 1)\pi$$
$$(k = \pm 0, 1, 2, \cdots) \tag{8-29}$$

上述式中 z_i 和 p_i 一般为复数,令

开环零点 $\qquad z_i = \mathrm{Re}(z_i) + j\mathrm{Im}(z_i)$

开环极点 $\qquad p_j = \mathrm{Re}(p_j) + j\mathrm{Im}(p_j)$ } $\tag{8-30}$

若复数 $s_1=\mathrm{Re}(s_1)+j\mathrm{Im}(s_1)$ 是闭环特征方程的根,即根轨迹上的点,它应满足上述幅角条件和幅值条件。零点 z_i,极点 p_j 到点 s_1 的模和幅角可由以下公式求出:

$$|s_1 - z_i| = \sqrt{[\mathrm{Re}(s_1) - \mathrm{Re}(z_i)]^2 + [\mathrm{Im}(s_1) - \mathrm{Im}(z_i)]^2} \tag{8-31}$$

$$|s_1 - p_j| = \sqrt{[\mathrm{Re}(s_1) - \mathrm{Re}(p_j)]^2 + [\mathrm{Im}(s_1) - \mathrm{Im}(p_j)]^2} \tag{8-32}$$

幅角的计算要考虑两种不同的情况:

(1) 当零点 z_i 和极点 p_i 在 s_1 的左边时

$$\angle(s_1 - z_i) = \mathrm{arc}\sin\frac{\mathrm{Im}(s_1) - \mathrm{Im}(z_i)}{|s_1 - z_i|} \tag{8-33}$$

$$\angle(s_1 - p_j) = \mathrm{arc}\sin\frac{\mathrm{Im}(s_1) - \mathrm{Im}(p_j)}{|s - p_j|} \tag{8-34}$$

(2) 当零点 z_i 和极点 p_j 在 s_1 的右边时,

$$\angle(s_1 - z_i) = \pi - \mathrm{arc}\sin\frac{\mathrm{Im}(s_1) - \mathrm{Im}(z_i)}{|s_1 - z_i|} \tag{8-35}$$

$$\angle(s_1 - p_j) = \pi - \mathrm{arc}\sin\frac{\mathrm{Im}(s_1) - \mathrm{Im}(p_j)}{|s_1 - p_j|} \tag{8-36}$$

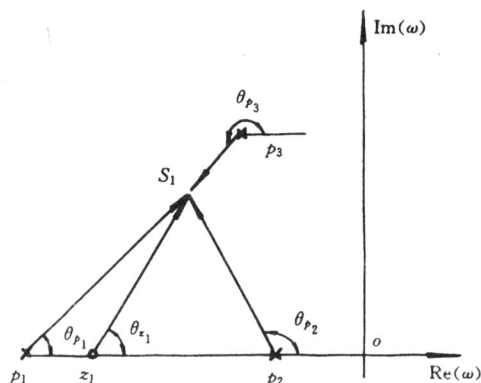

图 8-7 零点、极点与根轨迹点的幅角关系

这里要特别注意,从开环零点和极点到 s_1 的幅角,均以逆时针方向为正值(见图 8-7)。

把式(8-29)改写成如下判别式:

$$\Delta\theta(s_1) = \left[\sum_{i=1}^{n}\angle(s_1 - z_i) - \sum_{j=1}^{m}\angle(s_1 - p_j)\right] - (2k + 1)\pi \tag{8-37}$$

通过上述分析,求取根轨迹上点的方法如下:选一个试验点 $s_1=\mathrm{Re}(s_1)+j\mathrm{Im}(s_1)$,由式(8-37)

可求出 $\Delta\theta(s_1)$。若 $\Delta\theta(s_1)$ 为零或趋近于零,则试验点 s_1 就是根轨迹上的点。由于 $\Delta\theta(s_1)$ 不可能绝对为零,可取一很小的正数(ε 又称为计算精度),当 $|\Delta\theta(s_1)|\leqslant\varepsilon$ 时,即可认为 s_1 是根轨迹上的点。如果 $|\Delta\theta(s_1)|>\varepsilon$,则 s_1 不是根规迹上的点,则应改变试验点 s_1 的值。

求出根轨迹上的点 s_1 之后,由式(8-31)、式(8-32)及式(8-28),即可求出与 s_1 点对应的增益 K。

2. 半平面搜索法求根轨迹的具体方法

根据开环传递函数的特点和具体要求,确定求取根轨迹的搜索范围,如图 8-8 所示,沿实轴方向从 x_0 到 x_n,沿虚轴方向从 0 到 y_n。图中 H_x 为与虚轴平行的等间距直线簇的间距,H_y 为与实轴平行的等间距直线簇的间距,直线簇的交点就是求取根轨迹的试验点,H_x 和 H_y 又称为搜索步距。

在图 8-8 中,曲线 $\overset{\frown}{ss}$ 为一条根轨迹,s_i 为根轨迹上的点,S_A 点、S_B 点和 S_C 点为与虚轴平行的直线 $\mathrm{Re}=x_i$ 上的三个试验点。当沿虚轴方向搜索时,假定 S_A 点为初选试验点,首先根据幅角计算公式(8-37)求出 $\Delta\theta(S_A)$,由于 S_A 点不是根轨迹上的点,所以 $|\Delta\theta(S_A)|>\varepsilon$,沿虚轴方向搜索并步进到 S_B 点,同样可知 $|\Delta\theta(S_B)|>\varepsilon$。由于根轨迹 $\overset{\frown}{ss}$ 从 S_A 点和 S_B 点之间穿过,则 $\Delta\theta(S_A)$ 和 $\Delta\theta(S_B)$ 一定异号,因此可判定点 S_i 一定在 S_A 点和 S_B 点之间。采用"对分逼近法"选择一个新试验点 S'_i,重新计算 $\Delta\theta(S'_i)$,若 $|\Delta\theta(S'_i)|<\varepsilon$,$S'_i$ 即为根轨迹上的

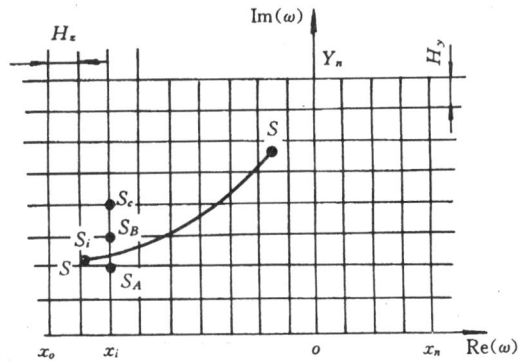

图 8-8 根轨迹半平面搜索法示意图

点。若 $|\Delta\theta(S'_i)|>\varepsilon$,可根据 $\Delta\theta(S'_i)$ 值的符号判断根轨迹是在 S'_i 和 S_A 点之间还是 S'_i 和 S_B 点之间,再用"对分逼近法"选择新试验点 S^2_i。重复上述步骤直到求出的试验点 S^n_i 满足 $|\Delta\theta(S^n_i)|<\varepsilon$ 为止,点 S^n_i 即为根轨迹上的点 S_i。求出 S_i 点后,继续沿虚轴方向从点 S_B 步进到 S_C 点,由于 S_B 点和 S_C 点之间没有根轨迹,所以 $\Delta\theta(S_B)$ 与 $\Delta\theta(S_C)$ 一定同号。在搜索过程中,$\Delta\theta(S)$ 是否改变符号是判别在搜索方向上是否存在根轨迹点的条件。求根轨迹点的搜索顺序是先沿实轴方向前进一个步距 H_x,然后沿虚轴方向步进搜索(步距 H_y)直到给定的搜索范围,然后再沿实轴方向前进一个步距 H_x,再沿虚轴方向搜索,直至全部搜索完为止。

在上述搜索过程中,为了避免漏掉垂直于实轴的根轨迹,当沿实轴方向步进时,也要判别在试验点 $(x,y+H_y)$ 与试验点 $(x+H_x,y)$ 之间 $\Delta\theta$ 是否异号,若异号,则用"对分逼近法"求出这两点之间的根轨迹点。

每当求出根轨迹上的点之后,就可由式(8-28)求出增益 K,并调用绘图子程序绘制成根轨迹图。

在系统开环传递函数是以多项式之比的形式出现时,可选用"多项式求根"程序,将其转换成式(8-27)的形式。

根据上述基本原理和方法,用半平面搜索法求根轨迹的程序框图如图 8-9 所示。

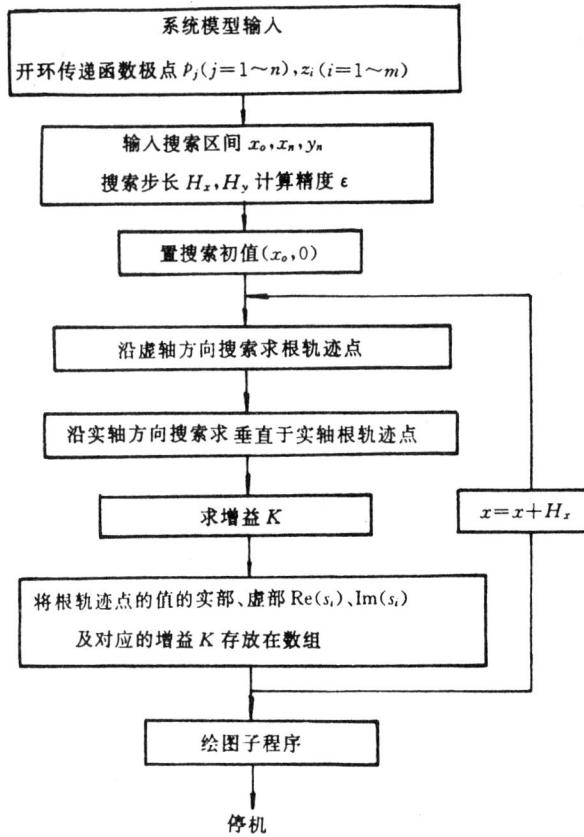

图 8-9 半平面搜索法求根轨迹的程序框图

复 习 思 考 题

1. 物理仿真与计算机仿真的基本思想及特点。
2. 龙格-库塔法的基本原理及步长对该方法的影响。
3. 试分析根轨迹数字仿真的基本原理。
4. 试说明串联校正的计算机辅助设计的基本思路。

参 考 文 献

[1]   王馨,陈康宁编著.机械工程控制基础.西安交通大学出版社,1992 年
[2]   阳含和编著.机械控制工程.上册,机械工业出版社,1986 年
[3]   [日]绪芳胜彦著.现代控制工程.卢伯英,佟明安,罗维铭译.科学出版社,1978 年
[4]   Virgil W,Eveleigh. Introduction to control System Design. New york:McGraw-Hill,
       1972
[5]   杨叔子,杨克冲主编.机械工程控制基础.华中理工大学出版社,1984 年
[6]   S. M. 欣内尔斯著.现代控制系统理论及应用.李育才译.机械工业出版社,1979 年
[7]   [美]本杰明,C. 郭著.自动控制系统.王炎,赵昌颖等译.北京科学技术出版社,1987 年
[8]   [美]W. D. T. 戴维斯著.自适应控制的系统识别.潘裕焕译.科学出版社,1977 年
[9]   E. C. levy. Complex-Curve Fitting, IRE. Trans on Automatic Control, May 1959
[10]   [日]上潼致孝,长田正,白川详充,长谷川健介,深尾毅等编著.自动控制理论.张洪钺
       译.国防工业出版社,1979 年
[11]   南京工学院. 积分变换. 人民教育出版社, 1978 年
[12]   黄文宣主编. 计算机仿真. 中国铁道出版社, 1990 年